Miriam Reininger

Mimikry als Überlebensstrategie im Korallenriff

Miriam Reininger

Mimikry als Überlebensstrategie im Korallenriff

Eine Modell-Nachahmer-Beziehung im Roten Meer

Südwestdeutscher Verlag für Hochschulschriften

Imprint
Any brand names and product names mentioned in this book are subject to trademark, brand or patent protection and are trademarks or registered trademarks of their respective holders. The use of brand names, product names, common names, trade names, product descriptions etc. even without a particular marking in this work is in no way to be construed to mean that such names may be regarded as unrestricted in respect of trademark and brand protection legislation and could thus be used by anyone.

Cover image: www.ingimage.com

Publisher:
Südwestdeutscher Verlag für Hochschulschriften
is a trademark of
Dodo Books Indian Ocean Ltd., member of the OmniScriptum S.R.L Publishing group
str. A.Russo 15, of. 61, Chisinau-2068, Republic of Moldova Europe
Printed at: see last page
ISBN: 978-3-8381-2643-2

Zugl. / Approved by: Innsbruck, Leopold-Franzens Universität, Dissertation, 2011

Copyright © Miriam Reininger
Copyright © 2011 Dodo Books Indian Ocean Ltd., member of the OmniScriptum S.R.L Publishing group

Inhaltsverzeichnis

A. **Einleitung** 5

1. **Mimikry als Überlebensstategie im Korallenriff** 8
   1.1. Das Prinzip der Energieersparnis 10
   1.2. Mimikry – Definition eines schwer abgrenzbaren Begriffs 12
      1.2.1. Funktion aposematischer Färbungen 18
      1.2.2. Mimese – Verbergetrachten bei Lippfischen 20

2. **Mimikry bei Korallenfischen** 22
   2.1. "Evolutives Wettrüsten" 24

3. **Mimikry bei Lippfischen** 26
   3.1. Bates'sche Mimikry 27
   3.2. Müller'sche Mimikry 31
   3.3. Aggressive bzw. Peckham'sche Mimikry 33
   3.4. Soziale Mimikry 40
   3.5. Weitere Schutztrachten 41
      3.5.1. Gestalts- und Konturauflösung 42
      3.5.2. Ocelli und Augenmasken 43
   3.6. Variable Färbungen 46
      3.6.1. Regionale Varianten 47
      3.6.2. Fakultative Mimikry 49

4. **Mimikry-Voraussetzungen** 51
   4.1. Mimikry im Juvenilstadium 53
   4.2. Modell-Nachahmer-Verhältnis 55
   4.3. Habitat, Verbreitung und räumliche Assoziation 58
   4.4. Verhaltensanpassung 59

5. **Allgemeine Charakterisierung der Labridae** 60
   5.1. Systematik der Labridae 61

5.2. Äußere Merkmale _____ 62

    5.2.1. Morphologie _____ 63

5.3. Verbreitung, Lebensweise und Habitat _____ 67

5.4. Bevorzugte Nahrung _____ 68

5.5. Geschlechtswechsel und Fortpflanzung _____ 69

    5.5.1. Physiologischer und morphologischer Farbwechsel _____ 72

6. Gibt es eine *Coris-Amphiprion* Mimikry-Beziehung? _____ 73

B. Methoden _____ 79

1. Untersuchungsgebiet und –zeitraum _____ 79

2. Verhaltensbeobachtungen _____ 85

    2.1. Untersuchte Gattungen und Arten _____ 89

        2.1.1. *Coris cuvieri* (BENNETT 1831) – Afrika-Junker _____ 90

        2.1.2. *Coris gaimard* (QUOY & GAIMARD 1824) – Pazifischer Clown-Junker 92

        2.1.3. *Coris aygula* (LACÉPÈDE 1801) – Spiegelfleck-Junker _____ 93

        2.1.4. *Halichoeres hortulanus* (LACÉPÈDE 1801) – Schachbrett-Junker ____ 94

        2.1.5. *Halichoeres marginatus* (RÜPPELL 1835) – Streifen-Junker _____ 95

3. Umfärbungen _____ 96

4. Attrappenversuche _____ 97

5. Diversitätsstudie _____ 101

    5.1. Problematik von "fish census surveys" _____ 104

6. Statistische Verfahren _____ 106

C. Ergebnisse _____ 109

1. Ergebnisse der Verhaltensbeobachtungen _____ 109

    1.1. Unterschiede zwischen den Entwicklungsstadien _____ 109

1.2. Verhalten juveniler Labridae _____113
1.3. Verhalten adulter Labridae _____114
1.4. Interaktionen _____116
   1.4.1. Interaktionen juveniler Labridae _____117
   1.4.2. Interaktionen adulter Labridae _____122
1.5. Durchschnittliche Fressrate _____125
1.6. Verhaltensbeeinflussende Umweltfaktoren _____127
   1.6.1. Jahresperiodik _____127
   1.6.2. Diurnale Rhythmen _____130
   1.6.3. Tiefe und Habitat _____132
   1.6.4. Beobachtungsplatz _____134
1.7. Individuelle Unterschiede _____138
   1.7.1. Körpergröße _____139
   1.7.2. Anemonen-Abstand _____141
1.8. Verhalten von *Coris gaimard* im Indo-Pazifik _____144

2. Ergebnisse der Umfärbungen _____**147**

3. Ergebnisse der Attrappenversuche _____**150**
3.1. Attrappen juveniler Labridae _____150
3.2. Attrappen von Prädatoren _____155

4. Ergebnisse der Diversitätsstudie _____**156**
4.1. Anemonenfische und ihre Wirtsanemonen _____161
4.2. Weitere Labridae in der Untersuchungsregion _____163
4.3. *Coris cuvieri – Amphiprion bicinctus* – Verhältnis _____164
4.4. Einfluss verschiedener Faktoren auf die Artenzusammensetzung _____166
   4.4.1. Saisonale Unterschiede _____166
   4.4.2. Tageszeitliche Unterschiede _____171
   4.4.3. Tiefe _____172
   4.4.4. Untersuchungsgebiet _____176

D. Diskussion	178
1. Verhaltensbeobachtungen	178
1.1. Unterschiede und Gemeinsamkeiten der Schwester-Arten	180
2. Umfärbungen	181
3. Attrappenversuche	182
3.1. Attrappen juveniler Labridae	183
3.2. Attrappen von Prädatoren	185
4. Diversitätsstudie	186
4.1. Einfluss verschiedener Faktoren auf die Artenzusammensetzung	187
4.2. Modell-Nachahmer-Verhältnis	189
5. Eine Coris-Amphiprion Mimikry-Beziehung?	191
5.1. Die Problematik "schlechter Täuscher"	191
5.2. *Coris cuvieri* ein mimetischer Nachahmer?	194
5.3. Abschließender Beweis	195
E. Zusammenfassung	198
1. Abstract	209
F. Literaturverzeichnis	219
G. Anhang	240
1. Ergänzende Daten und Ergebnisse	240
2. Übersicht Trivialnamen	243
H. Abbildungsverzeichnis	249
I. Abkürzungsverzeichnis	252

A. Einleitung

Die wohl bekanntesten Mimikry-Beispiele stammen aus der Welt der Insekten, doch auch bei Korallenfischen werden Nachahmungs-Phänomene häufig beschrieben. Viele der rund 60 in der Literatur genannten Mimikry-Fälle bei marinen Fischen sind jedoch nur oberflächlich erforscht und verstanden (RANDALL 2005a, RANDALL & RANDALL 1960, RUSSELL et al. 1988). Die meisten Nachahmer-Beschreibungen sind anekdotisch und schließen eine zufällige Ähnlichkeit beteiligter Arten nicht aus (COTT 1957, DITTRICH et al. 1993, FIELD 1997, HUHEEY 1988, McCOSKER 1977, MOYER 1977, ORMOND 1980, SPRINGER & SMITH-VANIZ 1972, WALDBAUER 1988, WICKLER 1965).

Auch wenn viele Form- und Farbähnlichkeiten sehr überzeugend sind und auf Mimikry-Beziehungen hinweisen, ist es nicht ausreichend, ausschließlich äußerliche Merkmale zu untersuchen. Mimikry unterliegt klar definierten Kriterien, die nur bei echten Modell-Nachahmer-Beziehungen erfüllt sind. Nur wenige Studien untersuchen quantitativ die ökologischen und verhaltensbiologischen Beziehungen zwischen vermeintlichen Nachahmern und ihren Modellen und erbringen so einen wissenschaftlichen Beweis für die Einhaltung dieser Grundvoraussetzungen (BUNKLEY-WILLIAMS & WILLIAMS 2000, CHENEY & COTE 2007, COTE & CHENEY 2004, EAGLE & JONES 2004, KUWAMURA 1983, LOSEY 1974, MOLAND et al. 2005, MOLAND & JONES 2004, MOYER 1977, SEIGEL & ADAMSON 1983, SPRINGER & SMITH-VANIZ 1972).

Der alltägliche Gebrauch von Fachbegriffen der Verhaltensbiologie, anthropomorphe Interpretationen und ungenügend kontrollierbare Umweltsituationen bei Feldarbeiten führten in der Vergangenheit leider oft zu Missverständnissen und Undeutlichkeiten. Die Beobachtung im natürlichen Lebensraum ist für die Verhaltensforschung essentiell. Quantitative Analysen, sowie experimentelle Untersuchungen sind für eine objektive Beurteilung der Feldbeobachtungen jedoch entscheidend (EIBL-EIBESFELDT 1999, FRICKE 1966, 1976).

Es ist auffallend, dass Mimikry besonders häufig in sehr artenreichen tropischen Ökosystemen zu beobachten ist, in welchen Signalfarben eine wichtige Rolle spielen. Es ist nur schwer festzustellen, ob Mimikry eine Anpassung oder eine Konsequenz dieses Artenreichtums ist (MARSHALL 2000).

Experimentelle Versuche lassen darauf schließen, dass Mimikry bezüglich der Abundanz der untersuchten Arten ein Schlüsselfaktor ist. Die Häufigkeit relativ seltener Arten scheint direkt von der Populationsdichte ihrer Vorbilder abzuhängen (MOLAND et al. 2005). Mimikry ist ein wichtiges ökologisches Phänomen, das die Abundanz seltener Arten gewährleistet und dadurch zum Artenreichtum beiträgt (GILBERT 1983). Natürliche Selektion ist die treibende Kraft hinter der Ausbildung vom Mimikry-Beziehungen, welche somit die Entstehung neuer Arten vorantreiben (BATES 1862, DARWIN 1859).

Korallenriffe zeichnen sich durch große Formen- und Farbenvielfalt aus. Die zum Teil auffallenden Färbungen, sogenannte "Plakatfarben" (FRICKE 1966, LORENZ 1962) vieler Korallenfische dienen dem Ausdruck von inter- und intraspezifischer Territorialität, Arterkennung, aposematischer Funktion, Mimikry, Krypsis oder Kombinationen der genannten (GUTHRIE & MUNTZ 1993).

Die hohe Prädatoren- und Konkurrentendichte im Korallenriff zwingt Tiere immer neue Überlebensstrategien zu entwickeln. Mimikry, sowie andere Schutztrachten, sind in der Familie der Labridae (Lippfische) häufig vorkommende Strategien. Neben Augenflecken, sind auch Färbung, Gestalt und das Verhalten vieler Lippfische an ein Modell angepasst (KUITER 2002, McFARLAND 1999, THALER 1997).

In dieser Arbeit sollen die ökologischen und verhaltensbiologischen Grundlagen einer vermeintlichen *Coris-Amphiprion* Mimikry-Beziehung auf ihre biologische Zweckmäßigkeit untersucht und somit ein Beweis für eine echte Modell-Nachahmer-Beziehung zwischen juvenilen Lipp- und Anemonenfischen erbracht werden.

Das Thema Mimikry fasziniert Wissenschaftler seit Jahrhunderten (BATES 1862, DARWIN 1859, MÜLLER 1879, PECKHAM 1889, WALLACE 1865). Die daraus resultierende Menge an Publikationen zu präsentieren bzw. zu diskutieren würde über den Rahmen dieser Arbeit hinausgehen. Im Folgenden wird daher ausschließlich auf Täuschungs-Phänomene bei Korallenfischen, insbesondere Lippfischen, eingegangen. Eine sehr vollständige Auflistung mit über 600 Referenzen zum Thema Mimikry findet sich bei MALLET (1999).

1. Mimikry als Überlebensstategie im Korallenriff

Jegliche Form von Tarnung zielt grundsätzlich darauf ab das Prädationsrisiko für das Individuum zu verringern und somit letztendlich den Fortbestand der Art zu sichern. Alle Schutz- und Verteidigungsmechanismen erhöhen die Fitness und wirken daher positiv auf die natürliche Selektion (LUNAU 2002, MALCOM 1990, McFARLAND 1999).

Schutzfärbungen stehen im Dienste kryptischer oder aposematischer Funktion. Erstere dient dem Verbergen vor Prädatoren, während Warnfärbungen Fressfeinde abschrecken und Lernvorgänge seitens der Signalempfänger auslösen. Tarnung kann jedoch auch als Angriffsstrategie, beispielsweise dem Verbergen vor potentieller Beute, dienen. Bei allen Täuschungs-Strategien werden irreführende Signale an Beutetiere bzw. Prädatoren oder Fortpflanzungskonkurrenten gesendet. So auch bei Mimikry, welche eine besondere Form von Tarnung und Täuschung darstellt (v. FRISCH 1954, 1979, HUHEEY 1988, KAPPELER 2006, LUNAU 2002, VANE-WRIGHT 1980).

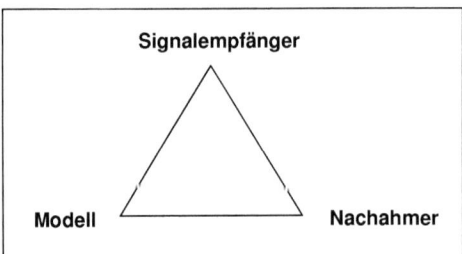

Abbildung 1: Bei jeder Mimikry-Beziehung stehen Modelle, Nachahmer und Signalempfänger in Beziehung. Bei Signalempfängern handelt es sich je nach Mimikry-Typ um Artgenossen (Fortpflanzungskonkurrenten), potentielle Beutetiere oder Prädatoren der Nachahmer.

Es gibt eine große Zahl verschiedener Mimikry-Strategien, die an artfremde Signalempfänger gerichtet sind (siehe Kapitel 3. Mimikry bei Lippfischen). Man spricht von Automimikry, wenn Vorbild und Nachahmer derselben Art angehören (COTT 1957, LUNAU 2002).

Lernvorgänge seitens der Signalempfänger bilden die Grundlage dieser Täuschungs-Strategien. Sie basieren auf den Sinnesleistungen der getäuschten Arten, Lern- und Gedächtnisfähigkeiten und auf dem Vermögen zwischen Formen zu unterscheiden bzw. zu generalisieren. Für einen Beweis echter mimetischer Anpassungen, muss der Wahrnehmungsapparat der Signalempfänger analysiert werden (KLOPFER 1968, MALLET & JORON 1999, McFARLAND 1999, MOLAND et al. 2005).
Auf Grund der Vielzahl möglicher Mimikry-Beziehungen muss jedes Zusammenspiel der Nachahmer, ihrer Modelle und der Signalempfänger genauestens untersucht werden. Die Entscheidung, ob echte Mimikry oder eine andere Form der Tarnung vorliegt, kann nur bei genauer Kenntnis aller beteiligten Arten und nach einer detaillierten Kosten-Nutzen-Analyse für die vermeintlichen Nachahmer getroffen werden.
Der Vorteil bzw. Nutzen einer Mimikry-Beziehung hängt davon ab, wer getäuscht wird und zu welchem Zweck. Je nach Typ werden Fressfeinde, Raum-, Fortpflanzungs- oder Nahrungskonkurrenten getäuscht. Es ist erwiesen, dass Mimikry ein komplexes Phänomen darstellt, das von mehr als einem Selektionsdruck, meist erhöhtem Fresserfolg bei gleichzeitiger Feindvermeidung oder verbessertem Reproduktions-erfolg, beeinflusst wird (CALEY & SCHLUTER 2003, CHENEY 2010, EAGLE & JONES 2004, SMITH-VANIZ et al. 2001, VANE-WRIGHT 1980).
Verschiedene Mimikry-Typen sind häufig nicht eindeutig voneinander abgrenzbar. So tarnen sich Anglerfische der Familie Antennariidae vor Prädatoren indem die Tiere eine Schwamm-ähnliche Stuktur und Färbung annehmen, die dem Untergrund variabel angepasst wird. Die Körperform und -begrenzung wird durch modifizierte Flossen, eine reglose Körperhaltung und verschiedene Anhänge nahezu unsichtbar. Gleichzeitig locken Anglerfische Betetiere mit ihrer "Angel", bestehend aus Esca und Ilicium, an (siehe Abbildung 2 A). Die gut getarnten Lauerjäger saugen angelockte Beute durch rasches Aufreissen ihres Mauls ein (DEBELIUS 1998, LUNAU 2002, RANDALL 2005a, RANDALL & RANDALL 1960). Anglerfische werden in der Literatur häufig als Beispiel aggressiver Mimikry genannt (siehe Kapitel 3.3. Aggressive bzw.

Peckham'sche Mimikry). Die Tiere profitieren von erhöhtem Schutz durch ihre Tarntracht bei gleichzeitig gesteigertem Fresserfolg (COTT 1957, LUNAU 2002, ORMOND 1980, RANDALL 2005a, RANDALL & RANDALL 1960, WICKLER 1968). Eine Trennung von Schutztracht und aggressiver Mimikry ist in diesem Fall nicht möglich.

KUITER (1991) beschreibt juvenile Anglerfische als Bates'sche Nachahmer toxischer Nacktschnecken, die Körperform und Haltung ihrer Modelle imitieren. Ob es sich hierbei um echte Mimikry oder aposematische Färbungen handelt, bleibt jedoch quantitativ und qualitativ zu bestätigen.

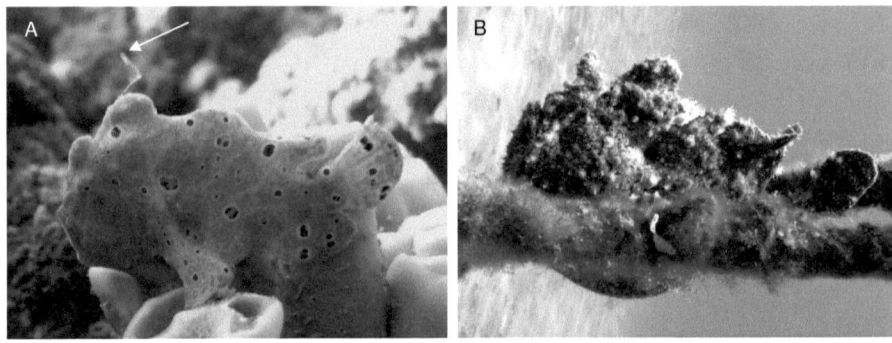

Abbildung 2: A – *Antennarius pictus* auf einem Röhrenschwamm; Esca und Illicium sind als weisse Angelschnur über dem Kopf sichtbar (siehe Pfeil); B – *Antennarius sp.* wird durch Körperanhänge und regloses Verharren nahezu unsichtbar; Ägypten, Rotes Meer.

Die Familie der Antennariidae stellt nur ein Beispiel für die komplizierten Beziehungsgefüge im Korallenriff dar, welche in vielen Mimikry-Fällen eine eindeutige Trennung bzw. Klassifizierung der verschiedenen Strategien unmöglich machen.

1.1. Das Prinzip der Energieersparnis

Unterschiedliche Überlebensstrategien unterscheiden sich in ihrem Engergieverbrauch. In tropischen Riffen, die sich durch eine hohe Diversität an Lebensformen auszeichnen, steht der Faktor Energie bzw. Energieersparnis im Mittelpunkt. Jeder

Organismus versucht vorrangig sein Überleben zu sichern und gleichzeitig mit geringst möglichem Energieeinsatz seinen Nahrungsbedarf zu decken. Gestalts-, Verhaltens- und Farbänderungen geben ihrem Träger eine größere Chance zu entkommen, übersehen zu werden und erhöhen so letztendlich den Reproduktionserfolg. Natürliche Selektion bevorzugt Tiere mit effizienter Nahrungsaufnahme, die durch gesteigertes Wachstum früher geschlechtsreif werden und dadurch mehr Nachkommen erzeugen (HART 1993, MALCOM 1990, McFARLAND 1999).

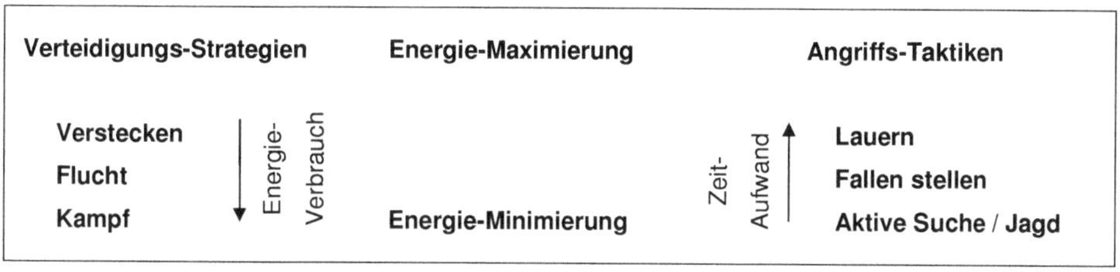

Verteidigungs-Strategien	Energie-Maximierung	Angriffs-Taktiken
Verstecken		Lauern
Flucht		Fallen stellen
Kampf	Energie-Minimierung	Aktive Suche / Jagd

Abbildung 3: Grundsätzliche Einteilung von Verteidigungs- und Angriffsstrategien. Die Kategorien unterscheiden sich nach der Kosten-Nutzen-Analyse in Zeitaufwand und Energieverbrauch (verändert nach MALCOM 1990: 56).

Mimikry ensteht durch das Zusammenspiel und die Koevolution verschiedener Angriffs-, Verteidigungs- und Feindvermeidungsstrategien. Die Taktiken schließen sich jedoch keinesfalls aus. Häufig kommen Kombinationen zum Einsatz, die durch äußere Umweltfaktoren, sowie die Motivationsbereitschaft der Tiere der jeweiligen Umgebung und Situation angepasst werden. Sättigungsgrad der Prädatoren und das Nahrungsangebot spielen hierbei eine entscheidende Rolle (COLGAN 1993, EIBL-EIBESFELDT 1959, FIELD 1997, GILBERT 1983, KUWAMURA 1981, 1983, MALCOM 1990, RANDALL & RANDALL 1960, RUSSELL 1988).

Ziel aller Überlebensstrategien ist eine Maximierung des "lifetime reproductive success" (ALCOCK 2009, DARWIN 1859). Viele Arten investieren in eine hohe Wachstumsrate, welche eine Funktion des Stoffwechsel-Umsatzes und des Energieverbrauchs ist. Tiere versuchen einen optimalen Nettogewinn bei gleichzeitig geringstem Prädationsrisiko zu erzielen. Ein rasches Wachstum wirkt sich häufig positiv auf die Reproduktionsrate aus. Für die Verringerung des Prädationsrisikos haben Tiere verschiedenste Verteidigungs- und Tarnungsstrategien entwickelt (COTT 1957, v. FRISCH 1979, VANE-WRIGHT 1980).

Fische investieren zwischen 20 % und 35 % der durch Nahrung aufgenommene Energie in Wachstum (MALCOM 1993). Dieser hohe Prozentsatz wirkt sich auf unterschiedliche Wachstumsraten bei Korallenfischen aus. Arten, die rascher das Adultstadium erreichen, pflanzen sich früher fort und haben so die Chance mehr überlebensfähige Nachkommen hervorzubringen. Zudem verringert sich ab einer bestimmten Körpergröße das Prädationsrisiko (HART 1993).

Auch das Jagdverhalten von Prädatoren steht im Zeichen der Energieersparnis. Da viele Räuber ihre Tarnung für einen Fresserfolg aufgeben müssen, werden die Kosten und Nutzen im Vorfeld eines Angriffes abgewogen. Diese hängen einerseits von der Größe des möglichen Energiegewinns durch die Nahrungsaufnahme und andererseits von Abwehrmechanismen der Beutetiere, d.h. vom Risiko einer Verletzung oder Vergiftung für den Räuber, sowie von äußeren Faktoren ab. Die meisten Korallenfische verfügen über eine Form der Verteidigung. Dies können neben mechanischen und chemischen Abwehrmechanismen, eine schlechte Erreichbarkeit, schnelle Fortbewegungsweise oder andere Faktoren sein, die eine erfolgreiche Jagd unwahrscheinlich machen. Sichtverhältnisse, Tages- und Jahreszeit, sowie das Nahrungsangebot haben Einfluss auf das Jagdverhalten vieler Prädatoren. Physiologische Fähigkeiten (Lern- und Sehvorgänge) seitens der Räuber spielen ebenso eine entscheidende Rolle (CHENEY & MARSHALL 2009, EIBL-EIBESFELDT 1999, ENDLER 1988, JACOBI 1913, KREBS & DAVIES 1993, WICKLER 1968).

1.2. Mimikry – Definition eines schwer abgrenzbaren Begriffs

Es gibt viele verschiedene, teils widersprüchliche Begriffsdefinitionen von Mimikry, Schutztracht, Warntracht, Mimese, Krypsis, etc. An dieser Stelle sollen sie unterschieden werden, obwohl in der Natur häufig Mischformen oder Kombinationen verschiedener Strategien Anwendung finden und somit eine deutliche Abgrenzung nicht sinnvoll machen. Jede Modell-Nachahmer-Beziehung stellt einen individuellen und einzigartigen Fall von Mimikry dar, der aus bestimmten (ko-)evolutiven Prozessen hervorgegangen ist (HUHEEY 1988).

Mimicry is the result of coevolution between two species termed the model and the mimic, usually driven by the behaviour of a third species, the signal receiver or dupe.[1]

Bei allen Mimikry-Beziehungen sind Nachahmer, Modelle bzw. Originale und getäuschte Arten beteiligt. Nachahmer werden auch als "illegitime Sender" (ALCOCK 2009) bezeichnet, da sie das Kommunikationssystem einer anderen Art zu ihrem eigenen Vorteil ausnutzen und durch die Täuschung der Signalempfänger letztendlich einen höheren Fitnessgewinn erlangen. Man spricht bei Mimikry auch von einer sogenannten Scheinwarntracht (LUNAU 2002, RANDALL 2005a, STEININGER 1938, WICKLER 1968).

[...] mimicry involves an organism (the mimic) which simulates signal properties of a second living organism (the model), which are perceived as signals of interest by a 3rd living organism (the operator), such that the mimic gains in fitness as a result of the operator identifying it as an example of the model.[2]

Mimikry ist eine Signalfälschung bzw. eine Nachahmung eines Tieres oder von Teilen eines Tieres zum Erzielen eines biologischen Vorteils (WICKLER 1968). Mimikry umfasst sowohl äußerliche Merkmale wie Gestalt und Färbung, als auch Verhaltensweisen. BATES (1862) definierte Mimikry als äußere Ähnlichkeit in Form und Färbung zwischen Vertretern nicht verwandter Familien. Beim später entdeckten Typ der Müller'schen Mimikry (MÜLLER 1879) bilden jedoch auch nahe verwandte Arten optische Gemeinsamkeiten aus.

---

[1] TURNER, J.R. & SPEED, M.P. (1996): *Learning and memory in mimicry. Simulations of laboratory experiments.* Philosophical Transactions of the Royal Society of London Series B **351**: 1158.

[2] VANE-WRIGHT, R.I. (1980): *On the definition of mimicry.* Zoological Journal of the Linnean Society **13**: 1.

Lange Zeit wurden Mimikry-Phänomene sehr wage als die Nachahmung einer geschützten Tierart durch eine ungeschützte beschrieben (WICKLER 1968). Um Verwirrungen zu vermeiden, sollen an dieser Stelle die Begriffe Warn- und Schutztracht unterschieden werden. POULTON (1898) unterscheidet Mimikry von Krypsis folgendermaßen:

> In the former an animal resembles some object which is of no interest to its enemy, and in so doing is concealed; in the latter an animal resembles an object which is well known and avoided by its enemy, and in so doing becomes conspicuous.[3]

Der grundlegende Unterschied zwischen den Täuschungs-Strategien ist somit die Wahrnehmung der Signalempfänger. Bei Mimikry müssen diese das charakteristische Farbmuster der Nachahmer erkennen und der Modell-Art zuordnen, während andere Taktiken auf einem nicht-Erkennen bzw. einem Verbergen vor Signalempfänger beruhen (VANE-WRIGHT 1980).

Bekannt ist, dass sich viele Labridae als Putzer betätigen, indem sie Haut und Kiemen anderer Fische von Parasiten (hauptsächlich Copepoden und Isopoden) befreien. Diese Ernährungsweise wurde bei insgesamt 49 Lippfisch-Arten dokumentiert, von welchen 8 Arten sich ausschließlich auf diese Weise ernähren. Viele Arten sind fakultative Putzer bzw. verfolgen nur im Juvenilstadium diese spezialisierte Ernährungsstrategie (ARNAL et al. 2006, EIBL-EIBESFELDT 1959, RANDALL 2005a, RANDALL & RANDALL 1960).

Basierend auf Beobachtungen der Mimikry-Beziehung zwischen dem Putzerlippfisch *Labroides dimidiatus* und seinem Nachahmer *Aspidontus taeniatus* (siehe Abbildung 9 A + B) wurde die Definition von POULTON (1898) durch RANDALL & RANDALL (1960) erweitert:

---

[3] POULTON, W.B. (1898): *Natural selection the cause of mimetic resemblance and common warning colors.* Journal of the Linnean Society **26**: 397.

> *... an animal resembles an object which is well known and is avoided or not preyed upon by its enemy, and in so doing becomes conspicuous.*[4]

Dieser Zusatz beinhaltet, dass Nachahmer durch ihre Färbung vor Fressfeinden geschützt sind, aber nicht in jeder Mimikry-Beziehung von den Getäuschten gemieden werden. Putzerlippfische der Art *L. dimidiatus* beispielsweise werden von anderen Fischen aktiv aufgesucht, um sich von Ektoparasiten und Hautresten befreien zu lassen. *L. dimidiatus* wiederum dient als Modell für den Säbelzahnschleimfisch *A. taeniatus* und ermöglicht diesem nahe genug an seine Opfer heranzukommen, um ihnen Stücke aus der Haut zu reißen. Für eine Täuschung der Signalempfänger sind Verhaltensanpassungen neben äußerlicher Ähnlichkeit entscheidend (EIBL-EIBESFELDT 1959, RANDALL & RANDALL 1960).

Mimese wird als Umgebungs-, Schutz-, Tarn- bzw. Verbergetracht bezeichnet und umfasst alle Tarnungen, bei welchen Tiere ihre Gestalt, Haltung und Färbung eines Teils ihres Lebensraumes anpassen.

> *[...] bezeichnet eine schützende Ähnlichkeit eines Tieres mit einem vom Feinde unbeobachtet bleibenden Einzelding der Umgebung.*[5]

Die Tiere verschmelzen regelrecht mit ihrer Umgebung und werden so für optisch ausgerichtete Prädatoren unsichtbar. Diese Strategie findet sich häufig bei Lauerjägern, die Dank ihrer Tarnung von Beutetieren unbemerkt bleiben. Bei Mimese muss das Vorbild, im Gegensatz zu Mimikry, weder wehrhaft noch giftig sein. Oft werden unbelebte oder unbewegliche Gegenstände und Hintergründe imitiert. Häufig setzt sich die Zeichnung und Musterung der Umgebung in die des Tieres fort und lenkt so von der eigentlichen Gestalt ab. Die Färbung erreicht erst im Zusammenspiel mit

---

[4] RANDALL, J.E. & RANDALL, H.A. (1960): *Examples of mimicry and protective resemblance in tropical marine fishes.* Bulletin of Marine Science **10**: 445.

[5] HEIKERTINGER, F. (1954): *Das Rätsel der Mimikry und seine Lösung.* Gustav Fischer Verlag, Jena, p. 39.

Struktur und Zeichnung die vollendete Wirkung (COTT 1957, v. FRISCH 1979, HEIKERTINGER 1954, RANDALL 2005a, STORCH & WELSCH 1989, STEININGER 1938, WICKLER 1968).

Im Allgemeinen verfügen Tiere, die Mimese als Tarnungsstrategie einsetzen, über keine zusätzlichen, mechanischen oder chemischen Abwehrmechanismen. Eine Ausnahme stellen Vertreter der Familie Scorpaenidae (Skorpionsfische) dar, welche über mit Stacheln und Giftdrüsen besetzte Rückenflossenstrahlen verfügen (ENDLER 1988, LIESKE & MYERS 2004).

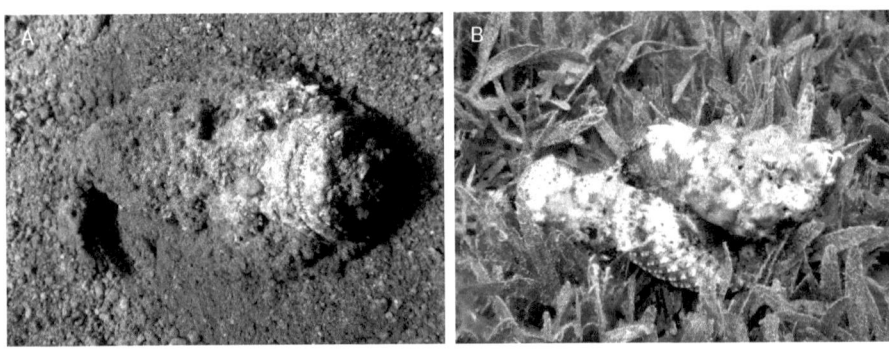

Abbildung 4: A – *Synanceia verrucosa*; der "echte Steinfisch" gräbt sich teilweise ein und verschmilzt regelrecht mit seiner Umgebung; B – *Scorpaenopsis diabolus*; der "bucklige Drachenkopf" passt seine Färbung der Umgebung an; in diesem Fall hat der Lauerjäger die grüne Färbung der umgebenden Seegraswiese angenommen; Ägypten, Rotes Meer.

Zusätzlich zu einer großen Ähnlichkeit in Färbung und Morphologie, werden in beiden Fällen typische Verhaltensweisen imitiert. In den meisten Fällen ist die Verhaltensänderung der Nachahmer für eine Täuschung sogar entscheidend. Im Fall von Mimese werden arttypische Bewegungen teilweise ganz aufgegeben. Die auch als Umgebungstracht bezeichnete Anpassung geht im Gegensatz zu Mimikry meist mit Bewegungslosigkeit einher. Die Tiere harren regunglos auf dem Substrat oder imitieren die natürliche Wasserbewegung von unbelebten Objekten. Neben Färbung und Muster ist bei vielen Nachahmern auch der Körperumriss dem Modell angepasst. So weisen viele mimetische Nachahmer von ihren Verwandten abweichende morphologische Merkmale auf oder sie imitieren durch bestimmte Flossenstellungen und Bewegungen die typische Körperform ihrer Modelle (COTT 1957, HEIKERTINGER 1954, RANDALL 2005a, STEININGER 1938).

Einen besonderen Fall stellen Tiere dar, die sich komplett verbergen, indem sie ihren Körper maskieren oder sich eingraben. Hierbei werden im Gegensatz zu Mimikry und Mimese keinerlei Signale gesandt, da diese Tiere von Signalempfängern nicht als lebender Organismus erkannt werden. EDMUNDS (1974) bezeichnet diesen Typ als Anachorese. Auch bei dieser Kategorie sind die Übergänge zur Mimese fließend (v. FRISCH 1979, HEIKERTINGER 1954, VANE-WRIGHT 1980).

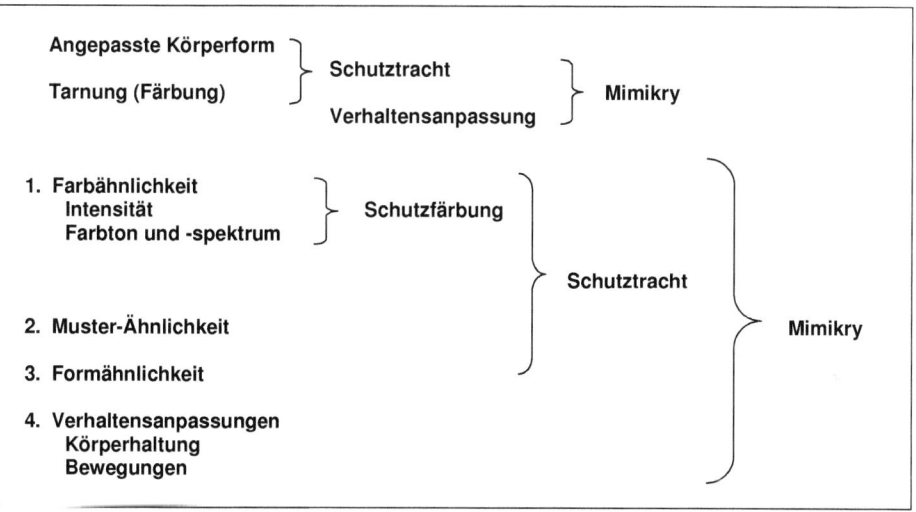

Abbildung 5: Echte Mimikry-Beziehungen unterscheiden sich von anderen Schutzanpassungen durch typische Verhaltensänderungen (nach BREDER 1946: 28-29).

Für den Zweck dieser Arbeit wird der Begriff Mimese bzw. Schutztracht für Fische verwendet, die große Ähnlichkeit mit dem Substrat, Pflanzen(teilen) oder sessilen Tieren haben. Mimikry wird im Folgenden für all diejenigen Beziehungen verwendet, in welchen aktive und frei bewegliche Tiere nachgeahmt werden.

1.2.1. Funktion aposematischer Färbungen

Die auffallenden Färbungen vieler Korallenfische haben immer eine Anpassungsfunktion. Einerseits stehen sie im Dienste von Kommuniktion, andererseits werden sie als Verteidigungsmechanismus zur Abschreckung von Fressfeinden eingesetzt. Bei Korallenfischen finden sich unzählige Beispiele für leuchtende Färbungen und Muster, welche dem inter- und intraspezifischen Erkennen bzw. Verbergen dienen. Auffallende Streifen- und Punktemuster dienen oft der Gestaltsauflösung und lassen die Körperumrisse ihrer Träger verschwimmen (siehe Kapitel 3.5.1. Gestalts- und Kontourauflösung). Meist haben diese sogenannten Plakatfarben gleichzeitig verschiedene Funktionen inne (COTT 1957, EIBL-EIBESFELDT 1999, ENDLER 1988, FRICKE 1966, 1976, v. FRISCH 1979, LORENZ 1962, STEININGER 1938).

Färbungen können im Dienste sexueller Selektion stehen. Sekundärmännchen vieler Korallenfische tragen ihre Dominanz mit ihrem Farbkleid zur Schau. Die Färbung zeigt neben Laichbereitschaft auch Territorial- und Aggressionsverhalten gegenüber Fortpflanzungskonkurrenten an. Weibchen bevorzugen mit leuchtenden Hochzeitskleidern geschmückte Männchen, die ihre Färbung durch besondere Bewegungsabläufe zur Schau stellen. Als supernormale Stimuli lösen sie stärkere Reaktionen hervor, als gewöhnliche Reize (ARAK & ENQUIST 1993, ENQUIST & ARAK 1993). Sekundärmännchen haben eine kurze Lebenserwartung, da sie sich durch das Laichgeschäft verbrauchen, oft abgelenkt sind und durch ihre auffallende Färbung und Verhalten häufiger von Raubfischen erbeutet werden (KUITER 2002, LIESKE & MYERS 2004, TURNER 1993).

Im Gedächtnis von Prädatoren werden gewisse übergeordnete Muster- und Farbmerkmale gespeichert. Es ist möglich, dass ein "übertriebenes" Farbmuster eines Nachahmers, da es einen größeren Wiedererkennungswert hat, stärker abschreckende Funktion besitzt, als das Original (ARAK & ENQUIST 1993, ENQUIST & ARAK 1993, MALLET & JORON 1999).

Die "übertriebenen" Färbungen als supernormale Stimuli verstärken Lerprozesse der Signalempfänger. Da Räuber kontinuierlich vergessen, müssen sie immer wieder neue

Erfahrungen machen, um diesem Prozess entgegen zu wirken. Die Reizstärke und der ökologische Kontext beeinflussen hierbei die Geschwindigkeit der Lernvorgänge bzw. des Vergessens (HUHEEY 1988, KLOPFER 1968, MacDOUGALL & DAWKINS 1988, TURNER & SPEED 1966). Die Länge der Pause zwischen den Begegnungen essbarer und ungenießbarer Beutetiere beeinflusst ebenso den Lernerfolg. Für Modelle und Nachahmer ist es von Vorteil, dass Räuber schnell lernen beide zu meiden. Die natürliche Selektion limitiert daher die Siedlungsdichte und das Ausbreitungsgebiet der Nachahmer (KLOPFER 1968, MALLET & JORON 1999). Grellfärbungen haben abschreckende Wirkung (HEIKERTINGER 1954). Auffallend abweichende Färbungen dienen dem Signal der "Andersartigkeit". Träger sehr abweichender Muster signalisieren, dass sie sich von anderen Beutetieren unterscheiden und werden daher (sofern andere Beute vorhanden ist) von Prädatoren gemieden (MALLET & JORON 1999).

Abbildung 6: A – *Inimicus filamentosus* passt sich farblich perfekt dem Untergrund an; B – bei Bedrohung spreizt *I. filamentosus* die Bauchflossen ab und zeigt seine grellen Warnfarben (Foto B: Christian Alter); Ägypten, Rotes Meer.

Warnfarben haben auf Grund von Neophobie vieler naiver Räuber eine abschreckende Wirkung. Das Auslösen der Angst vor Neuem schwindet jedoch durch Habituations- und Lernprozesse. Auffallende Färbungen führen, da sie ein größeres Interesse von Prädatoren hervorrufen, schlussendlich ohne echte oder mimetische

Schutzanpassung zu einer höheren Mortalitätsrate (EDMUNDS 1974, ENDLER 1988, MacDOUGALL & DAWKINS 1998, MALLET & JORON 1999, SILLEN-TULLBERG & BRYANT 1983, STEININGER 1938).

Viele Korallenfische versuchen diese Habituationseffekte zu verringern, indem sie ihre Warnfärbungen versteckt tragen und nur bei Bedrohung präsentieren. Einige Vertreter der Scorpaenidae wie beispielsweise *Inimicus filamentosus* sind perfekt getarnt, tragen jedoch auf der Innenseite ihrer Brustflossen grelle Warnfarben (siehe Abbildung 6). Diese werden erst bei unmittelbarer Bedrohung ausgefaltet. HEIKERTINGER (1954) bezeichnete diese nur bei Gefahr eingesetzten Schutzanpassungen als Schreck- oder Ungewohnttracht.

1.2.2. Mimese – Verbergetrachten bei Lippfischen

Kryptische Verbergetrachten dienen der Tarnung und somit in erster Funktion dem Schutz vor Prädation. Viele Organismen sind farblich an ihren Untergrund angepasst, wobei Farbton und Musterung häufig variabel und teilweise situationsbezogen der Umgebung angepasst werden. Einige Autoren unterscheiden Mimese von Krypsis durch ihren Grad der Angepasstheit. Bei echter Mimese ist die Nachahmung so weit perfektioniert, dass sie mit der morphologischen Spezialisiertheit von Mimikry vergleichbar ist (COTT 1957, EDMUNDS 1976, VANE-WRIGHT 1980).

BREDER (1946) beschrieb verschiedene Lippfisch-Arten, die Pflanzen oder Pflanzenteile mimetisch nachahmen. Viele dieser Arten leben wie beispielsweise die Art *Novaculoides macrolepidotus* perfekt getarnt in Seegraswiesen (siehe Abbildung 8 A). Auch einige Labridae aus dem Roten Meer ahmen im Juvenilstadium Pflanzenmaterial nach. Der juvenile Bäumchenfisch *Novaculichthys taeniourus* sieht aus wie ein verdriftetes Pflanzenteil (siehe Abbildung 7 A). Dieser Eindruck wird durch schaukelnde Schwimmbewegungen zusätzlich verstärkt. Die Tiere halten sich meist zwischen echten Pflanzen und Laub in der Brandungszone auf und bleiben so für optisch ausgerichtete Prädatoren unerkannt (RANDALL 2005a, RANDALL & RANDALL 1960). Modifizierte Flossenstrahlen, transparente Flossen, sowie Streifen- und Punktemuster lösen zudem die Körperumrisse auf.

Juvenile Schermesserfische der Gattung *Xyrichtys* ahmen Blätter in der natürlichen Wasserbewegung nach. Um die Täuschung perfekt zu machen, besitzt die Art einen beweglichen Flossenstrahl, der wie ein Blattstiel geformt ist (siehe Abbildung 7 B). Juvenile Lippfische der Arten *Anampses meleagrides, A. lineatus* und *A. caeruleopunctatus* schwimmen mit dem Kopf nach unten gerichtet und verbiegen langsam schwimmend ihren Körper. Durch ihre grün-bräunliche Färbung entsteht der Eindruck eines umherdriftenden Blattstückchens (OTT 1988, RANDALL 2005a, RANDALL & EARLE 2004, RANDALL & RANDALL 1990).

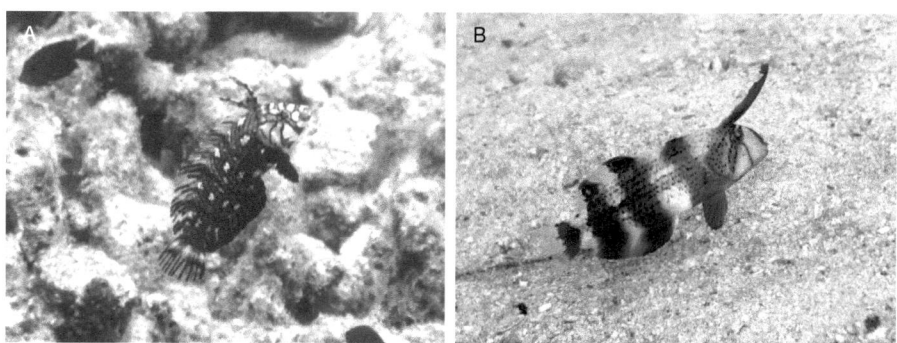

Abbildung 7: A – *Novaculichthys taeniourus* (Juvenilstadium); B – *Xyrichtys pavo* (Juvenilstadium); die Art besitzt einen beweglichen Flossenstrahl, der wie ein Blattstiel geformt ist; West-Papua, Indo-Pazifik.

RANDALL & SPREINAT (2004) beschrieben subadulte Tiere der Art *N. macrolepidotus* als Nachahmer giftiger Schaukel-Stirnflosser der Gattung *Ablabys*. Adulte Tiere halten sich sehr versteckt, während subadulte offen und sedentär leben. Sie spreizen dabei ihre Dorsalflosse ab und imitieren so die Körperform von *A. taenianotus*. Die Autoren sprechen von einer doppelten Schutzstrategie. Einerseits wird die giftige Gattung *Ablabys* imitiert, andererseits gleicht *N. macrolepidotus* abgestorbenem Pflanzenmaterial (RANDALL 2005a, RANDALL & SPREINAT 2004).

Es ist davon auszugehen, dass die Lippfische in erster Linie Pflanzenmaterial nachahmen, dennoch könnten sie von einer zusätzlichen Schutzfunktion durch die

Imitation der giftigen Stirnflosser profitieren. Es ist sehr wahrscheinlich, dass es sich bei diesem Beispiel um Konvergenz handelt. Die beiden nicht-verwandten Arten haben eine große äußerliche Ähnlichkeit entwickelt, da sie im selben Habitat vorkommen und dort demselben Prädationsdruck ausgesetzt sind. Nicht bei jeder Ähnlichkeit zweier nicht-verwandter Arten handelt es sich um einen Fall von Mimikry (COTT 1957, DAWKINS 1993, v. FRISCH 1979, GUILFORD &, LONGLEY 1917).

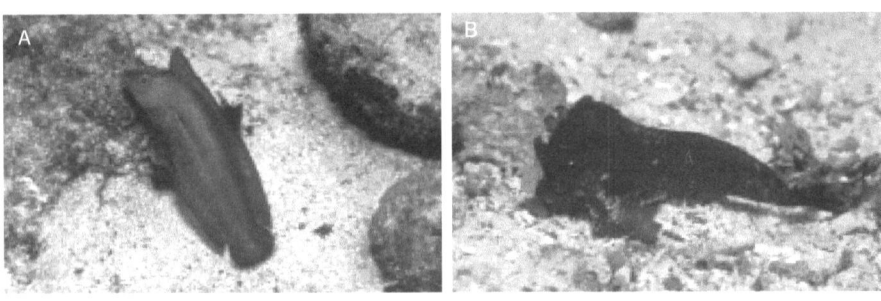

Abbildung 8: A – *Novaculoides macrolepidotus* (Juvenilstadium); B – *Ablabys taenianotus*; Indo-Pazifik (Fotos A + B: Jack Randall).

2. Mimikry bei Korallenfischen

Nachahmungs-Phänomene werden grundsätzlich in die vier klassischen Kategorien "Bates'sche", "Müller'sche", "Aggressive" und "Soziale Mimikry" eingeteilt. Eine scharfe Abgrenzung ist vielfach auf Grund von komplexen Beziehungsgefügen beteiligter Arten nicht möglich. Zudem sind zwischen den Mimikry-Kategorien die Übergänge oft fließend (MOLAND et al. 2005, RANDALL 2005a, TURNER & SPEED 1996).

MALLET & JORON (1999) stellen mit der sogenannten "Quasi-Bates'schen" und "Quasi-Aggressiven Mimikry" weitere Typen vor, welche eine Mittelstellung zwischen den klassischen Modellen einnehmen (MacDOUGALL & DAWKINS 1988, TURNER & SPEED 1996). Bei der "Mertens'schen Mimikry" passt sich eine sehr gefährliche Art einer mässig wehrhaften an (LUNAU 2002). RAINEY (2009) führt den Begriff der "Competitive Mimicry" ein, in welcher territoriale Nahrungskonkurrenten nach den

Regeln der Bates'schen Mimikry getäuscht werden. Einige Autoren bevorzugen eine Einteilung nach funktioneller Natur und teilen Nachahmungs-Phänomene in Schutz-, Fress- und Reproduktionsmimikry ein (CHENEY 2010), während andere allein zwischen einseitigem und beidseitigem Nutzen unterscheiden (EDMUNDS 1990, GORDON & SMITH 1993).

Durch die Entwicklung neuer Methoden und Untersuchungsverfahren, sowie quantitative Kosten-Nutzen Analysen für vermeintliche Mimikry-Beziehungen werden in der Zukunft die Grenzen zwischen den klassischen Theorien immer mehr verwischt werden. Für den Zweck dieser Arbeit soll jedoch an der ursprünglichen Einteilung festgehalten werden. Jede Mimikry-Beziehung stellt einen einzigartigen Fall komplexer Beziehungsgefüge zwischen Modell- und Nachahmer-Arten dar (HUHEEY 1988).

"Bates'sche Mimikry" bezeichnet die Nachahmung wehrhafter oder ungenießbarer durch harmlose Tiere (BATES 1862), während bei der "Müller'schen Mimikry" die Nachahmer selbst auch ungenießbar oder giftig sind (MÜLLER 1879). BREDER (1946) bezeichnete die beiden Typen als "Pseudaposematismus" beziehungsweise "Synaposematismus". Erstere steht für eine täuschende Ähnlichkeit zwischen zwei nicht-verwandten Arten, während beim zweiten Typ äußerliche Parallelen durch denselben ökologischen Druck, durch Konvergenz, entstehen. Beim Typ der "Aggressiven oder Peckham'schen Mimikry" gleicht eine räuberische Art einer harmlosen oder gar nützlichen (PECKHAM 1889). "Soziale Mimikry" besteht, wenn sich Nachahmer zwischen Individuen einer anderen, ähnlich gefärbten Art verstecken, um Fressfeinden zu entgehen oder um einen größeren Fresserfolg zu erzielen (CODY 1969).

Rund 48 % aller in der Literatur beschriebenen Fälle sind dem Typ der aggressiven Mimikry zuzuordnen, gefolgt vom Bates'schen Typ und sozialer Mimikry (MOLAND et al. 2005, RANDALL 2005a).

Mimikry kommt bei einigen Fischfamilien besonders häufig vor. Rund zwei Drittel aller beschriebenen Fälle stammen aus den Familien der Blenniidae (Schleimfische), Serranidae (Sägebarsche) und Apogonidae (Kardinalsbarsche). Für gewöhnlich macht der Anteil mimetischer Nachahmer weniger als 10 % der Gesamtpopulation aus.

Auffallend ist, dass Mimikry bei zwei der artenreichsten Familien, den Pomacentridae (Riffbarsche) und Labridae, sehr selten ist. Weniger als 1 % Arten haben Nachahmungs-Strategien entwickelt. Dem gegenüber steht ein großer Anteil an Modell-Arten. Rund zwei Drittel aller bekannten Mimikry-Vorbilder stammen aus den Familien Pomacentridae, Labridae und Blenniidae. Die Anzahl an Arten, die hierbei als Modelle dienen, ist wiederum gering. Hat ein Modell gleichzeitig mehrere Nachahmer, so spricht man von "mimetischer Last" oder "koevolutiver Verfolgung". In den meisten Mimikry-Beziehungen sind jedoch jeweils ein Modell und ein Nachahmer beteiligt (MALLET & JORON 1999, MOLAND et al. 2005, RANDALL 2005a).

2.1. "Evolutives Wettrüsten"

Mimikry-Fälle sind angewandte Beispiele für Signalentwicklung und Koevolution. Die interagierenden Arten entwickeln Eigenschaften, die einander entsprechen, wobei der jeweils vom Mimikry-Partner ausgeübte Selektionsdruck über deren Ausbildung entscheidet. Modell und Nachahmer-Arten entwickeln sich spezifisch und reziprok als Antwort aufeinander (EIBL-EIBESFELT 1999, FUTUYMA 1990). Einige Autoren sprechen von einem "arms race between prey and predators", einem "evolutiven Wettrüsten" der beteiligten Arten (FUTUYMA 1990, KREBS & DAVIES 1993, MALCOM 1990).

> The complex adaptations and counter adaptations we see between predators and their prey are testament to their long coexistence and reflect the result of an arms race over evolutionary time.[6]

Mimikry-Systeme eignen sich besonders für einen Einblick in die Dynamik evolutiver Prozesse. Nachahmer haben eine vollkommene Imitation ihres Vorbildes zum evolutionären Entwicklungsziel. Vorbild, Nachahmer und Signalempfänger stehen in Mimikrysystemen in so engen Wechselbeziehungen, dass Vorhersagen für

---

[6] KREBS, J.R. & DAVIES, N.B. (1993): *An introduction to Behavioural Ecology*. Blackwell, Malden, p. 77.

evolutionsbiologische Vorgänge abgeleitet werden können. Mimikry stellt somit ein Beispiel Darwin'scher Evolutionstheorie dar, die auf natürlicher Selektion und dem Ziel der Fitnesssteigerung beruht (DARWIN 1859, LUNAU 2002, VANE-WRIGHT 1980).

Im Korallenriff finden sich unzählige Beispiele für dieses evolutive Wettrüsten. Prädatoren, sowie ihre potentiellen Beutetiere haben Strategien entwickelt, die der Maximierung ihres Fresserfolges dienen. Der koevolutionäre Wandel von Räuber-Beute-Systemen ist sehr komplex. Wenn Arten dasselbe Abwehrsystem besitzen (wie auch bei Müller'scher Mimikry) nimmt die Population eines Räubers, der diese Anpassungen umgehen kann, als Funktion der kombinierten Menge aller Beutearten zu. Die Beutepopulationen stehen daher mit einander in Konkurrenz, auch wenn sie nicht direkt um Ressourcen konkurrieren. Wie stark die Arten in Konkurrenz stehen hängt wiederum vom Grad ihrer Nischenüberlappung ab (FUTUYMA 1990, LUNAU 2002).

Tabelle 1: Beispiele für Anpassungen und Gegenanpassungen von Prädatoren und Beutetieren (verändert nach KREBS & DAVIES 1993: 77).

Verhalten (Räuber)	Anpassungen der Räuber	Gegenanpassungen der Beutetiere
Nahrungssuche	Sehvermögen	Krypsis
Beute-Erkennung	Lernprozesse	Mimikry
Beutefang	Angriffs-Waffen	Verteidigungs-Waffen
	(Schnelligkeit, Wendigkeit, etc.)	(Wendigkeit, Aufmerksamkeit, etc.)
Beute-Handling	Anpassungen (z.B.Kieferapparat)	Mechanische Verteidigung
	Gifttoleranzen	(z.B. Stacheln), Toxine

Die Evolution beeinflusst die Stabilität, Artenvielfalt und Verknüpfungen innerhalb von Gemeinschaften (FUTUYMA 1990). Mimikry beginnt mit einer sehr ungenauen Ähnlichkeit, die im Laufe der Evolution mehr und mehr vergrößert wird. Ungenaue Nachahmer stellen daher (zumindest in einigen Fällen) ein evolutives Zwischenstadium dar (CHARLESWORTH 1994, EDMUNDS 2000).

3. Mimikry bei Lippfischen

Eine Zuteilung in die vier allgemein anerkannten Klassifizierungen ist in den meisten Fällen vermeintlicher Mimikry schwierig. Viele ältere Studien haben anekdotischen Charakter und basieren auf Spekulationen über Farbähnlichkeiten. Wenige Studien untersuchen quantitativ die ökologischen Beziehungen zwischen Modell-Nachahmer-Paaren (SPRINGER & SMITH-VANIZ 1972, KUWAMURA 1983, COTE & CHENEY 2004, EAGLE & JONES 2004) und noch weniger Studien beweisen experimentell die aus einer Mimikry resultierenden Vorteile für die Nachahmer (CALEY & SCHLUTER 2003, LUNAU 2002, MUNDAY et al. 2003, MOLAND & JONES 2004). Alle Mimikry-Typen sollen der nachahmenden Art einen Vorteil verschaffen. Auf der einen Seite soll das Prädationsrisiko verringert werden, andererseits wird durch bestimmte Formen von Mimikry der Fresserfolg der Signalträger erhöht. MOLAND et al. (2005) fassen Kriterien zusammen, welche die Vorteile einer Mimikry-Beziehung beschreiben, um so deutlicher zwischen den vier klassischen Mimikry-Typen zu unterscheiden.

Tabelle 2: Kriterien zur klassichen Einteilung in Literatur beschriebener Mimikry-Fälle bei Korallenfischen (verändert nach MOLAND et al. 2005: 464); M = Modell, NA = Nachahmer.

Kriterien	Bates'sche	Müller'sche	Aggressive	Soziale
äußere Ähnlichkeiten von M und NA	+	+	+	+
M ungenießbar od. Wehrhaft	+	+	-	-
NA ungenießbar od. Wehrhaft	-	+	-	-
NA genießbar bzw. harmlos	+	-	-	-
Prädatoren meiden NA	+	+	-	+
NA und M bilden gemeinsame Schulen	-	-	- / +	+
NA erbeuten Beutetiere getarnt als M	-	-	+	-
NA und M nutzen dieselbe Futterquelle	-	-	-	+
NA und M nutzen unters. Futterquellen	-	-	+	-

3.1. Bates'sche Mimikry

Der Begriff Bates'sche Mimikry bezeichnet die Nachahmung wehrhafter oder ungenießbarer Tiere (den Modellen) durch harmlose Arten (den Nachahmern) zur Täuschung von Feinden (BATES 1862). Man spricht bei diesen Typ sprichwörtlich auch vom "Schaf im Wolfspelz" (COTT 1957, EIBL-EIBESFELDT 1999, HUHEEY 1988). Der Begriff "ungenießbar" steht hierbei für alle Eigenschaften, die zur Reduktion von Angriffen bzw. zur Verringerung der Chancen auf Fresserfolg seitens der Prädatoren führen. Unter den Feindvermeidungsstrategien finden sich neben chemischen Verteidigungswaffen (Giftstoffen) auch mechanische Abwehrmechanismen (z.B. dornige Fortsätze, Stacheln). Eine schnelle Fortbewegungsweise oder schlechte Erreichbarkeit der Beutetiere führen ebenso zur Reduktion des Prädationsrisikos (ENDLER 1988, MALLET & JORON 1999, RANDALL 2005a, VANE-WRIGHT 1980).

In Batesian mimcry a relatively scarce, palatable, and unprotected species resembles an abundant, relatively unpalatable or well-protected species, and so becomes disguised. [...] Thus mimetic resemblance leads in a Batesian group to the deception of enemies [...] the mimic lives on the unpalatable reputation of its model.[7]

Bates'sche Mimikry basiert auf 6 Kriterien (nach RETTENMEYER 1970 in McCOSKER 1977): (a) die Modellart wird von Prädatoren gemieden; (b) Nachahmer sind genießbar, werden jedoch von Prädatoren gemieden, da sie eine große äußerliche Ähnlichkeit in Farbe und Form mit dem Modell entwickelt haben; (c) Nachahmer sind weniger häufig als die Originale; (d) Nachahmer halten sich zur selben Zeit am selben Ort auf wie ihre Modelle; (e) beteiligte Arten sind auffällig gefärbt und von Prädatoren leicht zu erkennen; (f) Prädatoren lernen oder assoziieren, dass Modelle, sowie Nachahmer keine ideale Beute darstellen.

---

[7] COTT, H.B. (1957): *Adaptive Coloration in Animals*. Methuen & Co, London, p.298.

Räuber werden durch negative Reize (z.B. mechanische oder chemische Abwehrmechanismen ihrer Beutetiere) dauerhaft konditioniert. Die negative Assoziation basiert auf Gedächtnisleistungen, welche das Verhalten der Prädatoren steuern. Um die Schutzfunktion aufrecht zu erhalten, müssen Signalempfänger laufend neue, negative Erfahrungen machen. Für eine stabile Mimikry Beziehung darf hierbei ein bestimmtes Modell-Nachahmer-Zahlenverhältnis nicht überschritten werden (ALCOCK 2009, CHARLESWORTH 1999, HUHEEY 1988). Durch von weitem erkennbare Warnfarben bleibt den Prädatoren mehr Zeit für Lernprozesse bzw. für das Wiedererkennen bereits gespeicherter Farbmuster (ENDLER 1988, MacDOUGALL & DAWKINS 1988, TURNER & SPEED 1966).

Nachahmer entwicklen schrittweise eine immer größere Ähnlichkeit mit ihrem Modell. Da bei Bates'scher Mimikry vielfach auffallende Färbungen und Muster zum Einsatz kommen, wäre dies zunächst ein Nachteil für die Signalträger. Nur unter Einhaltung der genannten Kriterien, kann Mimikry der nachahmenden Art einen Selektionsvorteil verschaffen (CHARLESWORTH 1994, EDMUNDS 2000, YACHI 1998).

Für Schutzanpassungen ist eine detailgenaue Ähnlichkeit mit dem Modell nicht unbedingt ausschlaggebend. Auch oberflächliche Parallelen führen zu Verwirrung und verzögern das Identifizieren potentieller Beute seitens der Prädatoren. Der daraus resultierende Zeitvorsprung reicht aus, um die Fluchtchancen der mimetischen Beutetiere zu vergrößern (KREBS & DAVIES 1993).

CALEY & SCHLUTER (2003) nennen den Selektionsvorteil, den Nachahmer-Arten durch Mimikry erzielen "protective umbrella". Dieser sogenannte Schutzschild variiert je nach Fall und Mimikry-Typ in Größe und Effektivität. Die Autoren demonstrieren die Wirkungsweise des Schutzgrades indem sie Attrappenversuche mit Prädatoren durchführten. Hierbei wurden immer stärker vom Original abweichende Nachbildungen angeboten. Bei sehr giftigen bzw. ungenießbaren Modellen nähern sich Prädatoren nicht einmal sehr wage ähnelnden Attrappen, was auf einen stark ausgeprägten Schutzschild schließen lässt. Es ist möglich, dass Mimikry mit einer sehr ungenauen Ähnlichkeit beginnt, die im Laufe der Evolution mehr und mehr vergrößert wird.

Ungenaue Nachahmer könnten daher ein evolutives Zwischenstadium darstellen (CHARLESWORTH 1994, EDMUNDS 2000).

Die Prinzipien der Erkennung von bestimmten Mustern sind bei der Erforschung Bates'scher Mimikry von besonderer Bedeutung. Damit Mimikry funktioniert, müssen Prädatoren eine bestimmte Morphologie und typische Verhaltensweisen sofort erkennen und einer giftigen bzw. ungenießbaren Art zuordnen können. Die übergeordneten Erkennungsmuster sind hierbei allgemein und müssen durch Lernvorgänge verfeinert werden (ENQUIST & ARAK 1993, GEENE & McDIARMID 1981, SMITH 1975, SPRINGER & SMITH-VANIZ 1972). Die Erkennungsmechanismen müssen im Wesentlichen angeboren sein und durch Lernvorgänge angepasst werden, jedoch bleibt in vielen Fällen sehr wenig Spielraum für das Erlernen. Wenn ein sehr giftiges Beutetier gefressen wird, kommt es zu keinem Lerneffekt, da der Prädator daran zugrunde geht. Signalempfänger zeigen unterschiedliche Lerngeschwindigkeiten, die davon abhängig sind, ob ein Reiz sofort oder mit Verzögerung geboten wird. Auch bei den wehrlosen Putzerlippfischen, die durch ihre besondere Funktion im Ökosystem von Prädatoren weitgehend verschont werden, wäre beim Fressen kein Lerneffekt gegeben. Die arttypische Färbung muss daher genetisch als "nicht fressen" verankert sein. Einige Arten haben mehrere mimetische Nachahmer, während andere nicht als Modell dienen. Die genetische Programmierung bestimmter Farbmuster liegt dieser ungleichmässigen Verteilung der mimetischen Last zu Grunde (MALLET & JORON 1999, McFARLAND 1999, MOLAND et al. 2005, WICKLER 1968).

Das Lernen der Prädatoren ist abhängig von der Anzahl und der Häufigkeit der gesammelten Erfahrungen. Die Nachahmer-Dichte spielt hierbei eine entscheidende Rolle (MALLET & JORON 1999, VANE-WRIGHT 1980). Im Gegensatz zur Müller'schen Mimikry, bei welcher es von Vorteil ist, so viele Tiere mit denselben Merkmalen wie möglich zu umfassen, verliert der Bates'sche Typ an Effektivität bei Beteiligung vieler Signalträger (MALLET & JORON 1999).

Beim Typ der Bates'schen Mimikry zeigen viele Arten sexuellen Dimorphismus. Häufig beschränkt sich Mimikry auf einen für die Erhaltung der Art wichtigen Lebensabschnitt und ensteht in Anpassung an unterschiedliche ökologische Wirkungsmechanismen. Bei vielen Arten zeigt das Geschlecht mit dem größeren Fortpflanzungsrisiko eine mimetische Färbung (BREDER 1946, COTT 1957, EIBL-EIBESFELDT 1999, MALLET & JORON 1999, MOLAND & JONES 2004, RANDALL & RANDALL 1960).

Bates'sche Mimikry wurde bisher bei 25 verschiedenen Arten von Korallenfischen beschrieben. Die Arten stammen aus 10 Familien, wobei die Apogonidae und Blenniidae die zahlenreichsten Gruppen darstellen (MOLAND et al. 2005, RANDALL 2005a).

Einige Labridae dienen als Modelle Bates'scher Nachahmer. Der wohl bekannteste Fall von Mimikry unter marinen Fischen ist die Nachahmung des Putzerlippfisches *Labroides dimidiatus* durch den Säbelzahnschleimfisch *Aspidontus taeniatus* (siehe Kapitel 3.3. Aggressive bzw. Peckham'sche Mimikry).

Abbildung 9: A – *Labroides dimidiatus* dient als Modell für den Säbelzahnschleimfisch; B – *Aspidontus taeniatus* ist ein nahezu Perfekter Nachahmer des Putzerlippfisches; die beiden Arten können äußerlich an ihrer Maulstellung unterschieden werden (siehe Pfeil); Ägypten, Rotes Meer (Fotos A + B: Christian Alter).

Nachahmer profitieren vom Prädationsschutz der Lippfische, der durch ihre besondere Stellung im Ökosystem Korallenriff entsteht. *A. taeniatus* verbessert gleichzeitig seinen Fresserfolg, indem die Lippfisch-Putztracht als Tarnung eingesetzt wird, um Hautstücke aus angelockten Opfern zu reissen (EIBL-EIBESFELDT 1999, KUWAMURA 1983, LUNAU 2002, MOLAND & JONES 2004, RANDALL 2005a, WICKLER 1965, 1968). Säbelzahnschleimfische zeigen eine nahezu perfekte Mimikry. Ihr äußeres Erscheinungsbild ist eine beinahe identische Kopie des Putzerlippfisches und ihr Verhalten ist ebenso typisch labriform. Im Feld können die beiden Arten äußerlich an ihrer Maulstellung unterschieden werden. Bleniidae haben im Gegensatz zu Labridae ein unterständiges Maul (siehe Abbildungen 9 B + 16 B). Die weitreichenden Anpassungen in Färbung und Verhalten lassen auf eine sehr lange "evolutive Feinabstimmung" schließen (EIBL-EIBESFELDT 1959, FIELD 1997, GILBERT 1983, KUWAMURA 1981, 1983, RANDALL & RANDALL 1960).

LONGLEY & HILDEBRAND (1940) beschrieben *Hemiemblemaria simulus* als Nachahmer von *Thalassoma bifasciatum*. Der Hechtschleimfisch schwimmt frei mit seinem Modell und imitiert dabei dessen labriforme Schwimmweise. *T. bifasciatum* betätigt sich als fakultativer Putzer und ist daher vor Fressfeinden größtenteils geschützt. Die Mimikry ermöglicht *H. simulus* sich offener und daher effektiver von Zooplankton zu ernähren bei gleichzeitig erhöhtem Schutz vor Prädation (WICKLER 1968, RANDALL 2005a).

Einen sehr ähnlichen Fall von Mimikry stellt die Modell-Nachahmer-Beziehung zwischen *A. taeniatus* und *Coris hewetti* dar (RANDALL 2005a). In diesem Fall jedoch imitiert der Säbelzahnschleimfisch mehrere Modelle, die abhängig von ihrer regionalen Häufigkeit nachgeahmt werden (siehe Kapitel 3.6.1. Regionale Varianten). Die Nachahmung ist in diesem Fall weniger detailgetreu.

3.2. Müller'sche Mimikry

Beim Typ der Müller'schen Mimikry bilden zwei oder mehr ungenießbare bis giftige Arten optische Gemeinsamkeiten aus, d.h. die Arten schließen sich zu sogenannten "Warngenossenschaften" (WICKLER 1968) zusammen.

Müller'sche Mimikry unterscheidet sich von anderen Typen in wesentlichen Faktoren. Einige Autoren bewerten diese Kategorie nicht als echte Mimikry, da keine

Signalfälschung vorliegt. Beteiligte Arten sind wehrhaft und zeigen äußerliche Ähnlichkeiten, um ihren Wiedererkennungswert zu verstärken (LUNAU 2002, RANDALL 2005a, VANE-WRIGHT 1980, WICKLER 1968).

In Mullerian mimicry, on the other hand, a number of different species, all possessing aposematic attributes and appearance, resemble one another, and so become more easily recognized. [...] it leads to the education of enemies – due to the simplification resulting from Synaposematic, or Common Warning Colours. [...] the mimic shares the repellent nature of its model; and the enemy is taught by a real warning.[8]

Im Gegensatz zu anderen Mimikry-Typen bestehen hierbei zwischen den Arten oft Verwandtschaftsverhältnisse. Es handelt sich im Grunde um Konvergenz und um eine Normierung von Signalen mit gleicher Bedeutung. Meist kommen leuchtende Warnfarben und Muster zum Einsatz. So wird bei Prädatoren ein rascherer Lernerfolg erzielt und der Abschreckungseffekt verstärkt. Die beteiligten Arten teilen sich sozusagen die Kosten für die Erziehung ihrer gemeinsamen Fressfeinde. Eine bestimmte Anzahl ungenießbarer Individuen muss "geopfert" werden, damit Prädatoren lernen, ein gewisses Farbmuster zu meiden. Für einzelne Arten, die eine bestimmte Färbung gemein haben, wird der Nachteil reduziert. Seltene und weniger wehrhafte Arten profitieren von der Mimikry-Beziehung jedoch wesentlich stärker, als häufige Arten (COTT 1957, GUILFORD & DAWKINS 1993, MacDOUGALL & DAWKINS 1988, MALLET & JORON 1999, MÜLLER 1879, WICKLER 1968).

Beim Müller'schen Typ profitieren Modelle, Nachahmer, sowie Signalempfänger. Da die beteiligten Arten ungenießbare Eigenschaften besitzen, ist eine Warnung auch im Interesse potentieller Prädatoren (HUHEEY 1988).

Müller'sche Nachahmer sind in der Regel weniger "originalgetreu" als Bates'sche. Für die Schutzfunktion ist es ausreichend, wenn sich die beteiligten Arten oberflächlich ähneln. Im Gegensatz zu anderen Mimikry-Typen ist es von Vorteil, wenn so viele Individuen wie möglich beteiligt sind. Die Arten schließen sich oft zu Gruppen

---

[8] COTT, H.B. (1957): *Adaptive Coloration in Animals*. Methuen & Co, London, p.298.

zusammen, während bei Bates'scher Mimikry für gewöhnlich eine großräumige Verteilung der Individuen beobachtet wird (COTT 1957, HUHEEY 1988, ROWLAND et al. 2007).
Müller'sche Mimikry findet sich bei Rifffischen meist in sogenannten Mimikry-Komplexen (LUNAU 2002, MALLET & JORON 1999, MOLAND et al. 2005, RANDALL 2005a, RUSSELL 1988), welche Kombinationen mit mehreren interspezifischen Zusammenspielen darstellen. In diesen Komplexen sind im Gegensatz zu den meisten anderen Mimikry-Fällen mehr als zwei Arten beteiligt. Das wohl bekannteste Beispiel aus dem Korallenriff sind die Nemophini aus der Familie der Blenniidae, in welchen verschiedene *Meiacanthus*-Arten mimetische Ähnlichkeiten besitzen. Die auffallend gefärbten Arten haben eine große äußere Ähnlichkeit entwickelt. Die sogenannten Säbelzahn-Schleimfische zeichnen sich durch verlängerte Fangzähne mit einer Giftdrüse aus und werden dadurch von Prädatoren gemieden (LOSEY 1972, RUSSELL et al. 1976, SMITH-VANIZ et al. 2001, SPRINGER & SMITH-VANIZ 1972).

Die meisten Korallenfische verfügen über eine Form der Verteidigung, weshalb bei vielen Fällen Bates'scher Mimikry möglicherweise Elemente Müller'scher Mimikry mitwirken. Experimente zu Fresspräferenzen von Prädatoren könnten beweisen, dass es sich bei vermeintlich Bates'schen Fällen um Müller'sche Mimikry handelt (EDMUNDS 1974, MOLAND et al. 2005). Innerhalb der Familie der Labridae gibt es bisher keinen beschriebenen Fall Müller'scher Mimikry.

3.3. Aggressive bzw. Peckham'sche Mimikry

PECKHAM (1889) beschrieb einen weiteren Mimikry-Typ, der auch als aggressive Mimikry oder Locktracht (HEIKERTINGER 1954, LUNAU 2002) bezeichnet wird.

> *Aggressive mimicry, sometimes known as Peckhamian mimicry [...] is used to depict an animal or part thereof that enables a predator to get closer to its prey or to attract its prey to within striking range.*[9]

---

[9] RANDALL, J. (2005): *A Review of Mimicry in Marine Fishes.* Zoological Studies **44** (3): 310.

Bei dieser Kategorie gleicht eine räuberische Art einer harmlosen oder gar nützlichen. Aggressive Nachahmer verwenden spezifische Reize um bestimmte Verhaltensweisen bei den Signalempfängern auszulösen (siehe Abbildung 2). Die Mimikry ermöglicht es Prädatoren ihre Beute anzulocken bzw. unbemerkt näher an sie heran zu kommen (EIBL-EIBESFELDT 1999, MALCOM 1990, VANE-WRIGHT 1980, WICKLER 1965). SAZIMA (2002) unterteilt aggressive Nachahmer in 3 Kategorien:

> *(1) Fish species that feed on smaller prey than themselves tend to mimic and join fish species harmless to their prospective prey; (2) fish species that feed on larger prey than themselves tend to mimic mostly beneficial fish species (cleaners) or, less frequently, join species harmless to their prospective prey; (3) fish species that feed on prey about their own size tend to mimic their prospective prey species, the "wolf in sheep's clothes" disguise type;*[10]

Beim Vergleich einiger vermeintlicher Nachahmer scheint es fraglich, ob es sich wirklich um Mimikry handelt. Beim Peckham'schen Typ sind besonders viele "imperfect mimics" (DITTRICH et al. 1993) bzw. "adaptive mimics" (FIELD 1997) beteiligt. Es gibt viele ungenaue Nachahmer und Täuscher, die situationsbezogen eine mimetische bzw. nicht-mimetische Färbung annehmen können. Beim Bates'schen Typ müssen die Nachahmer in der Regel "originalgetreuer" sein, denn die Schutztracht dient in diesem Falle der Feindvermeidung und nicht der Erhöhung des Fressererfolges (CHENEY et al. 2010, LINDSTROM et al. 1997, RANDALL 2005a, ROBERTS 1990).

Aggressive Mimikry wurde bei 32 Arten von Rifffischen aus 10 verschiedenen Familien beschrieben. Die meisten in der Literatur genannten Fälle finden sich unter den Serranidae und Blenniidae. Auffallend viele Labridae dienen als Modell aggressiver Nachahmer. Lippfische betätigen sich häufig als Putzer und sind durch ihre besondere ökologische Stellung weitgehend vor Prädation geschützt (KUWAMURA 1981, 1983, MOLAND et al. 2005, RANDALL 2005a).

---

[10] SAZIMA, I. (2002): *Juvenile snooks (Centropomidae) as mimics of mojarras (Gerreidae), with a review of aggressive mimicry in fishes.* Environmental Biology of Fishes **65**: 37.

Tabelle 3: aggressive Nachahmer und ihre Modelle mit dem jeweiligen Mimikry-Nachweis (NW); NA = Nachahmer; A: generelle Ähnlichkeit von Nachahmern und Modellen, übereinstimmende Informationen zu Fress- und Sozialverhalten; B: Fresserfolge durch Mimikry; * besitzen nur als Juvenile eine mimetische Färbung (nach MOLAND et al. 2005: 469-470).

Nachahmer	NA-Familie	Modell	M-Familie	NW
Hypoplectrus sp.	Serranidae	*B. rufus*	**Labridae**	A
*M. acutirostris**	Serranidae	*H. poeyi*	**Labridae**	A
*M. interstitialis**	Serranidae	*H. maculipinna*	**Labridae**	A
*M. tigris**	Serranidae	*T. bifasciatum*	**Labridae**	AB
*P. oligacanthus**	Serranidae	*O. celebicus*	**Labridae**	A
O. diagrammus	**Labridae**	*P. macronema*	Mullidae	AB
		P. leucogaster	Pomacentridae	AB
		P. lacrymatus	Pomacentridae	AB
		S. nigricans	Pomacentridae	AB
E. insidiator	**Labridae**	*C. larvatus*	Chaetodontidae	AB
		P. sulfureus	Pomacentridae	AB
		C. striatus	Acanthuridae	AB
		Z. veliferum	Acanthuridae	AB
A. taeniatus	Blenniidae	*L. dimidiatus*	**Labridae**	AB
C. filamentosus	Blenniidae	*L. dimidiatus*	**Labridae**	AB
P. azaleus	Blenniidae	*T. lucasanum*	**Labridae**	A
P. rhinorhynchos	Blenniidae	*L. dimidiatus*	**Labridae**	AB
		P. mortoni	Serranidae	AB
P. rhinorhynchos	Blenniidae	*P. squamipinnis*	Serranidae	AB
P. tapeinosoma	Blenniidae	*T. amblycephalum*	**Labridae**	AB
		T. taeniatus	Plesiopidae	AB
H. simulus	Chaenopsidae	*T. bifasciatus*	**Labridae**	A

Die als Bates'scher Nachahmer beschriebene Art *A. taeniatus* ist gleichzeitig der Peckham'schen Mimikry zuzuordnen (siehe Abbildung 9 B). Der Säbelzahn-Schleimfisch imitiert den Putzerlippfisch *L. dimidiatus* und ernährt sich von Haustücken angelockter Opfer (EIBL-EIBESFELDT 1999, WICKLER 1965, 1968). Die Art profitiert von Prädationsschutz, einer allgemein gewährten "Amnestie" der Träger der Putztracht durch ihre besondere Stellung im Ökosystem, bei gleichzeitig optimiertem Fresserfolg (KUWAMURA 1983, LUNAU 2002, MOLAND & JONES 2004, RANDALL 2005a).

HOBSON (1969) beschrieb eine sehr ähnliche Peckham'sche Mimikry-Beziehung des Säbelzahnschleimfisches *Plagiotremus azaleus* mit *Thalassoma lucasanum*. Obwohl ersterer keine detailgetreue Ähnlichkeit mit dem Lippfisch besitzt, erhöht die mimetische Färbung doch die Erfolgsrate beim Fressen, bei dem die Fische Stücke aus der Haut ihrer Opfer reißen.

ORMOND (1980) nennt mit *Plagiotremus tapeinosoma* einen weiteren aggressiven Nachahmer eines Lippfisches (*Thalassoma amblycephalum*). Die Art ernährt sich wie *P. azaleus* und *P. rhinorhynchos* von Mukus und Hautstücken anderer Fische und profitiert zudem vom Vorhandensein größerer Lippfisch-Ansammlungen. Neben dem daraus entstehenden Fressvorteil, profitiert die Art durch den Verdünnungseffekt (siehe 3.4. Soziale Mimikry) von einem geringerem Prädationsrisiko (ALCOCK 2009, KREBS & DAVIES 1993, ORMOND 1980, RANDALL 2005a, RUSSELL 1988).

ORMOND (1980) nennt mit *Epibulus insidiator* ein Beispiel aggressiver Mimikry unter Lippfischen aus dem Roten Meer. Herbivore Riffbewohner wie *Acanthurus sohal*, *Plectroglyphidodon lacrymatus*, *Stegastes nigricans*, sowie verschiedene Demoisellen verteidigen das Algensubstrat ihres Territoriums. Doktorfische der Art *Zebrasoma desjardinii* bilden große Fressgemeinschaften, in welchen sie über die Algengärten dieser territorialen Arten herfallen. *E. insidiator* mischt sich unter die *Zebrasoma*-Fressgemeinschaften, indem eine ebenso braune Färbung angenommen wird. So kommen die Lippfische nahe an ihre Beutetiere, die ihr Territorium verteidigenden Riffbarsche, heran (ORMOND 1980, SAKAI et al. 1995). *E. insidiator* zeigt auch eine gelbe Farbphase, die möglicherweise eine Mimikry der Demoisellen-Art *Pomacentrus sulfureus* darstellt. Die arttypisch gelbe Färbung ermöglicht es den Lippfischen, sich den aggressiven Riffbarschen unbemerkt zu nähern und diese zu erbeuten (FIELD 1997). Die verschiedenen Farbphasen der Art *E. insidiator* sind variabel und stellen daher einen Fall fakultativer Mimikry dar (siehe Kapitel 3.6.2. Fakultative Mimikry).

Abbildung 10: A – die gelbe Farbvariante von *Epibulus insidiator* stellt möglicherweise eine Demoisellen-Mimikry dar; B – *Pomacentrus sulfureus;* Ägypten, Rotes Meer.

Die beiden Arten *Oxycheilinus mentalis* und *O. diagrammus* verfügen über ein ganzes Repertoire an situationsspezifischen Färbungen. Die Lippfische folgen unter anderem im Sand wühlenden Meerbarben um ihren Fresserfolg zu erhöhen. Je nachdem, mit welcher Art geschwommen wird, wird die Färbung der Lippfische in Sekundenschnelle angepasst. Die Arten verfügen über eine mimetische und eine nicht-mimetische Färbung, die situationsbezogen angewandt wird (siehe Kapitel 3.6.2. Fakultative Mimikry). Die Lippfische passen ihre Färbung auch ihrer Umgebung an, wenn sie regungslos auf Beute lauern. Ein feines Punktemuster lässt hierbei den Körperumriss verschwimmen (ORMOND 1980, RANDALL 2005a, RANDALL & RANDALL 1960).

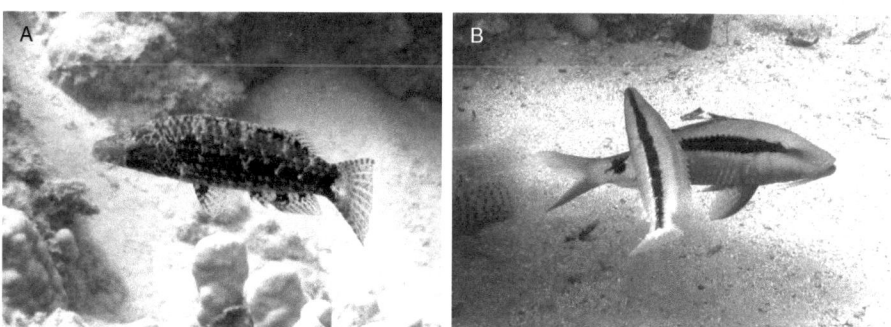

Abbildung 11: A – arttypische (nicht-mimetische) Färbung von *O. mentalis*; B – mimetische Färbung von *O. mentalis* gemeinsam mit *Parupeneus macronema*; Ägypten, Rotes Meer.

Dieselbe Strategie wurde im Untersuchungsgebiet beim Zigarren-Lippfisch *Cheilio inermis* beobachtet (siehe Abbildung 13 A + B). Die Art schwimmt mit Schulen fressender Meerbarben und passt fakultativ ihre Färbung an die ihrer Modelle an (siehe Kapitel 3.6.2. Fakultative Mimikry). Besonders ist bei dieser vermeintlichen Modell-Nachahmer-Beziehung, dass auch Meerbarben variable Zeichnungen besitzen. Die vermeintlichen Nachahmer zeigen neben ihrer arttypischen ein ganzes Repertoire an situationsspezifischen Färbungen. *C. inermis* wird nicht nur mit Meerbarben beobachtet, sondern auch mit verschiedenen Lippfischen. Hierbei ist auffallend, dass Zigarren-Lippfische Arten mit länglicher Körperform (die der ihren entspricht) bevorzugen. Ob es sich in diesem Fall um echte Mimikry oder um eine zufällige äußerliche Ähnlichkeit handelt, bleibt quantitativ und qualitativ zu untersuchen.

Aggressive Mimikry ist häufig bei kleinen Raubfischarten und im Juvenilstadium zu finden. Im Gegensatz zu den anderen Mimikry-Typen, bei welchen die Täuscher durch ihre Färbung vor Fressfeinden größtenteils geschützt sind, zielt aggressive Mimikry darauf, den Fresserfolg zu vergrößern. Bei genauerer Betrachtung beschriebener Fälle von aggressiver Mimikry fällt auf (siehe Tabelle 3), dass besonders viele juvenile Serranidae diese Strategie entwickelt haben. Als Modell dienen dabei häufig Labridae, die sich regelmäßig als Putzer betätigen und durch ihre besondere ökologische Stellung im Allgemeinen vor Prädation geschützt sind.

Abbildung 12: A – *Mycteroperca tigris* (Juvenilstadium) zeigt eine mimetische Lippfisch-Färbung; B – *Thalassoma bifasciatum* (Initialphase); Karibik (Fotos A + B: Jack Randall).

SNYDER (1999) beschreibt die aggressive Mimikry des Riffbarsches *Mycteroperca tigris* und juvenilen bzw. Initialphase-Lippfischen der Art *Thalassoma bifasciatum* (siehe Abbildung 12). Färbung, Größe und Schwimmweise werden im Juvenilstadium imitiert. Durch das Nachahmen des fakultativen Putzers profitiert *M. tigris* auf zweierlei Weise. Einerseits kann sich die Art so ihren Beutetieren unbemerkt nähern und andererseits ist sie selbst vor Fressfeinden geschützt. SAZIMA (2002) beschrieb zwei weitere Riffbarsche der Gattung *Mycteroperca* als aggressive Nachahmer von Lippfischen: *Halichoeres penrosei* dient hierbei als Modell für *M. interstitialis* und *H. poeyi* als Modell für *M. acutirostris*.

Abbildung 13: A – arttypische Färbung von *Cheilio inermis*; B – vermeintlich mimetische Färbung von *C. inermis* gemeinsam mit *Parupeneus sp.*; C – vermeintlich mimetische Färbung von *Variola louti* (Juvenilstadium); D – *Pseudocheilinus evanidus* (Adultstadium); Ägypten, Rotes Meer; (Foto A: Christian Alter).

Im Untersuchungsgebiet wurde mehrfach eine große äußere Ähnlichkeit zwischen juvenilen Serranidae und Lippfischen beobachtet. Juvenile *Variola louti* zeigen beispielsweise dieselbe Färbung wie *P. evanidus* und weisen sogar denselben weißen "Bart" (eine arttypisch helle Kehlfärbung) auf. Bei den Lippfischen handelt es sich um rasche Schwimmer, die sehr versteckt leben und daher eine schlecht zu erreichende Beute darstellen. Die Art besitzt den deutschen Namen "Verschwindender Zwerglippfisch" und ist nur selten ausserhalb ihres Versteckes anzutreffen. Ob es sich bei diesen Beobachtungen um Mimikry oder um eine zufällige Ähnlichkeit handelt, bleibt zu überprüfen.

3.4. Soziale Mimikry

DAFNI & DIAMANT (1984) führten einen weiteren Mimikry-Typ ein, die sogenannte "school-oriented mimicry". Bei diesem Typ mischen sich normalerweise solitär lebende Arten unter ähnlich gefärbte, schwarmbildende Arten. RANDALL & McCOSKER (1993) ersetzten den aus der Ornithologie stammenden Begriff "school-oriented mimicry" durch "social mimicry". Die gemeinsam fressenden Arten verringern durch das Bilden von interspezifischen Schulen das Risiko für das einzelne Individuum.

Soziale Mimikry ist bei 8 Arten aus 6 Familien von Korallenfischen beschrieben. 3 von den 8 Fällen sind unter den Blenniidae zu finden (MOLAND et al. 2005, RANDALL 2005a), wobei die Hälfte der beschriebenen Mimikry-Beziehungen sich auf juvenile Tiere beschränken, die in diesem Lebensstadium besonders von Prädation bedroht sind (JONES & McCORMICK 2002).
Damit die Kriterien für soziale Mimikry gegeben sind, muss eine generelle äußerliche Ähnlichkeit der beteiligten Arten, interspezifische Gruppenbildung und gemeinsames Fressen gegeben sein. Die Arten müssen dieselben Futterpräferenzen haben. Wenn die Nachahmer-Art sich von einer trophisch höheren Stufe ernährt, könnte es sich auch um aggressive Mimikry handeln (MOLAND et al. 2005, SACHS 2006).
Die meisten in der Literatur beschriebenen Fälle stammen aus den Familien Blenniidae und Pomacentridae. Aus der Familie der Lippfische gibt es bisher kein

Beispiel sozialer Mimikry (MOLAND et al. 2005, RANDALL 2005a). Bei vielen der beschriebenen Fälle ist es schwer zwischen echter sozialer Mimikry und räumlicher Assoziation zu unterscheiden. Äußerliche Ähnlichkeiten allein sind für eine Gruppenbildung bzw. für die Risikoverminderung des Individuums nicht ausschlaggebend. Dennoch steht fest, dass seltene Arten davon profitieren, sich unter Schulen anderer, ähnlich gefärbter Arten zu mischen (CROOK 1999, DAFINI & DIAMANT 1984, MOLAND et al. 2005, SACHS 2006).
Größere Gruppen profitieren von einer effizienteren Nahrungsaufnahme bei gleichzeitig erhöhtem Schutz vor Prädation. Durch die Angliederung an eine Gruppe vermindert ein Individuum die Wahrscheinlichkeit eines erfolgreichen Angriffs durch einen Raubfeind. Die Chance gefressen zu werden ist hierbei direkt abhängig von der Gruppengröße (FISHELSON 1977, McFARLAND 1999, MILINSKI 1993, PITCHER & PARRISH 1993). Man spricht hierbei vom sogenannten "Verdünnungseffekt". Dieser besagt eine Verminderung des Mortalitätsrisikos durch Fressfeinde als Mitglied einer aus zahlreichen Individuen bestehenden Gruppe (ALCOCK 2009, KREBS & DAVIES 1993, ORMOND 1980). Solitäre Arten, die sich zu Fressgemeinschaften zusammen schließen, können sich Zugang zu sonst unerreichbaren Ressourcen schaffen. Der verbesserte Nahrungszugang bei gleichzeitig geringerem Prädationsdruck wiegt die Kosten für gesteigerte Nahrungskonkurrenz zwischen den Individuen auf (ARONSON et al. 1987, BARID 1993, FOSTER 1985, LUKOSCHECK et al. 2000, MORSE 1977, SIH et al. 1985).

3.5. Weitere Schutztrachten

Es gibt unzählige weitere Beispiele für Täuschungsstrategien bei Korallenfischen. Detaillierter auf dieses Thema einzugehen, würde jedoch weit über den Rahmen dieser Arbeit hinausgehen. An dieser Stelle soll ein kurzer Überblick über zwei weitere Strategien gegeben werden, welche bei allen untersuchten Arten in zumindest einem Entwicklungsstadium beobachtet wurden.

3.5.1. Gestalts- und Konturauflösung

Da sich Korallenfische und ihre Prädatoren vorwiegend optisch orientieren, finden sich viele Farbmuster, die neben inter- und intraspezifischer Kommunikation auch der Feindvermeidung dienen. Streifen- bzw. Ringel- und Punktemuster wirken im Spiel von Licht und Wasser konturauflösend. Die Strukturierung und Färbung des Hintergrundes, sowie die Lichtverhältnisse spielen hierbei eine entscheidende Rolle.

Abbildung 14: A – *Chaetodon austriacus* trägt eine für Chaetodontidae typische schwarze Augenmaske; B – das Auge des Krokodilsfisches *Papilloculiceps longiceps* ist maskiert; C – Nahaufnahme des Kopfbereiches von *Coris aygula* (Transitionalstadium); das Punktemuster dient der Kontourauflösung; D – das auffallende Muster setzt sich bei *Anampses meleagrides* (Initialphase) in die Iris fort; Ägypten, Rotes Meer.

Die Körperform vieler Fische wird durch Streifen oder Punkte aufgelöst. Muster setzen sich häufig über die gesamte Körperoberfläche bis in die Flossen fort und lassen die

Begrenzung des Köpers verschwimmen. Unter Lippfischen finden sich Punkte- und Streifenmuster besonders häufig im Juvenil- und Transitionalstadium (siehe Tabelle 4). Kontrastreiche Färbungen dienen der optischen Ablenkung. Sie fesseln das Auge des Signalempfängers und können, da sie Verwirrung stiften, eine Schutzfunktion für den Träger haben. Die Tiere zeigen oft gleichzeitig eine besondere Schwimmweise, die den Effekt der Gestaltsauflösung verstärkt (COTT 1957, EIBL-EIBESFELDT 1999, ENDLER 1988, FRICKE 1976, v. FRISCH 1979, RANDALL 2005a).

Einige Korallenfische tragen Augenmasken, die sich über das Auge und den Rest des Körpers fortsetzen. Diese Tarnungen finden sich besonders häufig unter den Chaetodontidae (Falterfische). Manche Arten wie beispielsweise der Krokodilsfisch *Papilloculiceps longiceps* verfügen über Körperanhänge, welche die Pupille maskieren und somit für potentielle Beutetiere unsichtbar machen (siehe Abbildung 14 B). Wie viele Korallenfische tarnen auch einige Lippfische ihr Auge, indem die Iris bunt gefärbt ist oder indem sich das gezeigte Körpermuster über das Auge fortsetzt. Kontourauflösende Muster finden sich bei Lippfischen in allen Entwicklungsstadien (COTT 1957, DEBELIUS 1998, THALER 1997).

3.5.2. Ocelli und Augenmasken

Scheinaugen bzw. Ocelli sind naturgetreue Nachbildungen echter Sehorgane. Sie sind meist rund oder oval und weisen (zumindest bei landlebenden Tieren) einen reflektierenden Punkt auf, der eine Iris oder Pupille imitiert (BREDER 1946, COTT 1957, GUTHRIE 1981, LUNAU 2002, McFARLAND 1999, THALER 1997, WICKLER 1968).

Ocelli wie Augenmasken dienen dazu, Prädatoren einzuschüchtern, ihre Angriffe fehlzuleiten oder sie zu verwirren. Beide Strategien sollen Angreifer in Bezug auf die Körpergröße täuschen. In vielen Fällen sind die Augenflecke deutlich größer als die die tatsächlichen Sehorgane, welche zudem oft durch eine Zügelstrich-Zeichnung getarnt sind. Häufig sind Ocelli bei Jungfischen zu finden, die in diesem Stadium besonders von Prädation bedroht sind. Juvenile Tiere sind auf Grund ihrer

Unerfahrenheit gefährdeter, fressen beinahe ständig und können daher nur wenig Zeit in die Beobachtung ihrer Umgebung investieren (LUNAU 2002, THALER 1997). Zudem täuschen Augenflecke eine falsche Fluchtrichtung vor. Raubfische, die bei der Jagd häufig auf die Augen ihrer Beutetiere fokussieren, werden durch Ocelli am Körperende abgelenkt. Augenflecken liegen normalerweise in relativ unbedeutenden Körperregionen, in denen eine mögliche Verletzung für das Individuum weniger gefährlich ist. Zusätzlich kann das plötzliche Darbieten von Augenflecken der Abschreckung von Fressfeinden dienen (v. FRISCH 1979, McFARLAND 1999, NEUDECKER 1989, STEININGER 1938, THALER 1997, WICKLER 1986).

Abbildung 15: Augenflecken bei A – *Coris aygula* (Juvenilstadium); B – *Anampses twistii* (Initialphase); C – *Xyrichtys pavo* (Adultstadium) trägt einen Ocellus unter der Dorsalis, das echte Auge ist durch ein Streifenmuster maskiert; D – *Epibulus insidiator* (Terminalphase) versteckt sein echtes Auge unter einer Augenmaske; Ägypten, Rotes Meer.

Tabelle 4: Auswahl an Lippfisch-Arten im Untersuchungsgebiet, die Ocelli und / oder ein Kontouraflösendes Muster besitzen. J = Juvenil-, IP = Initial-, TP = Terminalphase.

	Ocelli			Konturaufl. Muster		
	J	IP	TP	J	IP	TP
Anampses meleagrides	+	+	-	+	+	+
Anampses twistii	+	+	+	+	+	+
Bodianus axillaris	-	-	-	+	+	+
Bodianus diana	+	+	+	+	-	-
Bodianus opercularis	+	+	+	+	+	+
Oxycheilinus mentalis	-	-	-	+	+	+
Coris aygula	+	+	-	+	+	-
Coris cuvieri	-	-	-	+	-	-
Halichoeres hortulanus	+	-	-	+	+	+
Halichoeres marginatus	+	+	-	+	+	+
Halichoeres nebulosus	+	+	+	+	+	+
Halichoeres scapularis	-	-	-	+	+	+
Hemigymnus fasciatus	-	-	-	+	+	+
Hologymnosus annulatus	-	-	-	+	+	+
Macropharyngodon bipartitus	+	-	-	+	+	+
Parachellinus octotaenia	-			-	+	+
Pseudocheilinus hexataenia	+	+	+	+	+	+
Pseudodax moluccanus	-	-	-	+	+	+
Pteragogus cryptus	+	+	+	-	-	-
Thalassoma lunare	+	-	-	+	+	+
Wetmorella nigropinnata	+	+	+	+	+	+
Xyrichtys pentadactylus	+	+	+	+	+	+

Viele der genannten Anpassungen sind optische Reize, die auch als Schrecktrachten eingesetzt werden. Optische Reize verscheuchen Feinde, unabhängig davon, ob das gezeigte Muster eine Ähnlichkeit mit einer anderen Struktur besitzt. Konzentrische Kreise bilden auf einer Fläche prägnante Muster und stellen daher für die Signalempfänger sehr starke optische Reize dar (EIBL-EIBESFELT 1999, LUNAU 2002).

Augenflecken dienen auch der innerartlichen Kommunikation. Bei Rivalitäten dienen sie als Stimmungsanzeiger. Die Färbung kann hierbei in Sekundenschnelle verändert werden. Bei ritualisierten Turnierkämpfen werden Ocelli auffällig zur Schau gestellt. Ein Verblassen des unterlegenen Tieres verhindert in der Natur Beschädigungskämpfe (FRICKE 1976).

Ocelli sind unter den Labridae häufig im Juvenilstadium und in der Initialphase zu finden. Augenmasken, Punkte- und Steifenmuster hingegen werden in allen Entwicklungsstadien beobachtet. Tabelle 4 fasst eine Auswahl im Untersuchungsgebiet vorkommender Lippfisch-Arten zusammen, die zumindest in einer Lebensphase ein Kontourauflösendes Muster und / oder Ocelli tragen. All diese Zeichnungen dienen der Verringerung des Prädationsrisikos (EIBL-EIBESFELDT 1999, GUTHRIE 1981, RANDALL 2005a).

3.6. Variable Färbungen

Viele Korallenfische besitzen die Fähigkeit ihre Färbung der sozialen bzw. physischen Umgebung und Situation anzupassen (ARIGONI et al. 2002, MUNDAY et al. 2003). Einige Nachahmer-Arten verfügen über eine mimetische und eine nicht-mimetische Färbung, die situationsbezogen eingesetzt werden. FIELD (1997) bezeichnet die Nachahmer-Arten, die ihre Färbung willentlich anpassen, als "adaptive mimics". Im Gegensatz dazu stehen die "natural mimics", welchen eine permanente Farb- und Formähnlichkeit mit ihrem Modell angeboren ist.

Einige Korallenfische haben fakultative Mimikry-Färbungen entwickelt, die mehrere Modelle zur Grundlage haben. Die Varianten werden nach dem Vorhandensein und der Abundanz der Originale eingesetzt. Einige Mimikry-Beziehungen sind so weit angepasst, dass die Färbung der Nachahmer mit regionalen Varianten übereinstimmt bzw. dem Umfeld und der Situation angepasst werden kann. Diese Polymorphismen vergrößern den Wirkungsbereich der Mimikry und verschaffen den variablen Nachahmern einen Selektionsvorteil (CHENEY et al. 2010, MOLAND et al. 2005, MUNDAY et al. 2003, RANDALL 2005a, RUSSELL 1988, WICKLER 1968).

Untersuchungen zeigen, dass zwischen Nachahmern derselben Art geringe genetische Unterschiede bei gleichzeitig hoher phänotypischer Plastizität vorliegen (EDMUNDS 1990, ENDLER 1988, GORDON & SMITH 1999, MOLAND et al. 2005, RANDALL 2005a).

3.6.1. Regionale Varianten

In rund einem Drittel der Mimikry-Beziehungen sind jeweils ein Modell und ein Nachahmer beteiligt (MOLAND et al. 2005). Es gibt aber auch einige Fälle, in welchen ein Modell mehrere Nachahmer besitzt (siehe Tabelle 3). *L. dimidiatus* wird von mehreren Schleimfischen (*A. taeniatus, C. filamentosus, P. azaleus, P. rhinorhynchos*) unterschiedlicher Gattungen nachgeahmt (KUWAMURA 1981, 1983). In wieder anderen Mimikry-Beziehungen imitiert ein Nachahmer mehrere Modelle. So haben die beiden Lippfische *O. diagrammus* und *E. insidiator* mehrere Modelle (*C. larvatus, C. striatus, P. macronema, P. leucogaster, P. lacrymatus, P. sulfureus, S. nigricans, Z. veliferum*) aus unterschiedlichen Familien (ORMOND 1980).

Abbildung 16: A – Regionale Farbvariante von *Labroides dimidiatus*; B – der Nachahmer *Aspidontus taeniatus* zeigt im selben Verbreitungsgebiet eine ebenso gelbe Zeichnung; Fiji, Südwest-Pazifik (Fotos A + B: Jack Randall).

Die Art *L. dimidiatus* zeigt regionale Varianten, die sich zum Teil in Färbung und Muster deutlich unterscheiden (siehe Abbildungen 9 A + 16 A). Stellenweise hat der Putzer an der Wurzel der Brustflosse einen schwarzen Strich oder einen orangen Fleck an den Flanken. Die mimetischen Nachahmer zeigen im jeweiligen Verbreitungsgebiet die selben Farbvarianten (RANDALL 2005a, RUSSELL 1988, WICKLER 1968).

Nachahmer bevorzugen Habitate, in welchen die zu ihnen passenden Modelle häufig vorkommen (MUNDAY et al. 2003). RUSSELL et al. (1988) beschreibt die auffallende Ähnlichkeit zwischen juvenilen *Anyperodon leucogrammicus* zu Lippfischen der Art *Halichoeres leucurus*. Die Spitzkopf-Zackenbarsche gelten als aggressive Nachahmer der Junker. Die solitären Prädatoren erzielen einen Fressvorteil, da sie von ihren Beutetieren für die harmlosen Lippfische gehalten werden (RANDALL 2005a, RANDALL & KUITER 1989, RUSSELL 1988).

Abbildung 17: A + B – *Anyperodon leucogrammicus* (Juvenilstadium); C – *Halichoeres leucurus* (Adultstadium); D – *Halichoeres timorensis* (Initialphase); Indo-Pazifik (Fotos A – D: Jack Randall).

A. leucogrammicus ahmt vor der Küste Sri Lankas eine andere Art (*H. timorensis*) nach, die sich in ihrer Färbung stark von *H. leucurus* unterscheidet. In überlappenden Verbreitungsgebieten imitiert *A. leucogrammicus* die regional häufigere Modell-Art (RANDALL 2005a).

3.6.2. Fakultative Mimikry

Das Auftreten von fakultativer Mimikry wurde bei einigen Korallenfischen beschrieben. Während viele Modell-Nachahmer-Beziehungen hoch spezialisiert und obligat sind, haben einige Arten variable Farbanpassungen entwickelt (RUSSELL 1988). Variable Farbänderungen, basierend auf dem Vorhandensein verschiedener Modelle und Umgebungen, erhöhen die Überlebenschancen der Nachahmer (CHENEY et al. 2010). Fakultative Nachahmer können im Gegensatz zu obligaten ohne ihre Modelle überleben. Die variablen Nachahmer weisen oft einen geringen Spezialisierungsgrad auf und breiten sich daher in einem größeren Verbreitungsgebiet aus, als ihre Modelle. Es ist höchst wahrscheinlich, dass viele Fälle ungenauer und fakultativer Mimikry noch unentdeckt sind (FIELD 1997, RANDALL 2005a, RUSSELL 1988).

Tabelle 5: Vergleich einiger Charakteristika zwischen fakultativer und obligater Mimikry (verändert nach RUSSELL 1988: 422). M = Modell, NA = Nachahmer.

Fakultative Mimikry	Obligate Mimikry
1. geringer Spezialisierung-Grad	1. hoher Spezialisierungs-Grad
2. oberflächliche Ähnlichkeit	2. detailgetreue Ähnlichkeit
3. M und NA bilden Gruppen	3. NA meist solitär
4. M häufig	4. M relativ selten
5. lose Assoziation NA hat mehr als ein M	5. Beziehung entstanden durch Koevolution Färbungen hoch M-spezifisch
6. Charakteristika eines bestimmten Mimikry-Types	6. meist Zusammenspiel oder Mischformen mehrerer Mimikry-Typen
7. auf ein Stadium begrenzt	7. häufig in allen Entwicklungsstadien

Ein rascher, umgebungsbedingter Farbwechsel konnte bei juvenilen Schleimfischen der Art *Plagiotremus rhinorhynchos* nachgewiesen werden. Diese Art stellt wie *A. taeniatus* einen aggressiver Nachahmer von *L. dimidiatus* dar, obwohl sie im Adultstadium nicht ganz so originalgetreu gefärbt ist. Dennoch profitiert *P. rhinorhynchos* von einer höheren Erfolgsrate bei dem Versuch Hautstücke aus der Haut anderer Fische zu reißen, wenn sich die Tiere in der unmittelbaren Nähe ihrer Originale aufhalten (CHENEY et al. 2010, COTE & CHENEY 2004, FIELD 1997). MOLAND & JONES (2004) bewiesen in einem Feldexperiment, dass 92 % der mimetisch gefärbten *P. rhinorhynchos* Individuen mit *L. dimidiatus* assoziiert leben. In der unmittelbaren Nähe der Putzerlippfische waren 80 % ihrer Angriffe erfolgreich. Als die Putzer für das Feldexperiment entfernt wurden, begannen die Säbelzahnschleimfische am ersten Tag ihre Färbung zu wechseln. Bereits sieben Tage später hatten sie eine nicht-mimetische Färbung angenommen. Ihre Erfolgsrate sank dadurch um 20 %. Versuche von CHENEY et al. (2010) zeigen, dass die Farbwechsel von der Anwesenheit und Abundanz der Modelle abhängen. Experimentelles Entfernen der echten Putzer führte innerhalb weniger Minuten zum beginnenden Farbwechsel der Nachahmer.

Der Lippfisch *Oxycheilinus mentalis* kann seine Färbung in Sekundenschnelle anpassen (siehe Abbildung 11). Die Art verfügt über eine mimetische und eine nicht-mimetische Färbung, die situationsbezogen verändert wird. Wenn *O. mentalis* mit *P. macronema* oder *P. forsskali* schwimmt, wird eine *Parupeneus*-typisch blasse Färbung mit dunklem Längsstreifen angenommen. Der Lippfisch erhöht seine Erfolgsrate beim Fressen durch das Folgen im Sand wühlender Meerbarben (FIELD 1997, ORMOND 1980, RANDALL 2005a, RANDALL & RANDALL 1960).

Die bereits erwähnte Art *E. insidiator* zeigt unterschiedliche Farbvarianten (siehe Kapitel 3.3. Aggressive bzw. Peckham'sche Mimikry). Je nachdem, welche Modell-Art regional häufiger ist, bzw. auf welche Beutetiere Jagd gemacht wird, wird eine gelbe *Pomacentrus sulfureus*- oder eine braune *Zebrasoma desjardinii*-typische Färbung angenommen (FIELD 1997, ORMOND 1980, SAKAI et al. 1995).

Der kürzlich beschriebene Mimik-Oktopus *Thaumoctopus mimicus* stellt einen besonderen Fall fakultativer Mimikry dar. Die Art besitzt ein ganzes Repertoire von Nachahmungs-Möglichkeiten, die situationsbezogen eingesetzt werden. Dieser besondere Fall wird von NORMAN et al. (2001) als "dynamic mimicry" bezeichnet. Es handelt sich um eine Sonderform der Bates'schen Mimikry, da in allen Fällen ungenießbare bzw. giftige Modelle nachgeahmt werden. (siehe auch Kapitel 3.1. Bates'sche Mimikry).

> *Four individuals were also observed swimming just above the sea-floor with arms trailing from the body, taking on the appearance of a lionfish (Pterois spp.) swimming with its banded poisonous spines fully flared [...] On four occasions, attacks by small territorial damselfishes (Amphiprion spp.) elicited a posture where six arms were threaded down a hole and two were raised in opposite directions, banded, curled and undulated, to produce the appearance of a banded sea-snake (Laticauda sp.) [...] Other distinctive behaviors were observed, including sitting on top of sand mounds and raising all the arms above the body, each arm being held in a zigzag form. It is possible that this posture impersonates large solitary sand anemones (such as Megalactis spp.) that are armed with powerful stinging cells (nematocysts). In another incident, a large female (arm span, 60 cm) swam to the sea surface from 4 m deep, then slowly sank with undulating arms spread evenly around the animal. This behavior may impersonate large jellyfishes found in the region.*[11]

Auch wenn die Oktopus-Art über ein beeindruckendes Verhaltensrepertoire verfügt, bleibt der Autor doch eine quantitative Analyse der vermeintlichen Modell-Nachahmer-Beziehungen schuldig. Spekulationen über Form- und Farbähnlichkeiten sind für einen Beweis echter Mimikry nicht ausreichend.

4. Mimikry-Voraussetzungen

Mimikry stellt eine besondere Form von Schutztracht dar und wie bei allen Tarnungs-Strategien müssen gewisse Grundvoraussetzungen für eine erfolgreiche und dauerhafte Täuschung der Signalempfänger gegeben sein. Die beteiligten Arten sind

---

[11] NORMAN, M.D. et al. (2001): *Dynamic mimicry in an indo-malayan octopus.* Proceedings of the Royal Society of London, Series B **268**: 1755-1756.

normalerweise nicht miteinander verwandt, dennoch zeigen Nachahmer eine große Ähnlichkeit in Färbung, Muster und Körperform mit ihrem Modell. Es sind ausschließlich für die Täuschung relevante Züge mimetisch angepasst. Nachahmer unterscheiden sich rein äußerlich von ihren Verwandten, die inneren Baupläne sind nach Gattungs- bzw. Familien-typischen Merkmalen angelegt. Modelle und Nachahmer haben eine vergleichbare Körpergröße. Häufig beschränkt sich Mimikry auf das Juvenilstadium der Nachahmer und somit auf einen für die Erhaltung der Art wichtigen Lebensabschnitt (BREDER 1946, COTT 1957, EIBL-EIBESFELDT 1999, MOLAND & JONES 2004, RANDALL & RANDALL 1960).

Der ausgebildete Ähnlichkeitsgrad ist abhängig davon, ob Räuber Vorbild und Nachahmer gleichzeitig oder abwechselnd sehen. Experimentelle Versuche zeigen, dass Prädatoren selbst größere Unterschiede entgehen, wenn bestimmte Färbungen und Muster räumlich oder zeitlich getrennt vorkommen. Mimetische Nachahmer, die gemeinsam mit ihrem Modell vorkommen sind meist originalgeteurer (KLOPFER 1968). Da bei Mimikry leicht erkennbare Farbmuster und zum Teil leuchtende Signalfarben zum Einsatz kommen, sind die beteiligten Arten von Prädatoren leicht zu erkennen. Zwischen den Räubern gibt es jedoch große Unterschiede bezüglich ihrer bevorzugten Nahrung, ihrem Jagdverhalten und ihrer physiologischen Wahrnehmung. Im Allgemeinen gilt, dass charakteristische Färbungen Lernvorgänge auf Seiten der Signalempfänger erleichtern und beschleunigen. Experimentelle Versuche zeigen, dass auffallende Färbungen Erinnerungsvorgänge verstärken und somit zu einem dauerhaften Schutz beitragen. Die physiologischen Wahrnehmungsprozesse der Prädatoren spielen hierbei eine entscheidende Rolle. Wie die angepassten Muster und Färbungen von Signalempfängern wahrgenommen werden, hängt von ihren optischen Fähigkeiten ab (CHENEY & MARSHALL 2009, EIBL-EIBESFELDT 1999, ENDLER 1988, JACOBI 1913, KREBS & DAVIES 1993, MacDOUGALL & DAWKINS 1988, WICKLER 1968). Nachahmer und Signalempfänger stammen bisweilen aus unterschiedlichen Tierstämmen. In diesen Fällen sind die individuellen Wahrnehmungsfähigkeiten von besonderen Belang für das Verständnis der Beziehungen.

Unabhängig von der Art der Modell-Nachahmer-Beziehung haben alle Mimikry-Strategien gewisse ökologische Merkmale gemein. Um Lernerfolge auf Seiten der Signalempfänger zu verhindern bzw. limitieren, muss die nachahmende Art im Vergleich zum Modell weniger häufig sein (BATES 1862). Man spricht hierbei vom Wallace'schen Häufigkeitskriterium (WALLACE 1865, WICKLER 1968). FISCHER (1930) schränkt ein, dass Bates'sche Nachahmer häufiger sein können, wenn ihr Original extrem giftig oder ungenießbar ist, oder wenn sie keine relevanten Beutetiere darstellen (GIBSON 1974).

Eine weitere Grundregel von Mimikry-Beziehungen ist, dass Nachahmer im selben Habitat und Verbreitungsgebiet wie ihre Modelle vorkommen müssen. Nur so können Signalempfänger effektiv lernen und dauerhaft getäuscht werden (THRESHER 1978).

Um äußerliche Ähnlichkeiten zu verstärken, imitieren Nachahmer charakteristische Verhaltensweisen (zum Beispiel die typische Fortbewegungsweise) ihrer Modelle. Das Mimikry-Verhalten weicht zum Teil stark von den familientypischen Merkmalen ab (MALLET & JORON 1999, RANDALL 2005a).

Tabelle 6: Zusammenfassung allgemein gültiger Mimikry-Voraussetzungen.

- ✓ Nachahmer besitzen eine große äußerliche Ähnlichkeit mit ihren Modellen
- ✓ Beteiligte Arten sind auffällig gefärbt und von Prädatoren leicht zu erkennen
- ✓ Nachahmer sind weniger abundant als Modelle
- ✓ Nachahmer und Modelle haben dasselbe geographische Verbreitungsgebiet
- ✓ Nachahmer und Modelle bevorzugen dasselbe Habitat
- ✓ Nachahmer imitieren charakteristische Verhaltensweisen ihrer Modelle

4.1. Mimikry im Juvenilstadium

Eine große Zahl verschiedener Rifffische zeigt als Juvenile eine vom Adultstadium sehr abweichende Färbung. Ob diese Färbungen im Dienste von Mimikry, Warntracht, Tarnung, inter- oder intraspezifischer Kommunikation stehen, ist in vielen Fällen noch ungeklärt (MOLAND et al. 2005).

Unterschiedliche Farbphasen sind bei Korallenfischen häufig. Mimetische Färbungen beschränken sich oft auf das Juvenilstadium, welches auf Grund des hohen Prädationsrisikos einen für die Erhaltung der Art wichtigen Lebensabschnitt darstellt (COTT 1957, EIBL-EIBESFELDT 1999, RANDALL & RANDALL 1960).

Für eine Art sind auffallende Warnfärbungen zunächst von Nachteil, da sie größeres Interesse bei Prädatoren hervorrufen. Nur beim Vorhandensein eines echten oder mimetischen Abwehrmechanismus bekommen die sogenannten Plakatfarben Schutzfunktion. Viele juvenile Lippfische leben kryptisch, während Vertreter einiger Arten mimetische Warnfärbungen besitzen (LORENZ 1962, FRICKE 1966, YACHI 1998).

Von den bis heute beschriebenen 60 Modell-Nachahmer-Beziehungen, zeigen 28 % ausschließlich im Juvenilstadium Mimikry (MOLAND et al. 2005). Alle diese Arten verlieren ihre mimetische Färbung, wenn sie die maximale Körpergröße ihrer Modelle erreichen, mit anderen Worten, wenn sie "aus ihrem Modell herauswachsen" (EAGLE & JONES 2004, MOLAND & JONES 2004, SAZIMA 2002).

Mimikry scheint bei kleineren Korallenfischen eine besonders wichtige Rolle zu spielen. Bei größeren Arten sind Nachahmungs-Strategien oft auf das Juvenilstadium beschränkt. Kleinere Tiere haben ein größeres Prädationsrisiko und da sie in der Folge dessen oft versteckt leben, stehen sie in ihrem begrenzten Lebensraum unter größerem Konkurrenzdruck. Viele kleinere Arten teilen sich ihr Territorium mit den darin befindenden Nahrungsressourcen und Versteckmöglichkeiten mit anderen Riffbewohnern (MUNDAY & JONES 1998, JONES & McCORMICK 2002).

Unter den Serranidae beispielsweise zeigen kleinere *Hypoplectrus* Arten, die eine Maximalgröße von 13 cm erreichen, in jedem Entwicklungsstadium mimetische Färbungen (RANDALL & RANDALL 1960, THRESHER 1978), während sich unter den allesamt größer werdenden Arten der Epinephelinae (Zackenbarsche), Mimikry nur im Juvenilstadium findet (RANDALL & KUITER 1989, RUSSELL et al. 1976, SNYDER 1999, SNYDER et al. 2001).

Diagramm 1: Mimikry-Häufigkeit im Juvenilstadium bzw. während der gesamten Ontogenese aller Familien in Literatur beschriebener, nachahmender Arten (nach MOLAND et al. 2005: 460).

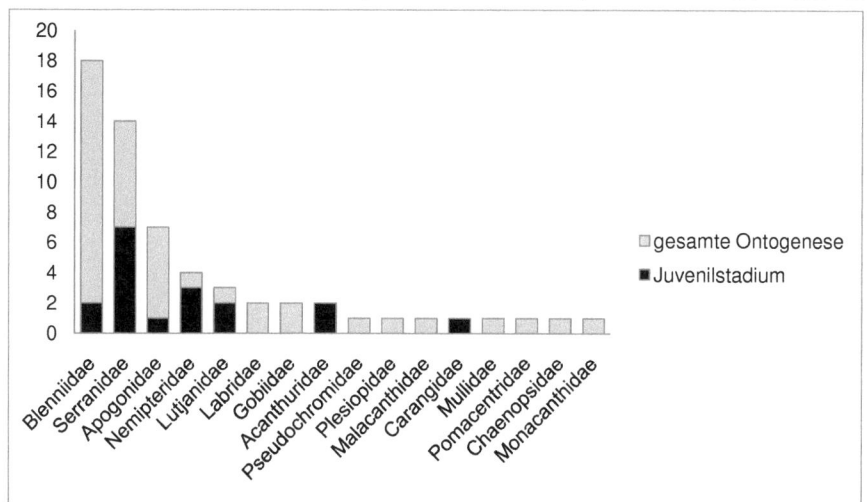

Studien zeigen eine Abhängigkeit der Nachahmer zum Vorkommen ihrer Modelle. Je häufiger die Originale, desto größer die Abundanz der Täuscher (BUNKLEY-WILLIAMS & WILLIAMS 2000, EAGLE & JONES 2004, MOLAND & JONES 2004, KUWAMURA 1983, LOSEY 1972, 1974, MOLAND et al. 2005, MOYER 1977, SEIGEL & ADAMSON 1983, SPRINGER & SMITH-VANIZ 1972, THRESHER 1978).

Trifft diese Feststellung auch auf Täuschungs-Beziehungen zu, die Juvenilstadien betreffen, so könnte Mimikry ein Schlüsselfaktor für das Überleben dieser Arten sein. In diesem Lebensabschnitt sind viele Korallenfische besonders durch Prädation bedroht. Mimikry gewährleistet die Abundanz seltener Arten und trägt somit zum Artenreichtum in Korallenriffen bei (GILBERT 1983, MOLAND et al. 2005).

4.2. Modell-Nachahmer-Verhältnis

Es gibt überraschend wenige Studien zur relativen Abundanz von Nachahmern und ihren Modellen. Quantitative Studien zeigen, dass die Originale zwar durchwegs häufiger sind, jedoch variiert die durchschnittliche Abundanz der Nachahmer von

1-78 % der Häufigkeit der Modelle (BUNKLEY-WILLIAMS & WILLIAMS 2000, EAGLE & JONES 2004, HUHEEY 1988, KUWAMURA 1983, LOSEY 1972, 1974, MOLAND et al. 2005, MOYER 1977, SEIGEL & ADAMSON 1983, SPRINGER & SMITH-VANIZ 1972, THRESHER 1978).

In vielen Mimikry-Beziehungen findet sich eine häufigkeitsabhängige Selektion. Nachahmer vom Bates'schen Typ profitieren von der Häufigkeit ihrer Vorbilder. In individuenreichen Populationen von Nachahmern wird häufig Polymorphismus beobachtet, bei dem einzelne Morphen verschiedene Vorbilder haben (LUNAU 2002).

Für Modelle und Nachahmer ist es von Vorteil, dass Räuber schnell lernen, beide zu meiden. Die natürliche Selektion limitiert daher die Siedlungsdichte und das Ausbreitungsgebiet der Nachahmer (KLOPFER 1968). Als Folge der Wechselbeziehungen zwischen Modell- und Nachahmer-Populationen spielt sich in stabilen Mimikry-Beziehungen ein bestimmtes Zahlenverhältnis ein. Nachahmer sind immer signifikant weniger häufig, als ihre Vorbilder.

In der Literatur finden sich nur sehr wenige aktuelle, quantitative Studien, die das Modell-Nachahmer-Verhältnis untersuchen. Auf Grund der geringen Anzahl untersuchter Gebiete und des länger zurück liegenden Publikationsdatums einiger der genannten Studien, müssen die Daten kritisch bewertet werden. In Anbetracht neuerer Untersuchungsergebnisse kann ausgeschlossen werden, dass Mimikry bei einer Nachahmer-Häufigkeit von 78 % erfolgreich funktioniert. Prädatoren würden durch vermehrte positive Erfahrungen lernen, die beteiligten Arten als Beutetiere zu erkennen und somit die Modell-Nachahmer-Beziehung aus dem Gleichgewicht bringen. Studien beweisen jedoch, dass Nachahmer häufiger sein können, wenn ihr Original extrem giftig oder ungenießbar ist (FISHER 1930). Je "abschreckender" ein Modell, desto größer der Schutzschild für nachahmende Arten (CALEY & SCHLUTER 2003). Da die meisten Korallenfische über Verteidigungsmechanismen verfügen, ist es durchaus wahrscheinlich, dass in vielen Fällen vermeintlicher Modell-Nachahmer-Beziehungen, Elemente Müller'scher Mimikry mitwirken. Bereits oberflächliche Ähnlichkeiten können den beteiligten Arten einen Selektionsvorteil verschaffen.

Diagramm 2: Relative Abundanz von Korallenfischen in vermeintlichen Mimikry-Beziehungen. Schwarze Säule = Modell-Art, graue Säulen = Nachahmer-Arten; n = Anzahl der Untersuchungsgebiete; Prozentzahlen repräsentieren das durchschnittliche Modell-Nachahmer-Verhältnis pro Gebiet (nach MOLAND et al. 2005: 461).

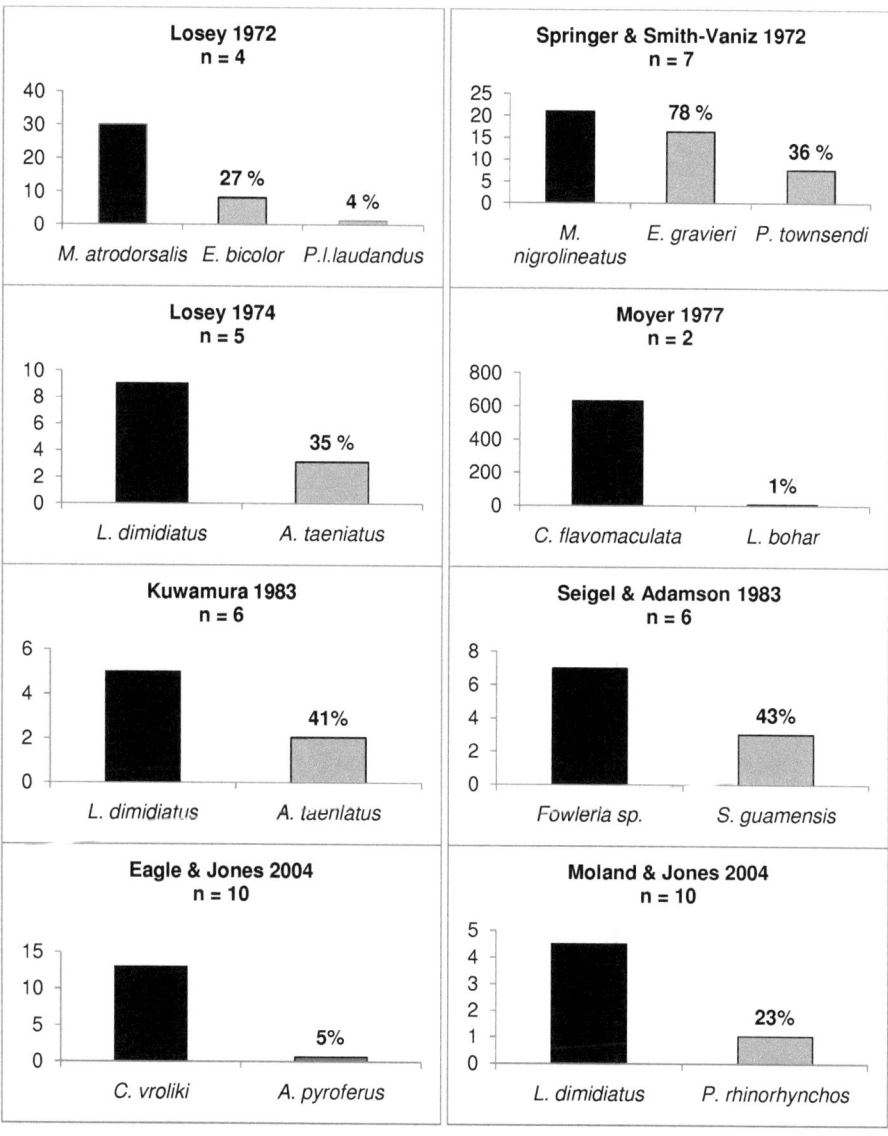

Das Modell-Nachahmer-Verhältnis ist zahlenmässig limitiert, da Prädatoren kontinuierlich vergessen. Die Signalempfänger müssen immer wieder negative Erfahrungen machen, damit ein dauerhafter Schutz für die nachahmende Art gegeben ist. Lernen und Vergessen sind von der Stärke des Stimulus und dem ökologischen Kontext abhängig. Die Fähigkeiten zur Unterscheidung zwischen Modellen und Nachahmern seitens der Prädatoren werden von Hunger, Erfahrenheit und Lernprozessen beeinflusst (HUHEEY 1988, MacDOUGALL & DAWKINS 1988, MALLET & JORON 1999, TURNER & SPEED 1966).

4.3. Habitat, Verbreitung und räumliche Assoziation

Feldstudien zeigen, dass Nachahmer sowohl im selben Habitat als auch im selben geographischen Verbreitungsgebiet wie ihre Modelle vorkommen (EAGLE & JONES 2004, MOLAND et al. 2005). In einigen Mimikry-Fällen gibt es mehrere Modelle, welche regionale Farbvarianten oder Unterschiede im Verbreitungsgebiet bzw. Habitat abdecken (ENDLER 1988, GILBERT 1983, THRESHER 1978). Räumliche Übereinstimmung trifft sowohl auf ganze Regionen, sowie auf regionale Verbreitungsgebiete und auf Mikrohabitate innerhalb von Riffen zu (EAGLE & JONES 2004, KUITER 1996, RANDALL & RANDALL 1960).

Nachahmer vergrößern ihr Verbreitungsgebiet, indem sie je nach Habitat, bevorzugter Wassertiefe und regionalen Besonderheiten verschiedene Modell-Arten nachahmen. Juvenile Spitzkopf Zackenbarsche der Art *Anyperodon leucogrammicus* gelten als aggressive Nachahmer von *Halichoeres biocellatus*, *H. timorensis*, *H. purpurascens*, und *H. melanurus* (siehe Abbildung 17). Die Lippfische zeigen unterschiedliche Präferenzen bezüglich Tiefe und Strömungsexposition, welche sich in der Verbreitung der Nachahmer widerspiegeln (RANDALL & KUITER 1989, RUSSELL et al. 1976).

Nachahmer mit sehr kleinem Verbreitungsgebiet haben oft mehrere Modelle aus unterschiedlichen Familien. Verschiedene Hamletbarsche (*Hypoplectrus ssp.*) zeigen aggressive Mimikry von verschiedenen Arten von Pomacanthidae (Kaiserfische), Labridae und Pomacentridae. Das von den jeweiligen Originalen bevorzugte

Mikrohabitat spiegelt sich im Verbreitungsgebiet der Nachahmer wieder (THRESHER 1978). Aggressive Nachahmer erzielen, da sie weniger auffallen, bereits durch einen geringen Ähnlichkeitsgrad einen Fressvorteil. Detailgenaue Übereinstimmung findet sich meist beim Bates'schen Mimikry-Typ, welcher der Feindvermeidung dient (BATES 1862).

Quantitative Studien zeigen eine enge räumliche Assoziation von Nachahmern und Modellen (EAGLE & JONES 2004). MOLAND & JONES (2004) zeigen, dass sich *Plagiotremus rhinorhynchos*, ein aggressiver Nachahmer des Putzerlippfisches *L. dimidiatus*, meist in weniger als 1 m Abstand zu seinem Modell aufhält. Bei einer zufälligen Verteilung der beteiligten Arten, wäre der beobachtete Abstand deutlich größer. Eine enge räumliche Assoziation scheint den Täuschungseffekt von Fressfeinden, Nahrungs- und Fortpflanzungskonkurrenten zu verstärken (MOLAND et al. 2005).

Die räumliche Nähe zwischen Modellen und Nachahmern hängt von der Art der Mimikry-Beziehung, dem Grad der Habitat-Spezialisierung und der geographischen Verbreitung der beteiligten Arten ab. Eine räumliche Assoziation wird in den meisten Fällen beobachtet. Dieses Mimikry-Kriterium scheint jedoch weniger streng zu sein, als früher angenommen (CALEY & SCHLUTER 2003, HUHEEY 1988, MOLAND et al. 2005).

4.4. Verhaltensanpassung

Damit Mimikry effektiv funktioniert, müssen die Nachahmer ihr Verhalten an das ihrer Vorbilder anpassen (SNYDER 1999). In vielen Mimikry-Fällen ist eine Verhaltensänderung für eine Täuschung essentiell. Oft wird eine veränderte, nicht art- bzw. familientypische Schwimmweise verwendet.

Der bereits erwähnte Säbelzahnschleimfisch *A. taeniatus* imitiert beispielsweise das auffällige Wippschwimmen seines Vorbildes *L. dimidiatus*. Dabei verwendet *A. taeniatus* die Pektoralflossen zur Fortbewegung, d.h. eine typisch labriforme Schwimmweise. Lippfische benutzen die Schwanzflosse nur zur Steuerung und zur raschen Beschleunigung auf der Flucht. Das gleichzeitige Zurückschlagen der Brustflossen führt zu einer welligen, fast tänzelnden Schwimmbewegung, die typisch für Labridae ist (CHLUPATY 1980, EIBL-EIBESFELDT 1959, KUWAMURA 1981, THRESHER 1984).

5. Allgemeine Charakterisierung der Labridae

Labridae bilden mit über 450 beschriebenen Arten eine der größten Fischfamilien. Mit mehr als 68 Gattungen sind sie nach den Gobiidae (Grundeln) die zweitgrößte Familie mariner Fische und die drittgrößte der Perciformes (Barschartige). Nach neueren Untersuchungen zählen auch die Familien der Scarinae (Papagei-Fische) und Odacidae (Röhrenkiefer-Lippfische) zu den Lippfischen, die damit über 600 Arten umfassen (KUITER 2002, PARENTI & RANDALL 2000, RANDALL 1986, WESTNEAT & ALFARO 2005).
Taxonomie und Verwandtschaftsverhältnisse bedürfen jedoch weiterer Bearbeitung. Es existieren insgesamt über 1400 Lippfisch-Namen bei einer Artenzahl von rund 600. Unterschiedliche Farbkleider der Entwicklungsstadien und variable Lokalformen führten in der Vergangenheit zu Mehrfachbeschreibungen derselben Spezies. Arten der Gattungen *Paracheilinus* und *Cirrhilabrus* zeigen innerhalb ihres Verbreitungsgebietes oft große Farbvariationen und bilden auffallend gefärbte Hybride, so dass ihr taxonomischer Status schwer feststellbar ist. Verschiedene Lippfisch-Gruppen werden derzeit in Triben oder Unterfamilien eingeteilt. Die sechs anerkannten Triben der Lippfische sind Cheilinini (Prachtlippfische), Hypsigenyini (Schweinslippfische), Labrichthyini (Putzerlippfische), Labrini (ohne allgemein gültige deutsche Bezeichnung), Pseudocheilini (Zwerglippfische), Novaculini (Messerlippfische) und die Julidini (Junkerlippfische). Zu letzteren gehört der Großteil der Arten (KUITER 2002, RANDALL 1986, WESTNEAT & ALFARO 2005).
Vertreter der Labrini (*Acantholaburs, Ctenolabras, Ctenolabrus, Labrus, Lappanella, Symphodus, Tautoga, Tautogolabrus*) unterscheiden sich von anderen Triben durch

ausgeprägtes Brutpflegeverhalten. Die meisten anderen Lippfische hingegen sind Freilaicher, die keinerlei Brutpflege betreiben (HANEL et al. 2002).

Hinsichtlich der Artenvielfalt sind Labridae und Pomacentridae die vorherrschenden Fischfamilien in Korallenriffen des Roten Meeres. Lippfische stellen den höchsten Prozentsatz an Arten in Untersuchungen in verschiedenen Gebieten im nördlichen Roten Meer. Der Anteil an der Gesamtdiversität liegt hierbei zwischen 13.7 % und 19.8 % (ALTER 2010 unveröffentlichte Daten, ALWANY 2003, KOCHZIUS 2007, SCHRAUT 1995).

In einigen Ländern werden Lippfische fischereiwirtschaftlich genutzt. Größere Bedeutung haben aber nur die Arten der Gattungen *Tautoga* und *Tautogolabrus* an der nordamerikanischen Atlantikküste. Einige Arten sind durch Aquarien- und Lebendfischhandel bedroht. Fünf Arten sind weltweit als gefährdet eingestuft: *Cheilinus undulatus*, *Lachnolaimus maximus*, *Semicossyphus pulcher*, *Thalassoma ascensionis*, und *Xyrichtys virens* (IUCN Red List of Threatened Species 2010).

5.1. Systematik der Labridae

Die Lippfische bilden zusammen mit den Cichlidae (Buntbarsche) und den Pomacentridae, sowie den ausschließlich nordpazifischen Embiotocidae (Brandungsbarsche) die Unterordnung der Labroidei (Lippfisch-artige). Die Unterordnung umfasst drei Familien, von denen die der Lippfische die größte ist (KUITER 2002, KUITER & DEBELIUS 2007, RANDALL 1986).

Auf Grund unterschiedlicher Bezahnung und bevorzugter Nahrung wurden eine Reihe von Unterfamilien und Triben aufgestellt. Eine phylogenetische Untersuchung im Jahr 2005 bestätigte die meisten aufgestellten Taxa und stellt die Klade der Hypsigenyae als basale Gruppe allen anderen Lippfischen als Schwestergruppe gegenüber. Die in den gemäßigten Gewässern um Südaustralien und Neuseeland lebenden Odacini bildeten bis dahin eine eigene Familie. Diese vier Gattungen und zwölf Arten umfassende Unterordnung zählt nun als Tribus zu den Hypsigenyae. Auch die Scarinae, bisher ebenfalls eine eigene Familie, zählen nun als Schwestertaxon der

Cheilinini zu den Lippfischen. Die ausschließlich in tropischen Gewässern vorkommende Gruppe umfasst etwa 10 Gattungen und 90 Arten. Die monotypische Gattung *Pseudodax* zählt als Schwestergruppe der Scarinae. Die systematische Stellung der beiden Arten *C. inermis* und *M. reticulatus* ist nicht bestätigt (GOMON 1997, KUITER 2002, WESTNEAT & ALFARO 2005).

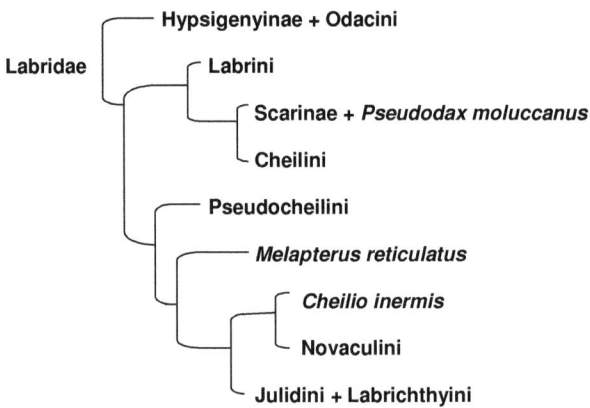

Abbildung 18: Kladogramm der Verwandtschaftsverhältnisse innerhalb der Labridae (nach WESTNEAT & ALFARO 2005).

5.2. Äußere Merkmale

Lippfische schwimmen labriform, durch gleichzeitige Schläge der Brustflossen. Sie benutzen die Schwanzflosse nur zur Steuerung und zur raschen Beschleunigung auf der Flucht. Das gleichzeitige Zurückschlagen der Brustflossen führt zu einer wippenden Schwimmbewegung, die charakteristisch für Lippfische ist (CHLUPATY 1980, THRESHER 1984).

Die Familie der Labridae zeichnet sich durch eine große Vielfalt in Gestalt, Größe und Färbung aus. Der Name Labridae leitet sich von der ersten beschriebenen Gattung (*Labrus*) ab. Die Bezeichnung "Lippfische" kommt von den wulstartigen, dicken Lippen, die bei den größeren Arten als markantes Merkmal hervortreten. Die meisten Labridae stülpen ihr Maul bei der Nahrungssuche und -aufnahme weit aus. Einige

Arten haben statt einem protactilen Maul mit fleischigen Lippen ein bis zwei Paar vorstehende oder verschmolzene Zähne. Die meisten Labridae besitzen einzelne Zähne, wohingegen sie bei den Arten der Odacidae und Scaridae meistens miteinander verschmolzen sind (GOMMON 1997, KUITER 2002, RANDALL 1986, RUSSEL 1988).

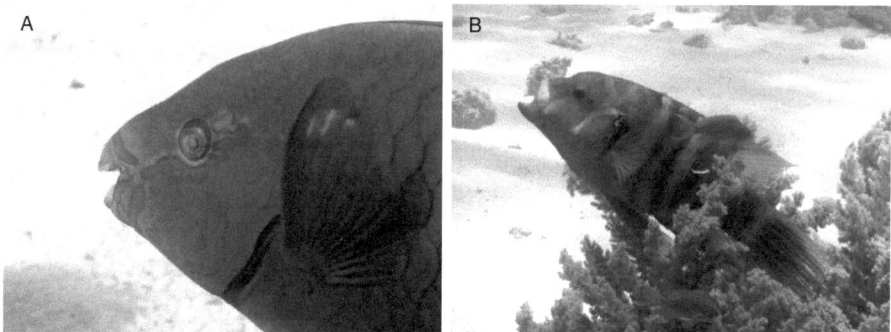

Abbildung 19: A – *Scarus niger*; Nahaufnahme des Kopfbereiches mit dem für Scaridae typischen "Papageienschnabel" aus verschmolzenen Zähnen; B – *Cheilinus lunulatus* streckt sein Maul an einer Putzerstation; die für Labridae typischen, fleischigen Lippen sind gut sichtbar; Ägypten, Rotes Meer.

Die meist brillant gefärbten Lippfische tragen häufig fein strukturierte Muster, die sich mit dem Wachstum und Geschlechtswechsel bei vielen Arten drastisch ändern (siehe Abbildung 24). Vertreter der Labridae sind meist kleiner als 20 cm. Der größte Vertreter ist der Napoleon Lippfisch, *Cheilinus undulatus*, der eine Länge von 2,30 m und ein Gewicht von 200 kg erreichen kann. Die kleinste Art ist mit einer Länge von durchschnittlich 4.5 cm *Minilabrus stiatus* aus dem Roten Meer (CHOAT & BELLWOOD 1998, KUITER 2002, MUUS 1999, NELSON 1994, RANDALL 1986).

5.2.1. Morphologie

Kleinere Lippfisch Arten der Gattungen *Thalassoma*, *Labroides* oder *Halichoeres* haben eine schlanke, zylinder- bzw. zigarrenförmige Gestalt, während die größeren Gattungen wie *Cheilinus* oder *Hemigymnus* meist hochrückig sind. Viele Arten sind sehr farbenprächtig und häufig ist ein starker Sexualdimorphismus ausgeprägt. Der Körper ist meist von großen Cycloidschuppen bedeckt. Das Seitenlinienorgan kann gerade, gebogen, durchgehend oder unterbrochen sein. Lippfische können ihre Augen unabhängig voneinander bewegen. *Pseudocheilinus*-Arten jagen kleine Tiere auf dem Meeresgrund oder in Spalten zwischen Felsen und Korallen. Die Gattung zeichnet sich durch geteilte Pupillen aus, mit denen die Tiere wahrscheinlich dreidimensional sehen können (JONNA 2003, KNOP 2001, KUITER 2002, THALER 1997).

Die Rückenflosse der Labridae ist meist lang, ungeteilt und hat 8 bis 21 Hartstrahlen. Der hintere Teil ist stets kürzer und wird von 6 bis 21 Weichstrahlen gestützt. Die Afterflosse hat 2 bis 6 Hartstrahlen und 7 bis 18 Weichstrahlen. Eine Ausnahme bilden einige Schermesserfische, die zur Tarnung einzelne Flossenstrahlen auf dem Kopf tragen (siehe Abbildung 7 B). Die Bauchflossen sitzen weit vorne, kurz hinter den Brustflossen, und haben über fünf Strahlen. Lippfische haben 23 bis 42 Wirbel (KUITER 2002, KUITER & DEBELIUS 2007, RANDALL 1986).

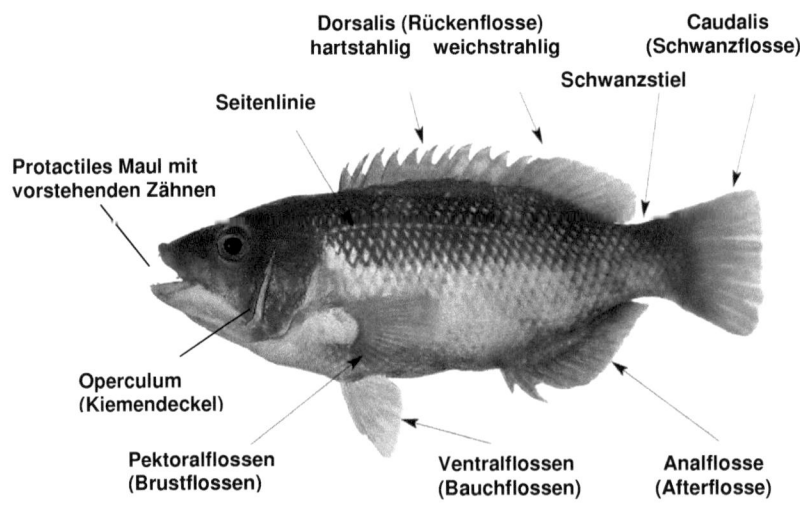

Abbildung 20: Bauplan eines typischen Lippfisches (verändert nach KUITER 2002: 3).

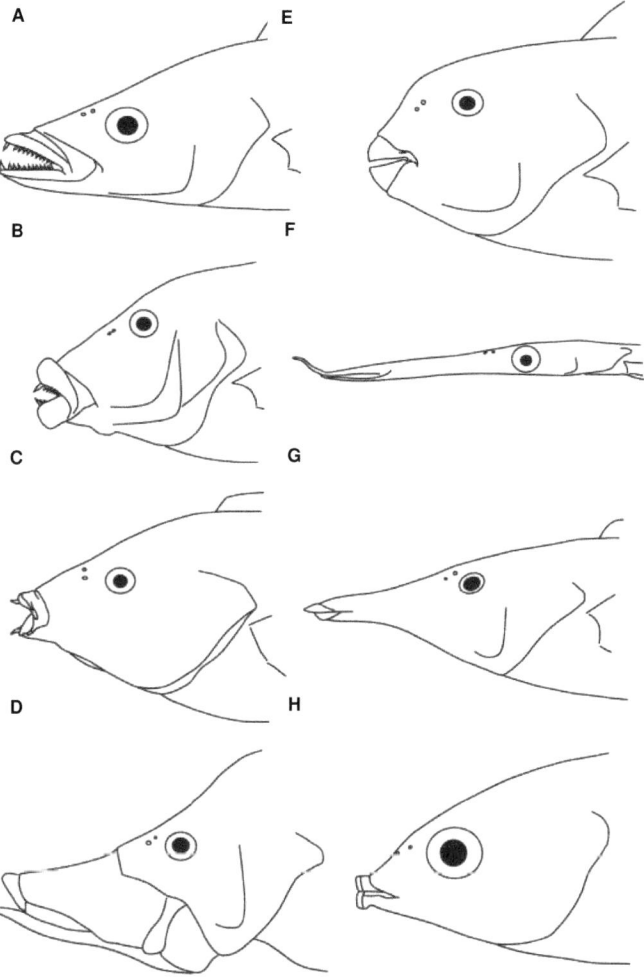

Abbildung 21: (A) *Cheilinus sp.* ernährt sich von kleinen Fischen und Wirbellosen; (B) *Hemigymnus sp.* sucht nach im Sand verborgenen Wirbellosen; (C) *Anampses sp.* ernährt sich von kleinen, hartschaligen Wirbellosen; (D) *Epibulus sp.* verschlingt Krebstiere und kleine Fische; (E) *Chlorurus sp.* (Scaridae) frisst Algen, die vom Substrat geschabt werden; (F) *Siphonognathus sp.* (Odacini) ernährt sich von kleinen Wirbellosen, die vom Substrat bzw. Seegrasblättern gezupft werden; (G) *Gomphosus sp.* frisst kleine, benthische Krebstiere; (H) *Labrichthys sp.* ernährt sich von Korallen-Polypen (nach MABUCHI et al. 2007 7:10).

Die Kiefermorphologie unterscheidet die einzelnen Gruppen und spiegelt für gewöhnlich die bevorzugte Ernährungsweise der Tiere wieder (siehe Abbildung 21). Das Maul ist oft mit deutlichen Lippen versehen, die weit vorstreckbar sind. Bei sogenannten Stülpmaul-Lippfischen der Gattung *Epibulus* wird das ganze Maul zum Einsaugen der Beute vorgestülpt. Dieses Merkmal muss allerdings nicht ausgebildet sein. Bei der Gattung *Gomphosus* ist das Maul beispielsweise schnabelförmig verlängert (KUITER 2002, KUITER & DEBELIUS 2007).

Abbildung 22: die Kiefermorphologie spiegelt die Ernährungsweise der Lippfische wieder; A – *Gomphosus caeruleus* hat ein schnabelförmig verwachsenes Maul; B – *Epibulus insidiator* stülpt sein ungewöhnlich weit protactiles Maul aus; Ägypten, Rotes Meer.

Einige Arten zeigen ein bis zwei Paar vorstehende Zähne. Die Zähne sind meist klein, doch einige Gattungen wie *Anampses* oder *Macropharyngodon* haben vergrößerte Zähne, die dem Zerbeißen hartschaliger Beute oder dem Festhalten des Partners bei der Paarung dienen (THALER 1997).

Die unteren Schlundknochen sind Y-förmig verwachsen und mit runden, stumpfen Zähnen besetzt. Die oberen Schlundknochen des 2. bis 4. Kiemenbogens sind ebenfalls miteinander verwachsen und gelenkig mit dem Schädel verbunden. Beide bilden zusammen die sogenannte Schlundzahnmühle (siehe Abbildung 23), die dem Zerkleinern hartschaliger Nahrung dient (JONNA 2003, KUITER 2002).

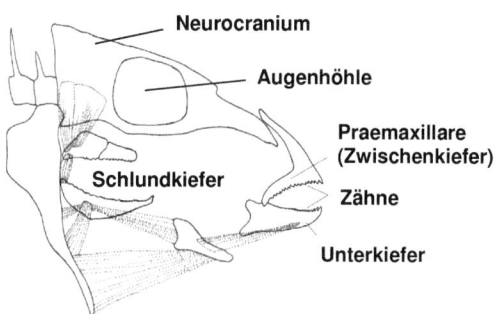

Abbildung 23: Typischer Lippfisch-Kieferapparat mit Schlundkiefer (nach JONNA 2003).

5.3. Verbreitung, Lebensweise und Habitat

Lippfische leben weltweit verbreitet in tropischen, subtropischen und gemäßigten Klimazonen in küstennahen Gewässern, vor allem jedoch in den tropischen Korallenriffen. Einige Arten kommen auch im Mittelmeer und in der Nordsee vor. Meist kommen die Tiere im Flachbereich von Riffen vor, einige Arten besiedeln jedoch Bereiche bis 200 m Tiefe (*Bodianus sp., Decodon sp., Polylepion sp.*). Die höchste Artenzahl findet man mit 42 Gattungen und 165 Arten in den Riffen um Australien. Im Mittelmeer und östlichen Atlantik leben insgesamt 20 Arten, von denen 6 auch in der Nordsee anzutreffen sind. Wenigstens 96 Arten sind von den Gewässern der arabischen Halbinsel bekannt, 82 Arten davon aus dem Roten Meer (KUITER & DEBELIUS 2007, LIESKE & MYERS 2004, PARENTI & RANDALL 2000). Im Golf von Aquaba kommen rund 60 verschiedene Lippfisch-Arten vor.

Lippfische leben in verschiedensten Habitaten, wie Gezeitentümpeln, Seegraswiesen, Fels- oder Korallenriffen, Sandböden, etc. Manche Arten sind auf bestimmte Lebensräume spezialisiert, während andere sehr unterschiedliche Habitate besiedeln. Das Farbkleid ist bei vielen Arten sehr variabel und kann der Umgebung angepasst werden. Kleine Labridae sind sehr territorial, während größere Arten weite Riffabschnitte besiedeln (CHOAT & BELLWOOD 1998, KUITER 2002).

Kleine und mittelgroße Arten sind lebhafte Schwimmer, die immer in Bewegung sind, während größere Vertreter eher ruhig und behäbig schwimmen. Alle Arten sind tagaktiv und ziehen sich nachts in Verstecke zurück bzw. graben sich im Sand ein. Einige Gattungen wie *Xyrichtys* sind hochspezialisierte "Sandtaucher" und können sich durch Körpervibrationen unter dem Sand fortbewegen. Große Arten legen sich zum Ruhen offen auf den Boden. Zum Schutz vor Räubern sondern sie aus dem Maul und den Kiemen eine Schleimhülle ab, die das Aufspüren durch Fressfeinde verhindert (GÖTHEL 1992, HELFMAN 1993).

5.4. Bevorzugte Nahrung

Lippfische ernähren sich auf unterschiedlichste Art und Weise. Im Allgemeinen leben Labridae carnivor von wirbellosen Tieren, Fischlaich oder kleineren Fischen. Viele Arten sind Gelegeräuber, die von anderen Korallenfischen aggressiv aus ihren Territorien vertrieben werden. Größere Tiere knacken mit ihren kräftigen Zähnen hartschalige Wirbellose. Arten der Gattung *Coris* schleudern ihre Beute gegen Steine, um sie aufzubrechen. Vertreter der Gattungen *Anampses* und *Stethojulis* durchsieben Sand auf der Suche nach kleinen Invertebraten. Einige Arten begleiten im Sand wühlende Tiere um aufgewirbelte Tiere zu erbeuten (siehe Abbildung 40). Schulen bildende Zwerglippfische wie *Cirrhilabrus* und *Paracheilinus* jagen im Freiwasser nach Zooplankton. *Pseudocheilinus*-Arten jagen kleine Tiere auf dem Meeresgrund oder in Fels- und Korallenspalten (CHOAT & BELLWOOD 1998, KUITER & DEBELIUS 2007, LIESKE 2002).

Einige Lippfische betätigen sich als Putzer. Sie entfernen Parasiten, hauptsächlich Copepoden und Isopoden, von der Körperoberfläche ihrer Kunden. Diese spezialisierte Ernährungsweise wurde bei insgesamt 49 Arten festgestellt. 8 Mitglieder des Tribus der Labrichthyini ernähren sich ausschließlich auf diese Weise. Viele andere Arten betätigen sich nur im Juvenilstadium als fakultative Putzer. Papagei-Fische und Odacini weiden Algen von Korallenstöcken ab (CHOAT & BELLWOOD 1998, HELFMAN 1997, LIESKE & MYERS 2004, NELSON 1994, WAINWRIGHT & BELLWOOD 2002).

5.5. Geschlechtswechsel und Fortpflanzung

Ein durch Genotyp und Umweltfaktoren bedingter Geschlechtswechsel ist bei Fischen häufig. Meist wird ein sequentieller Hermaphroditismus beobachtet, der mit einer Veränderung von Gonaden, Morphologie und Verhalten einher geht (NELSON 1995). Lippfische sind meist protogyne Folgezwitter und folgen somit der "size-advantage hypothesis" (GHISELIN 1969). Natürliche Selektion begünstigt einen Geschlechtswechsel von Arten, bei denen ein Geschlecht davon profitiert, dass es größer oder kleiner als das andere ist. Ziel ist es den Reproduktionserfolg zu maximieren. Die Juvenilstadien unterscheiden sich neben ihrer Färbung, oft auch in der Körperform von den Adulttieren (siehe Abbildung 24). Durch ihr Juvenilkleid bleiben sie von den revierbildenden Männchen unerkannt und werden daher nicht aus ihren Territorien vertrieben. Beim Erreichen der Geschlechtsreife sind die meisten Lippfische zunächst weiblich. Unter den Männchen gibt es Primär- und Sekundärmännchen. Die verschiedenen Phasen sind durch unterschiedliche Färbungen gekennzeichnet. Sexuell unreife Jungtiere bilden die erste Phase. Die zweite Phase wird als Initialphase bezeichnet und umfasst geschlechtsreife Weibchen und Männchen, die von ihren äußerlichen Merkmalen her meist nicht unterscheidbar sind. In der Sekundär- bzw. Terminalphase gibt es nur geschlechtsreife Männchen, die meist leuchtend gefärbt sind. Sekundärmännchen gehen durch einen Gechlechtswechsel aus ehemaligen Weibchen hervor. Sie unterscheiden sich meist durch Körpergröße, Farbenpracht und ausgezogene Flossenfilamente von Weibchen und Primärmännchen (KUITER 2002, LIESKE & MYERS 2004).

Geschlechtsreife Lippfische leben je nach Art einzeln, in kleinen Gruppen oder in festen Revieren. Manche Arten leben in Haremsverbänden mit einem dominanten Sekundärmännchen und mehreren Weibchen (KUITER 2002, LIESKE & MYERS 2004, THRESHER 1984).

Die tropischen Arten laichen das ganze Jahr über, doch lässt sich eine Tendenz zur wärmeren Jahreszeit feststellen. Ein Zusammenhang mit dem Mondzyklus konnte bisher nicht nachgewiesen werden. Alle indopazifischen und die meisten atlantischen

Lippfische sind Freilaicher, die keine Brutpflege betreiben. Primärmännchen pflanzen sich in großen gemischten Gruppen, territoriale Sekundärmännchen hingegen in Paaren mit ausgewählten Weibchen fort. Viele im Harem lebende Arten laichen jeden Tag in der Abenddämmerung, andere nur bei ablaufender Springflut. Nach der Balz steigt das Lippfisch-Männchen mit einem oder mehreren Weibchen auf. Auf dem Gipfel der Schwimmstrecke werden die Gonaden ausgestoßen. Bei diesem Vorgang verstecken sich auch Primärmännchen, sogenannte Sneaker (UGLEM et. al 2000), unter den laichwilligen Tieren. Sie werden vom Revierinhaber auf Grund ihrer Weibchen-Färbung nicht erkannt und erhalten so die Chance einige Eier zu befruchten. Man spricht bei diesem Phänomen auch von Weibchenmimikry (GONCALVES et al. 1996, KREBS & DAVIES 1993, NELSON 1995, UGLEM et al. 2000). Sekundärmännchen sind meist kurzlebig, da sie sich durch das Laichgeschäft verbrauchen und häufiger von Raubfischen erbeutet werden. Durch ihre prächtigeren Farben fallen sie stärker auf und durch die Balz sind sie häufiger abgelenkt (KUITER 2002, LIESKE & MYERS 2004).

Eine andere Fortpflanzungsstrategie verfolgen einige Lippfisch-Arten der im Mittelmeer und Nordatlantik lebenden Labrini. Sie sind brutpflegend und legen ihre Eier in Mulden in den Bodengrund oder in Nester aus Algen und anderen Pflanzenteilen. Die Eier werden vom Männchen bis zum Schlupf der Jungen ventiliert und bewacht. Auch einige tropische Arten laichen demersale Eier, die in Pflanzenmaterial oder auf dem Substrat abgelegt werden (THRESHER 1984).

Die Larven schlüpfen meist schon nach 24 Stunden aus den zahlreichen, kleinen Eiern (0.5 mm - 1.1 mm Durchmesser). Geschlüpfte Lippfisch-Larven sind nur wenige Millimeter groß und leben für mehrere Wochen pelagisch im offenen Wasser von ihrem großen Dottersack. Erst nach der Metamorphose zum juvenilen Fisch suchen sie Korallenriffe auf. Es wird angenommen, dass das Planktonstadium etwa einen Monat andauert. Über diesen Entwicklungsabschnitt der Labridae ist jedoch sehr wenig bekannt. Wenn sie sich in Nähe des Substrates ansiedeln, messen die Lippfische etwa 12 mm und färben sich nach kurzer Zeit aus. Während des

Wachstums verändern sich Färbung und Verhalten dramatisch. Kleine Jungfische sind sehr gut getarnt und einige tragen Augenflecken. Kleinere Arten erreichen nach ein bis zwei Jahren das Adultstadium. Größere Arten, wie beispielsweise der Napoleon-Lippfisch *Cheilinus undulatus,* sind erst nach etwa 20 Jahren ausgewachsen. Das Wachstum verlangsamt sich im höheren Alter sehr. Das maximale Alter der meisten Lippfische ist unbekannt. Einige der kleineren Arten erreichen im Aquarium ein Alter von sieben bis acht Jahren (KUITER 2002, WESTNEAT & ALFARO 2005).

Abbildung 24: Entwicklungsstadien von *Coris cuvieri* mit unterschiedlichen Farbphasen; A – das Juvenilstadium ist durch eine orange Grundfarbe mit weißen Streifen charakterisiert, 3 cm; B – Transitionalstadium, das Juvenil-Muster ist am Kopf noch erkennbar, 13 cm; C – Initialphase (Weibchen), 22 cm; D – Terminalphase, Sekundärmännchen mit ausgezogenen Flossenfilamenten, 35 cm; Ägypten, Rotes Meer.

5.5.1. Physiologischer und morphologischer Farbwechsel

Ein rascher, umgebungs- bzw. motivationsbedingter Farbwechsel ermöglicht Fischen eine variable Anpassung ohne Bewegungseinschränkung. Labridae sind wie viele Korallenfische aktive Schwimmer und verfügen über ein ganzes Repertoire an situationsspezifischen Färbungen (COLGAN 1993, COTT 1957, EIBL-EIBESFELDT 1999, FRICKE 1976, IMMELMANN et al. 1996, McFARLAND 1999, TINBERGEN 1979). Viele Korallenfische zeigen deutliche Muster- und Farbwechsel. Kurz vor Sonnenuntergang kann bei vielen Fischen ein Verblassen der Farben und Muster beobachtet werden (GÖTHEL 1992). Die Tiere verstecken sich nachts und versuchen mit Hilfe verschiedener Strategien für im Riff jagende Prädatoren unsichtbar zu werden. Jedoch auch tagsüber zeigen viele Korallenfische farbliche Anpassungen.

Fische verändern ihre Färbung mit Hilfe von speziellen Pigmenten, sogenannten Chromatophoren. Verschiedene Typen liegen in einer funktionell geordneten Schichtung übereinander und ermöglichen einen physiologischen Farbwechsel, der nervös oder hormonell gesteuert sein kann. Durch das Verschieben der Pigmentgranula mit Hilfe von Cytoskelettelementen innerhalb des Zellkörpers werden verschiedene Farben und Muster erzeugt. Dieser Prozess dauert wenige Millisekunden bis Minuten. Dem gegenüber steht ein erheblich langsamerer, morphologischer Farbwechsel, der auf einer Zu- bzw. Abnahme von Pigmentzellen beruht. Dieser Typ findet beispielsweise bei Hochzeitskleidern dominanter Sekundärmännchen oder bei Umfärbungen vom Juvenil- zum Adultstadium Anwendung (siehe Abbildung 24) und dauert normalerweise mehrere Tage bis Wochen (BRITZ 2010, HELDMAIER & NEUWEILER 2003, STORCH & WELSCH 1989, Val et al. 2006).

Besonders deutlich treten die Umfärbungen bei *C. cuvieri* hervor. Bei Adulten Tieren (ab einer Körpergröße von ca. 18 cm) wird ein Umfärben des Kopfbereiches beobachtet. Die Färbung wird hierbei in Sekundenschnelle von rötlich-grün bis weiss verändert. Diese Farbwechsel dauern normalerweise wenige Sekunden und beschränken sich auf den Bereich über dem Maul.

Abbildung 25: Ein adultes Tier der Art *C. cuvieri* zeigt unterschiedliche, situationsabhängige Färbungen; Ägypten, Rotes Meer.

6. Gibt es eine *Coris-Amphiprion* Mimikry-Beziehung?

Ziel dieser verhaltensbiologischen Arbeit ist es eine vermeintliche *Coris-Amphiprion* Mimikry-Beziehung quantitativ und qualitativ zu untersuchen und somit einen Beweis für eine echte Mimikry zwischen den juvenilen Lipp- und Anemonenfischen zu erbringen. Zusätzlich soll eine Bestandsaufnahme der Lippfisch-Diversität im nördlichen Roten Meer durchgeführt werden. Durch den Vergleich verschiedener Labridae soll die Nachahmer-Beziehung bewertet werden. Hierbei wird das Verhalten mehrerer Lippfisch-Arten aus teilweise unterschiedlichen Gattungen verglichen. Es soll im Schwerpunkt die Wechselbeziehung zwischen *C. cuvieri* und einem seiner Modelle, *A. bicinctus*, im Golf von Aquaba untersucht werden. Eine Vergleichsstudie zu *C. gaimard* und seinen Modellen im Indo-Pazifik dient der Bestätigung und Interpretation der Ergebnisse.

Um das komplexe Beziehungsgefüge der *Coris-Amphiprion* Mimikry-Beziehung verstehen zu können, muss man von den Modellen, den Anemonenfischen, ausgehen. Alle Anemonenfische leben in enger Symbiose mit Wirtsanemonen und verteidigen sie als Fortpflanzungs-, Versteck- und Nahrungsrevier. Das Überleben der Fische hängt unmittelbar vom Zusammenleben mit ihrer Wirtsanemone ab, die ebenfalls Vorteile aus der Partnerschaft zieht. Ihre Bewohner verteidigen sie gegen Fressfeinde, wie beispielsweise Anemonen-fressende Falterfische. Dagegen bleiben andere Riffbewohner, sofern sie nicht direkte Revier- bzw. Nahrungskonkurrenten der Anemonenfische darstellen, unbehelligt. Anemonenfische sind durch die nesselnden

Tentakel ihrer Wirtsanemonen weitgehend vor Prädation geschützt, da sie von Raubfischen als "energetisch ungünstig" (REININGER 2008) bzw. als unrentablen Fang, einen schlechten "catch-per-unit-effort" (MOLAND et al. 2005) eingestuft werden. Bei drohender Gefahr flüchten sich die Tiere in die Tentakel. Prädatoren lernen rasch, die nesselnden Wirtsanemonen zu meiden und mit der auffallenden Färbung der Anemonenfische zu assoziieren (FRICKE 1974, 1976).

Abbildung 26: A – *Amphiprion bicinctus*; Ägypten, Rotes Meer; B – *Coris cuvieri* (Juvenilstadium); Ägypten, Rotes Meer; C – *Amphiprion clarkii*; Lombok, Indo-Pazifik; D – *Coris gaimard* (Juvenilstadium); West-Papua, Indo-Pazifik.

Die im Golf von Aquaba vorkommende Art *A. bicinctus* zeichnet sich durch zwei oder drei blass gefärbte Streifen auf einer orangen, gelben oder bräunlichen Grundfarbe aus. Im Indo-Pazifik gibt es mehrere, nebeneinander vorkommende Anemonenfisch-

Arten (*Amphiprion akallopisos, A. chrysopterus, A. clarkii, A. leucokranos, A. melanopus, A. ocellaris, A. perideraion, A. polymnus, A. sandarcinos, Premnas biaculeatus*). Die meisten dieser Arten zeigen eine orange-gelbe Grundfärbung mit hellen Streifen (ALLEN 1978, FAUTIN & ALLEN 1994, KUITER & DEBELIUS 2007).

Anemonenfische ernähren sich hauptsächlich von Plankton-Partikeln, wobei Copepoden, Tunicaten-Larven und Algen den Hauptbestandteil ihrer Nahrung ausmachen (FRICKE 1974). Im Gegensatz dazu ernähren sich Vertreter der Gattung *Coris* von benthischen Invertebraten. Die Arten stellen somit keine direkten Nahrungskonkurrenten dar.

Das Fressverhalten von Raubfischen wird von verschiedenen Faktoren wie beispielsweise der Dichte, Verteilung und Verfügbarkeit von Beutetieren und auch von der Anwesenheit von Fresskonkurrenten beeinflusst. Dabei spielen Lernvorgänge eine entscheidende Rolle. Prädatoren bevorzugen gewisse Nahrung, vorausgesetzt es sind gleichzeitig mehrere potentielle Beutetiere vorhanden. In diesem Fall sind Warnfarben von ungenießbaren Beutetieren für deren Träger von Vorteil. Das sofortige Erkennen gewisser Farbmuster ist genetisch verankert, jedoch Lernvorgängen unterworfen (KLOPFER 1968, MALCOM 1990, MALLET & JORON 1999, McFARLAND 1999, MOLAND et al. 2005, POUGH 1988).

Korallenfische stehen unter enormen Konkurrenz- und Prädationsdruck. Die meisten Arten sind gleichzeitig von mehreren Fressfeinden aus teilweise verschiedenen Familien bedroht. Die Prädatoren verfügen über unterschiedliche optische Fähigkeiten, jedoch wirken leuchtende Warntrachten im Allgemeinen abschreckend. Das Streifenmuster auf oranger Grundfarbe der Lipp- und Anemonenfische könnte daher eine allgemeine, übergeordnete Warntracht darstellen (JACOBI 1913). Auffallend gefärbte Tiere besitzen oft abstoßende bzw. ungenießbare Eigenschaften. Lippfische besitzen jedoch keinen bekannten Abwehrmechanismus dieser Art.

Manche Autoren bezweifeln eine *Coris*-Anemonenfisch-Mimikry, da es sich neben einer allgemeinen Warntracht um eine rein zufällige, äußere Ähnlichkeit handeln könnte. Korallenriffe zeichnen sich durch eine enorme Diversität an Formen und

Farben aus. Es wäre möglich, dass farbliche Ähnlichkeiten unabhängig voneinander entstehen bzw. entstanden sind. Eine auffallende Färbung könnte eine Anpassung an die farbenprächtige Umwelt im Korallenriff darstellen (ENDLER 1988, FIELD 1997). Farbenprächtige Muster stehen häufig im Dienste der Fortpflanzung (ARAK & ENQUIST 1993). Da Vertreter der Gattung *Coris* nur im Juvenilstadium das auffallende Streifenmuster tragen, ist diese Funktion unwahrscheinlich. Streifenmuster dienen bei vielen Tieren der Gestaltsauflösung. Das auffallende Schlängelschwimmen der juvenilen Lippfische könnte im Dienst der Konturauflösung stehen. Für gewöhnlich ist das Verhalten der Streifen-Träger jedoch an ihre Färbung angepasst. *Coris*-Arten sind schnelle Schwimmer, die ihre Bewegungsweise nur unter großer Bedrohung verändern (COTT 1957, ENDLER 1988).

In der vorliegenden Arbeit sollen die ökologischen und verhaltensbiologischen Grundlagen der *Coris-Amphiprion* Beziehung auf ihre biologische Zweckmäßigkeit untersucht und somit ein Beweis für eine echte Mimikry-Beziehung erbracht werden. Es sollen verschiedene Hypothesen zum Beweis einer echten Mimikry-Beziehung zwischen *Coris cuvieri* und *Amphiprion bicinctus* im nördlichen Roten Meer getestet werden:

- ✓ Bei *C. cuvieri* und *A. bicinctus* handelt es sich um zwei nicht-verwandte Arten, die dennoch eine große äußerliche Ähnlichkeit in Färbung, Muster und Körperform zeigen.

- ✓ Um die Körperform von Anemonenfischen zu imitieren spreizen juvenile *C. cuvieri* ihre Dorsalflosse ab. Dadurch verbreitert sich die Körperseite der sonst zigarrenförmigen Lippfische. Es handelt sich hierbei nicht um eine Drohstellung, sondern um eine Verstärkung der äußerlichen Ähnlichkeit.

- ✓ *C. cuvieri* erhöht seine Überlebenschancen durch eine Anemonenfisch-typische Färbung im Juvenilstadium. Ausschließlich juvenile Tiere besitzen eine äußerliche Ähnlichkeit mit Anemonenfischen. Wenn die Maximalgröße der

Modelle erreicht wird, nimmt *C. cuvieri* eine arttypische Färbung an. Das Mimikry-Stadium beschränkt sich somit auf einen für die Art wichtigen Lebensabschnitt.

- ✓ Die beteiligten Arten sind auffällig gefärbt und von Prädatoren leicht zu erkennen. Räuber lernen oder assoziieren, dass Modelle sowie Nachahmer keine idealen Beutetiere darstellen. *C. cuvieri* fällt weniger oft Fressfeinden zum Opfer bzw. zeigen Prädatoren weniger Interesse, als an anderen juvenilen Lippfischen, da sie von diesen als "energetisch ungünstig" eingestuft werden.

- ✓ *C. cuvieri* wird durch die mimetische Färbung weniger oft von territorialen Riffbarschen angegriffen. Auf Grund dessen können die Nachahmer mehr Zeit für die Nahrungsaufnahme verwenden, als andere Lippfisch-Arten.

- ✓ Durch das geringere Interesse von Prädatoren und territorialen Riffbarschen profitiert *C. cuvieri* von einem erhöhten Fresserfolg bei gleichzeitig geringerem Prädationsrisiko. Der so optimerte Energiegewinn führt zu einer höheren Wachstumsrate.

- ✓ *C. cuvieri* kommt im selben Verbreitungsgebiet und Lebensraum vor, wie sein Modell, die Anzahl der Lippfische ist jedoch deutlich geringer als die der Anemonenfische.

- ✓ Juvenile *C. cuvieri* sind räumlich mit ihren Modellen assoziiert. Die Tiere halten sich durchschnittlich näher bei Anemonenfischen auf, als andere Lippfische. Die räumliche Nähe der Arten nimmt ab, wenn die Signalfälscher "aus ihrem Modell" raus wachsen, d.h. wenn das Adult-Stadium erreicht und die arttypische Färbung angenommen wird.

- ✓ Um die äußerliche Ähnlichkeit zu verstärken, imitiert *C. cuvieri* im Juvenilstadium charakteristische Verhaltensweisen seines Modells. Mit zunehmender Größe wird die Nachahmung der Anemonenfisch-typischen Schwimmweise aufgegeben und eine typisch labriforme Bewegung beobachtet.

- *C. cuvieri* erhöht seine Überlebenschancen durch ein Anemonenfisch-typisches Verhalten bei drohender Gefahr durch Fressfeinde. Dabei wird eine nicht familientypische, veränderte Schwimmweise angewandt, die das vertikale Schlängelschwimmen der Anemonenfische nachahmt.

B. Methoden

1. Untersuchungsgebiet und –zeitraum

Die Datenaufnahme für die vorliegende Arbeit wurde von November 2008 bis November 2010 in insgesamt 12 verschiedenen Saumriffen in der Gegend von Dahab (28° 30'N, 34° 30'O), im ägyptischen Roten Meer, durchgeführt. Dahab liegt auf der Sinai-Halbinsel ca. 85 km nördlich von Sharm el Sheikh, am Golf von Aquaba. Das Untersuchungsgebiet liegt im nördlichen Teil des Roten Meeres, welches ein Nebenmeer des Indischen Ozeanes darstellt. Der Golf von Aquaba wiederum ist eine ca. 175 km lange Meeresbucht, die sich entlang der östlichen Küste des Sinai erstreckt. Durch die isolierte Lage des Roten Meeres und insbesondere des Golfs von Aquaba haben sich hier viele ökologische Besonderheiten entwickelt (OTT 1988, SILOTTI 2005, WEINBERG 1996).

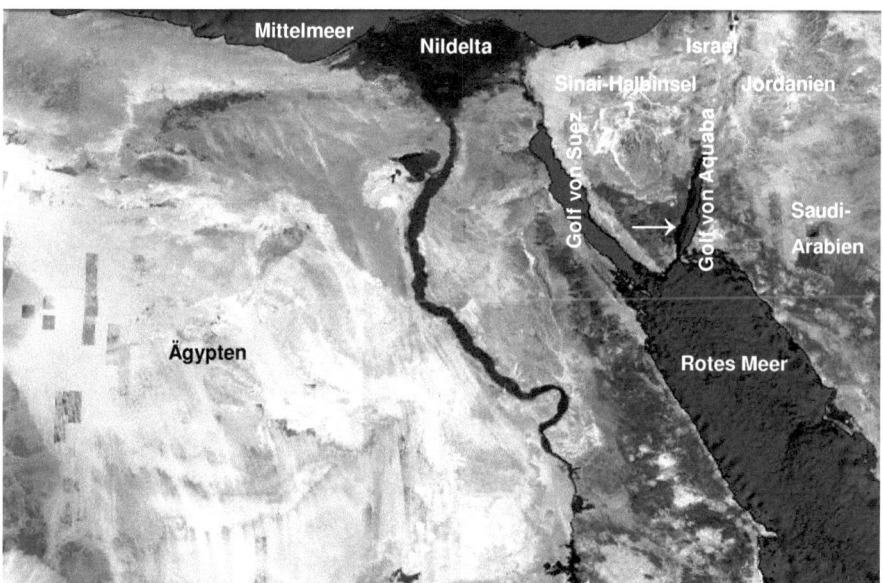

Abbildung 27: Übersichtskarte von Ägypten und dem nördlichen Roten Meer; Pfeil: Lage des Untersuchungsgebietes bei Dahab (Quelle Satellitenbild: Google Earth).

Das Rote Meer ist mit einem riesigen Trog mit einer Länge von mehr als 2200 Kilometern und eine Tiefe von 2600 Metern vergleichbar. Es stellt einen sehr isolierten Wasserkörper und eine eigene Riffprovinz dar. Den besonderen topographischen und hydrographischen Bedingungen ist es zuzuschreiben, dass das Rote Meer trotz seiner nördlichen Lage ein Korallenmeer ist. Das Rote Meer verengt sich im Süden bei "Bab el Mandeb" (wörtlich "das Tor der Tränen") auf 29 km Breite und 134 m Tiefe, was den Wasseraustausch mit dem Golf von Aden und somit dem restlichen Indo-Pazifik sehr einschränkt. Durch diesen limitierten Wasseraustauch, die äußerst geringen Niederschläge und kaum vorhandenen Zuflüsse resultieren ein ungewöhnlich hoher Salzgehalt von bis zu 42 ‰ (bei durchschnittlich 35 ‰ im restlichen Indischen Ozean), ausgezeichnete Licht- und Sichtverhältnisse, sowie eine sehr große Anzahl von endemischen Arten. Rund 17 % aller im Roten Meer lebenden Fisch-Arten sind Endemiten. In den Familien der Chaetodontidae, Pseudochromidae (Zwergbarsche) und Tripterygiidae (Dreiflosser) erreicht der Prozentsatz an Endemiten 50 % bis 90 %. Die im Roten Meer typischen Saumriffe liegen auf einem schmalen Festlandsockel und sind vom Strand durch einen Kanal oder eine Lagune getrennt. Eine Ausnahme bildet der Golf von Suez, welcher ein flaches Schelfmeer darstellt. Der Golf von Aquaba ist ein bis zu 1800 Meter tief eingeschnittener Meeresgraben. Die Felsküsten fallen für gewöhnlich steil ab und sind fast ununterbrochen von Riffen gesäumt (LIESKE & MYERS 2004, OTT 1988, SCHUHMACHER 1988, SILOTTI 2005, WEINBERG 1996).

Im Golf von Aquaba variiert die durchschnittliche Wassertemperatur im Jahreszyklus um bis zu 10 °C. Eine weitere Besonderheit des Roten Meeres sind jedoch die konstant hohen Tiefenwasser-Temperaturen. In 1000 m Tiefe liegt die Wassertemperatur bei 21 °C (bei vergleichsweise 6-7 °C im Indo-Pazifik). Die Ursache für dieses ungewöhnliche Phänomen liegt einerseits darin, dass der Golf von Aquaba Teil einer Spreizungszone zwischen der afrikanischen und arabischen Platte ist, an der Magma aufquellt, welche das Tiefenwasser erwärmt. Andererseits sinkt das sehr salzhaltige Oberflächenwasser infolge seiner großen Dichte ab und fließt südwärts, was zu einer Durchmischung der Wasserschichten führt. Die mittlere Austauschzeit für das gesamte Rote Meer liegt bei 200 Jahren. Der Durchfluss bei "Bab el Mandeb" ist auf Grund der Meeresschwelle und dem daraus resultierenden Zwei-Schichten-Gegenstromsystem sehr komplex. Oberflächenwasser strömt ins Rote Meer, während darunter eine bis zu 10 ‰ salzreichere Schicht liegt. Dieser Zufluss gleicht die hohe Verdunstungsrate der Sommermonate aus (OTT 1988, SCHUHMACHER 1988, WEINBERG 1996).

Diagramm 3: Durchschnittliche Wasser- und Lufttemperatur auf der Sinai-Halbinsel am Golf von Aquaba (nach SILOTTI 2005).

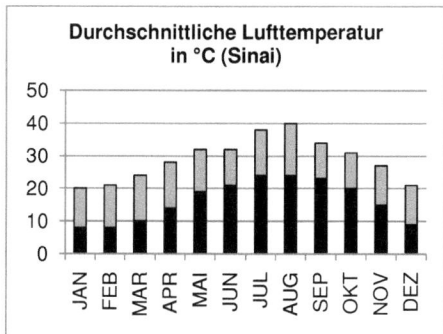
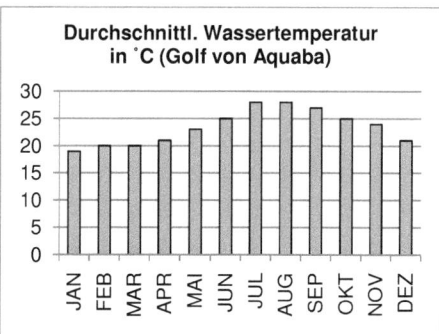

Die Temperaturen an Land steigen auf der Sinai-Halbinsel im Sommer auf bis zu 45 °C und sinken im Winter nur selten unter 15 °C. In der kalten Jahreszeit (Dezember – März) gibt es konstante Nordwinde, welche das Oberflächenwasser abkühlen. Die Temperaturen im Golf von Aquaba sind durchschnittlich etwas kühler als im restlichen Roten Meer, jedoch sinken sie nur an wenigen Tagen unter 20 °C. Der durchschnittliche Tidenhub beträgt 50 cm bis 150 cm. Im zentralen Roten Meer gibt es fast gar keine Gezeiten, jedoch schwankt der Wasserstand auf Grund unterschiedlicher Verdunstungsraten im Jahresverlauf beträchtlich. Zwischen Sommer- und Wintermonaten misst man Unterschiede von bis zu 50 cm (LIESKE & MYERS 2004, OTT 1988, SILOTTI 2005).

Für die vorliegende Arbeit wurde der Jahresverlauf in Tertiale eingeteilt. Tertial 1 von Dezember bis März ist durch konstant kühle, Tertial 2 von April bis Juli durch langsam steigende und Tertial 3 von August bis November durch die im Jahresmittel höchsten Temperaturen charakterisiert. Die Wassertemperatur schwankte im Jahresverlauf um 8 °C (von 21 °C bis 29 °C). Nur an einigen wenigen Tagen wurden Spitzentemperaturen von über 30 °C beziehungsweise Niedrigstwerte von unter 20 °C gemessen. In den beiden wärmeren Jahresabschnitten ist der Unterschied zwischen der durchschnittlichen Luft- und Wassertemperatur sehr groß. Im heißesten Monat August steigen die Temperaturen an Land häufig auf bis zu 45 °C.

Neben der Temperatur hat auch die Photoperiode Einfluss auf das Verhalten vieler Fische. Besonders die Reproduktionszyklen der Korallenfische sind davon betroffen. Sonnenstand und Strahlungsintensität sind jahreszeitlichen Schwankungen unterworfen. Diese wirken sich auf die Planktonproduktion und in weiterer Folge auf die gesamte Nahrungskette im Korallenriff aus. Die Anzahl an Sonnenstunden variiert auf der Sinai-Halbinsel um bis zu 4 Stunden. Der Aktivitätszyklus aller untersuchten Labridae-Arten ist an Tageslicht gekoppelt. Der Tagesverlauf wurde nach Uhrzeit und Sonnenstand in drei Abschnitte gegliedert.

Tabelle 7: Einteilung des Untersuchungszeitraumes in Tertiale (die durchschnittliche Lufttemperatur bezieht sich auf das Tagesmittel) und Tagesabschnitte.

Tertial	Monate	Durchschnittl. Wassertemp.	Durchschnittl. Lufttemp.
1	Dezember-März	21.5 °C	21 °C
2	April-Juli	24.5 °C	33 °C
3	August-November	26.5 °C	34 °C

Abschnitt	Tageszeit	Uhrzeit	
1	Vormittags	8.00 – 12.00	
2	Mittags	12.00 – 14.00	
3	Nachmittags	14.00 – 18.00	

Eine ergänzende Studie zum Verhalten einer zu *C. cuvieri* verwandten Art, *C. gaimard*, wurde im Juli und August 2010 in der Gegend der Harlem Islands (3° 5'S, 135° 33'O), West-Papua, Indonesien, durchgeführt. Die kleine Inselgruppe liegt in der Cenderawasih Bay im zentralen Indo-Pazifik und ist der Küste West-Papuas vorgelagert. West-Papua (vormals Irian Jaya) ist Teil der Republik Indonesien, während die Osthälfte der äquatornahen Insel einen eigenen Staat (Papua Neuguinea) darstellt.

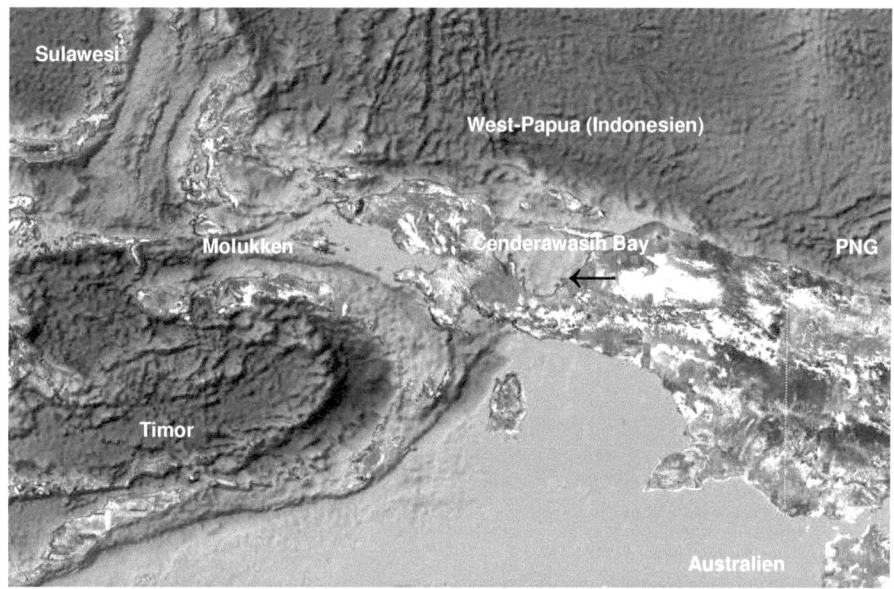

Abbildung 28: Übersichtskarte von West-Papua (Indonesien) und Umgebung; Pfeil: Lage des Untersuchungsgebietes in der Cenderawasih Bay; PNG = Papua Neuguinea (Quelle Satellitenbild: Google-Earth).

Das Untersuchungsgebiet liegt am Rande des Korallendreiecks, einem der artenreichsten Ökosysteme der Welt. Papua liegt östlich der Wallace-Linie und zeichnet sich durch eine australische Flora und Fauna aus. Die Korallenriffe werden von typisch indo-pazifischen Arten gebildet. In der Region gibt es ausgedehnte

Mangrovengebiete. Zahlreiche Flüsse schwemmen, dank beinahe täglicher Niederschläge Schlamm und Sedimentmassen ins Meer, wodurch die Lichtverhältnisse unter Wasser teilweise stark beschränkt werden. Die hohe Trübstoffbelastung und die konstant hohen Wassertemperaturen führen vor allem im Flachbereich zu Coral Bleaching (MULLER 2006, SCHUHMACHER 1988).

Im gesamten Beobachtungszeitraum betrug die Wassertemperatur konstant 30 °C, während die Lufttemperatur im Mittel bei 31 °C lag. Auf Grund der kurzen Dauer der Studie im Indo-Pazifik wurde auf eine jahreszeitliche Einteilung der Ergebnisse verzichtet.

Für die vorliegende Arbeit wurden insgesamt 315 Schnorchel- bzw. Tauchgänge mit einer Gesamtzeit von rund 335 Stunden unter Wasser durchgeführt. Im Jahr 2008 wurde auf Grund des späten Untersuchungsbeginns (November) eine entsprechend geringere Datenmenge gesammelt. Der Großteil der Feldarbeit wurde im Roten Meer umgesetzt. Im Indo-Pazifik wurden ca. 20 Tauchgänge mit einer Wasserzeit von rund 15 Stunden durchgeführt.

Tabelle 8: Im Untersuchungszeitraum durchgeführte Feldarbeiten.

	2008	2009	2010	Gesamt
Anzahl Schnorchel- bzw. Tauchgänge	23	147	145	315
Wasserzeit in Stunden (gerundet)	21	160	154	335
Anzahl Verhaltensbeobachtungen	10	155	171	336
Durchgeführte Attrappenversuche	-	27	33	60
Diversitätsstudie / Anzahl untersuchter Transekte	52	280	284	616

Verhaltensbeobachtungen wurden in 10 Minuten Intervallen durchgeführt, wobei die Gesamtzahl gleichmäßig auf mehrere Labridae-Arten verteilt ist. Transekt-Auszählungen dauerten durchschnittlich 25 Minuten. Attrappen wurden um einen Habituationseffekt zu vermeiden so kurz wie möglich eingesetzt. Im Rahmen der Attrappenversuche und Verhaltensbeobachtungen wurden rund 60 Stunden Filmmaterial aufgenommen.

2. Verhaltensbeobachtungen

Die Verhaltensbeobachtungen für die vorliegende Arbeit wurden in insgesamt 12 verschiedenen Riffabschnitten im Golf von Aquaba durchgeführt (siehe Abbildung 38). Die Modell-Art ist *Amphiprion bicinctus*, welche im Golf von Aquaba gleichzeitig die einzige vorkommende Anemonenfisch-Art ist. Innerhalb der Art gibt es Farbvarianten, die möglicherweise auf Hybridisierungen zurückzuführen sind. Im südlichen und zentralen Roten Meer kommt der Oman-Anemonenfisch vor. Das Vorkommen von *A. omanensis* an der Südspitze des Sinai ist bisher jedoch nicht bestätigt.

Ergänzend wurde im Indo-Pazifik die zu *C. cuvieri* nahe verwandte Art *Coris gaimard* untersucht. Im Beobachtungsgebiet vor der Küste West-Papuas gibt es mehrere, nebeneinander vorkommende Anemonenfisch-Arten, die teils gemeinsam in Wirtsanemonen leben (*Amphiprion akallopisos, A. chrysopterus, A. clarkii, A. leucokranos, A. melanopus, A. ocellaris, A. perideraion, A. polymnus, A. sandarcinos, Premnas biaculeatus*). Die im Untersuchungsgebiet häufigsten Arten waren *A. clarkii, A. polymnus* und *P. biaculeatus*.

Um die Beobachtungen der beiden vermeintlichen Nachahmer vergleichbar zu machen, wurde das Verhalten verschiedener anderer Labridae (*Coris aygula, Halichoeres hortulanus* und *Halichoeres marginatus*) im Golf von Aquaba untersucht. Bei der Auswahl dieser Vergleichsarten wurde darauf geachtet, dass die Tiere demselben ökologischen Druck ausgesetzt sind. Sie sollten im selben Habitat wie die vermeintlichen Nachahmer vorkommen, eine ähnliche Lebensweise zeigen, sowie eine vergleichbare Körpergröße erreichen.

Die beobachteten Tiere wurden jeweils einem von drei Entwicklungsstadien zugeteilt (juvenil – transitional – adult). Juvenile *C. cuvieri* charakterisieren sich durch eine komplett mimetische Färbung (siehe Abbildung 26 B), während Tiere im beginnenden Transitionalstadium bereits erste Umfärbungen an der Caudalis zeigen, jedoch am restlichen Körper noch das *Amphiprion*-typische Streifenmuster aufweisen. Die weißen Streifen werden mit zunehmender Körpergröße kürzer. Adulte Tiere zeigen die arttypische Färbung (siehe Abbildung 30 A). Tiere der Arten *H. hortulanus*,

H. marginatus und *C. aygula* zeigen als Juvenile ein vom Adultstadium deutlich abweichendes Farbkleid (siehe Abbildungen 32 - 34). Die auffallenden Färbungen und markanten Augenflecken ermöglichen eine rasche und eindeutige äußerliche Unterscheidung der Entwicklungsstadien.

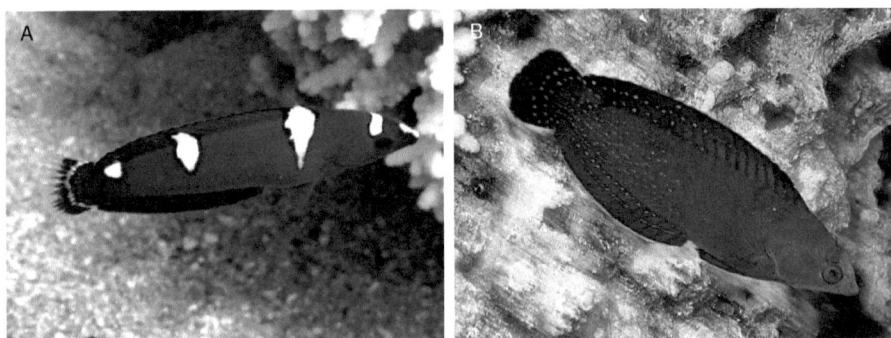

Abbildung 29: A – *Coris cuvieri* **im Juvenilstadium mit beginnender Umfärbung an der Caudalis und kürzer werdenden weißen Streifen, Größe ca. 11 cm; B –** *C. cuvieri* **im fortgeschrittenen Transitionalstadium; im Kopfbereich ist das für Juvenile typische Streifenmuster noch erkennbar, Größe ca. 15 cm; Rotes Meer, Ägypten.**

Im Korallenriff findet man häufig Arten nebeneinander, die sehr ähnliche Nahrungsansprüche haben. Korallenfische zeigen durch die hohe Raum- und Nahrungskonkurrenz besonders gegenüber Artgenossen ausgeprägte Aggressivität. Die "Plakatfarbigkeit" (FRICKE 1966, LORENZ 1962) der meisten Riffbewohner dient als Arterkennungsmerkmal und somit der Inter- und intraspezifischen Kommunikation Versuche mit unnatürlich gefärbten Attrappen zeigen, dass die arttypische Färbung für eine Erkennung entscheidend ist (REININGER 2008). Juvenile sind oft deutlich anders gefärbt und gezeichnet als die Adultstadien. So können sie unbemerkt in Reviere aggressiver Adulttiere eindringen, heranwachsen und nach der raschen Umfärbung zum Adultkeid erfolgreich um ein Territorium konkurrieren (FRICKE 1976, GUTHRIE 1981, OTT 1988). Die Fitness einer Art ist proportional zur Menge ihrer Ressourcen und wird daher von der Ressourcenverteilung und der Menge an Konkurrenz beeinflusst (FUTUYMA 1990).

Für die Datenaufnahme wurde ein sogenanntes "Continuous recording" bzw. "All-occurrences recording" umgesetzt (MARTIN & BATESON 1993). Hierbei werden in einer festgelegten Zeitspanne die Frequenzen von allen relevanten Verhaltensweisen der Beobachtungsobjekte durchgehend gezählt, sowie deren Dauer gemessen. Um geringstmöglichen Einfluss auf das natürliche Verhalten der Tiere zu nehmen, wurde während aller Beobachtungen ein Mindestabstand von zwei Metern zu den untersuchten Fischen eingehalten.

Zwischen 8.00 Uhr und 18.00 Uhr wurden auf unterschiedlichen Tiefen jeweils 35 juvenile und adulte Individuen der Arten *C. cuvieri, C. aygula, H. hortulanus* und *H. marginatus* für die Dauer von 10 Minuten Intervallen beobachtet. Die Gesamtbeobachtungszeit beläuft sich pro Art und Entwicklungsstadium auf 660 Minuten (66 x 10 Minuten Intervalle). Auf Grund der sehr unterschiedlichen Lebensweise und der beachtlichen Größe von adulten *C. aygula* wurden ausschließlich juvenile Tiere beobachtet. Adulte unterscheiden sich in einigen wesentlichen Faktoren von *C. cuvieri* und sind daher für einen Vergleich in dieser Arbeit ungeeignet.

Alle Beobachtungen wurden schnorchelnd oder tauchend mit Pressluft durchgeführt. Vor Beginn jeder Verhaltensbeobachtung wurde die Uhrzeit festgehalten, die Tiefe des Beobachtungsobjektes notiert und die Größe der Fische anhand von vorgefertigten Schablonen gemessen. Es wurde versucht die einzelnen Individuen anhand ihrer äußeren Merkmale zu identifizieren. Zwischen Tieren einer Art gibt es oft große Unterschiede, die ein geübter und erfahrener Beobachter erkennen kann. Die ausgeprägte Ortstreue vieler Korallenfische erleichtert zudem die individuelle Identifizierung. Diese Methode hat gegenüber Markierungen den Vorteil nur geringen Einfluss auf das natürliche Verhalten der Fische zu üben (MARTIN & BATESON 1993). Am Ende jedes Intervalls wurde der Abstand zur nächsten mit Anemonenfischen besetzten Anemone gemessen.

Während der Beobachtungen wurde zwischen 4 Verhaltensweisen unterschieden (siehe Tabelle 9). Es wurden alle durch das Ethogramm festgelegte Aktivitäten der

Lippfische auf einer Unterwasser-Schreibtafel mit Bleistift festgehalten. Zur späteren Analyse der einzelnen Verhaltensweisen wurden die Tiere mit einer Canon Powershot G10 Kamera gefilmt. Die Verhaltensweisen wurden im Anschluss am Computer untersucht und ihre Dauer gestoppt. Ein Verlust des Sichtkontaktes von mehr als 5 Sekunden zum Beobachtungsobjekt führte jeweils zum Abbruch bzw. zum Neustart des Intervalls.

Die Beobachtungen im Golf von Aquaba wurden schnorchelnd oder tauchend in einer Tiefe von 0.5 m bis 22 m durchgeführt. Die bevorzugte Wassertiefe variierte stark zwischen den beobachteten Arten. *C. cuvieri* wurde ausschließlich in größerer Tiefe (mehr als 5 m) angetroffen und daher tauchend beobachtet. Im Flachbereich vorkommende Individuen wurden (wenn möglich) schnorchelnd beobachtet, da entweichende Luftblasen und die dadurch entstehenden Geräusche einen Einfluss auf das natürliche Verhalten der Tiere ausüben.

Tabelle 9: Ethogramm der vier beobachteten Verhaltensweisen.

Verhalten	Beschreibung
Fressen	o Substratzupfen o Schnappen nach Partikeln im Freiwasser und in aufgewirbeltem Sand o Langsames Schwimmen während der Futtersuche
Schwimmen	o Schwimmen über Sand- bzw. Korallengrund o Schweben über dem Substrat
Verstecken	o Verstecken in Korallenspalten bzw. unter Korallenstöcken und Sand
Andere	o Inter- und intraspezifische Interaktionen o Keine der genannten Verhaltensweisen

Dieselbe Methode wurde für Verhaltensbeobachtungen von *C. gaimard* im Indo-Pazifik angewandt. Insgesamt wurden 6 Individuen zwischen 8.00 Uhr und 18.00 Uhr beobachtet und gefilmt. Im Untersuchungsgebiet kommt die Art *C. gaimard* relativ häufig, teilweise in Kleingruppen, vor und ist meist im Flachwasser (in weniger als 2 m

Wassertiefe) bzw. in der Brandungszone anzutreffen. Alle Beobachtungen von
C. gaimard wurden schnorchelnd zwischen 0.5 m und 2 m Tiefe durchgeführt.
Für die Ermittlung der Effizienz der Nahrungsaufnahme der beobachteten Arten wurde
die durchschnittliche Fressrate bestimmt. Es wurde gezählt, wie oft Individuen in der
Dauer eines Beobachtungsintervalls am Substrat zupfen bzw. nach Partikeln
schnappen. Die durchschnittliche Fressrate wurde aus insgesamt 100 Minuten
Beobachtungszeit errechnet. Unterschiede bezüglich bevorzugter Nahrung wurden
nicht berücksichtigt.

2.1. Untersuchte Gattungen und Arten

Die Gattungen *Coris* und *Halichoeres* gehören zu den Julidinae (Junkerlippfische),
welche die artenreichste Unterfamilie der Labridae darstellt. Die Gattung *Coris*
(LACÉPÈDE 1801) umfasst 27 Arten, von welchen lediglich zwei im Atlantik und
Mittelmeer vorkommen. Die restlichen Arten sind im Indo-Pazifik und im Roten Meer
anzutreffen. *Coris*-Arten sind vor allem als Juvenile meist kräftig gefärbt und anhand
ihrer auffallenden Zeichnung einfach zu identifizieren. Viele Arten verändern ihr
Farbkleid während des Wachstums dramatisch (siehe Abbildung 24). Mit den
Farbwechseln und den damit verbundenen Übergängen zu anderen Entwicklungs-
stadien gehen für gewöhnlich Änderungen der Verhaltens- und Lebensweise einher.

Die Gattung *Coris* zeichnet sich durch zahlreiche, kleine Schuppen, sowie
vorstehende Fangzähne aus. Diese werden bei der Jagd nach Wirbellosen und zum
Umdrehen von Steinen und Korallenstücken eingesetzt. So wie die Gattung heute
besteht, ist sie sehr heterogen: die kleinste Art ist durchschnittlich 10 cm groß
(*C. pictoides*), während die größte mehr als einen Meter Körpergröße (*C. bulbifrons*)
erreichen kann. Die meisten *Coris*-Arten sind an Riffkanten, über Sand- und
Geröllgrund anzutreffen. Weibchen bilden oft kleine Gruppen, während Männchen
einzelgängerisch leben und einen großen Riffabschnitt als Territorium beanspruchen.
Einige Arten betätigen sich im Juvenilstadium als fakultative Putzer. Alle *Coris*-Arten
vergraben sich nachts im Sand und einige auch tagsüber um Fressfeinden zu

entkommen. Viele Arten produzieren zusätzlich einen Schleimfilm, welcher als Geruchsbarriere gegen nachts jagenden Prädatoren dient. Wie alle Labridae sind Vertreter der beiden untersuchten Gattungen tagaktiv (FRICKE 1976, GÖTHEL 1992, KUITER 2002, LIESKE & MYERS 2004).

Die Gattung *Halichoeres* (RÜPPELL 1835) ist die artenreichste der Lippfische. Insgesamt umfasst sie über 75 Arten, von denen mindestens 54 im Indik und West-Pazifik vorkommen. Vertreter dieser Gattung besitzen große Zykloid-Schuppen, die auf Nacken und Brust in kleinere übergehen und eine Seitenlinie mit einem Knick hinter der Rückenflosse. Das endständige Maul ist relativ klein und die Kiefer sind mit einer Reihe konischer Zähne besetzt, die nach vorne an Größe zunehmen. Manche Arten besitzen vergrößerte "Eckzähne" im Oberkiefer in den Mundwinkeln. *Halichoeres*-Arten bevorzugen Lebensräume mit Sand oder Schutt, in welchen sich die Tiere nachts eingraben. Alle Arten ernähren sich von Wirbellosen und zum Teil von kleinen Fischen. Das Farbkleid kann in Anpassung an den Lebensraum stark variieren. Männchen unterscheiden sich von Weibchen durch unterschiedliche Zeichnungsmuster an Kopf oder Flossen (KUITER 2002, LIESKE & MYERS 2004).

Vertreter der Gattungen *Coris* und *Halichoeres* wechseln im Laufe ihrer Entwicklung das Geschlecht und dabei ihre Färbung. Die Juvenilstadien unterscheiden sich in Färbung und oft auch in der Körperform von den Adulttieren. Unter den Männchen gibt es Primär- und Sekundärmännchen. Geschlechtsreife Weibchen und Primärmännchen sind an ihren äußerlichen Merkmalen oft nicht zu unterscheiden. Dominante Sekundärmännchen hingegen sind meist leuchtend gefärbt und besitzen ausgezogene Flossenfilamente (KREBS & DAVIES 1993, KUITER 2002, LIESKE & MYERS 2004).

2.1.1. *Coris cuvieri* (BENNETT 1831) – Afrika-Junker

Flossenformel: D IX, 12; A III, 12; P 13; LL 70-80 (RANDALL 1986);

C. cuvieri kommt im gesamten Roten Meer, entlang der arabischen Halbinsel bis Südafrika vor. Im Osten erstreckt sich das Verbreitungsgebiet über die Malediven bis zur östlichen Andamanensee. Da sich die Verbreitungsgebiete von *C. cuvieri* und *C. gaimard* überlappen, wurde *C. cuvieri* lange nur als eine Unterart angesehen (KUITER 2002). Afrika-Junkern fehlt die für *C. gaimard* typische, gelbe Caudalis.

C. cuvieri lebt meist solitär und ernährt sich von benthischen Invertebraten, an welche die Art gelangt indem sie Steine und Korallenbruchstücke wendet. Adulte folgen oft anderen im Sand wühlenden Fischen um an aufgewirbelte Beute zu gelangen. Die einzelgängerisch lebenden Tiere sind schnelle Schwimmer. Dominante Männchen patrouillieren ein großes Territorium, während Juvenile sehr ortstreu sind. Afrika-Junker erreichen eine Maximallänge von bis zu 38 cm (DEBELIUS 1998, KUITER 2002, LIESKE & MYERS 2004).

Abbildung 30: A – *Coris cuvieri* (Adultstadium) bei der Futtersuche; B – *Coris cuvieri* (Juvenilstadium); Ägypten, Rotes Meer.

In der Literatur werden juvenile *C. cuvieri* oft als Bewohner von flachen Lagunen in der Gezeitenzone beschrieben. Im Untersuchungsgebiet wurde die Art im Juvenilstadium jedoch ausschließlich in größerer Tiefe (von 5 m bis über 30 m Tiefe) angetroffen. Ab einer Körpergröße von ca. 9 cm zeigen Juvenile einen Übergang zum Transitionalstadium. Mit dem späteren Farb- und Geschlechtswechsel gehen Verhaltensänderungen einher.

2.1.2. *Coris gaimard* (QUOY & GAIMARD 1824) – Pazifischer Clown-Junker

Flossenformel: D IX, 12; A III, 12; P 13; LL 71-78 (RANDALL 1986);

C. gaimard ist im gesamten West-Pazifik weit verbreitet und regional sehr häufig. Mit überlappendem Verbreitungsgebiet und in weiten Teilen des Indischen Ozeans kommt *C. formosa* (formals *C. frerei*) vor. Es handlt sich hierbei um eine zu *C. gaimard* und *C. cuvieri* nahe verwandte Art, die im Juvenilstadium eine sehr ähnliche Färbung zeigt. Juvenile *C. formosa* unterscheiden sich von *C. cuvieri* und *C. gaimard* durch schwarze Brust- und Afterflossen und einen Ocellus in der Rückenflosse. Adulte *C. formosa* erreichen eine Größe von bis zu 50 cm und sind im westlichen indischen Ozean bis zu den Malediven weit verbreitet (KUITER 2002).

Abbildung 31: A – *Coris gaimard* (Juvenilstadium), West-Papua, Indo-Pazifik; B – *Coris gaimard* (Weibchen mit gelber Caudalis) bei der Futtersuche; Philippinen, Sulusee (Foto B: Richard Seaman).

Eine weitere nahe verwandte Art mit derselben auffallenden Färbung im Juvenilstadium (*C. marquesensis*) ist in den Gewässern der Marquesas Islands (Französisch Polynesien) endemisch (KUITER & DEBELIUS 2007).

C. gaimard bevorzugt gemischte Gebiete mit Sand, Korallen und Korallenschutt, in welchen die Art nach kleinen Krebs- und Weichtieren sucht. Juvenile Tiere bevorzugen einen flachen Lebensraum und sind häufig in Bereichen mit starker Wasserbewegung anzutreffen. *C. gaimard* bildet im Juvenilstadium lose, ortstreue

Gruppen. Innerhalb dieser kommt es zu häufigen Interaktionen, da die Tiere um begrenzte Ressourcen konkurrieren. Weibchen sind deutlich an der gelben Caudalis zu erkennen, welche dominanten Männchen fehlt. Pazifische Clown-Junker erreichen eine Maximallänge von bis zu 30 cm (DEBELIUS 1998, KUITER 2002, LIESKE & MYERS 2004).

2.1.3. *Coris aygula* (LACÉPÈDE 1801) – Spiegelfleck-Junker

Flossenformel: D IX, 12; A III, 12; P 14; LL 61-66 (RANDALL 1986);

C. aygula ist einer der größten Lippfisch-Vertreter und erreicht eine Maximallänge von bis zu 60 cm. Weibchen haben eine olivgrüne Färbung mit hellem Hinterkörper. Männchen der Terminalphase zeichnen sich durch einen ausgeprägten Stirnhöcker, sowie einen gezackten Schwanzflossenhinterrand aus. Dominante Spiegelfleck-Junker patrouillieren ein großes Gebiet und bewachen einen Harem aus mehreren Weibchen. Juvenile tragen jeweils zwei rot-orange und schwarze Augenflecke und bereits die schwarzen Punkte der Weibchen auf Kopf und Flossen (DEBELIUS 1998, KUITER 2002, LIESKE & MYERS 2004).

Abbildung 32: A – *Coris aygula* (Adultstadium): Dominantes Männchen mit ausgeprägtem Stirnhöcker und gefranster Caudalis; B – *Coris aygula* (Juvenilstadium) mit deutlichen Augenflecken; Ägypten, Rotes Meer.

Es gibt einige farbliche Unterschiede bei Lokalformen, besonders zwischen dem Roten Meer und dem restlichen Indo-Pazifik. Die Entwicklungsstadien unterscheiden sich sehr in ihrer Lebensweise. *C. aygula* lebt an exponierten Aussenriffhängen, in Lagunen und auf Riffdächern in einer Tiefe von bis zu 50 m. Die Art ist häufig über gemischten Geröll-, Korallen- und Sandzonen anzutreffen. *C. aygula* frisst hartschalige Wirbellose, die mit den Schlundzähnen geknackt werden. Das Verbreitungsgebiet der reicht vom Roten Meer bis Polynesien (DEBELIUS 1998, KUITER 2002, LIESKE & MYERS 2004, WEINBERG 1996).

2.1.4. *Halichoeres hortulanus* (LACÉPÈDE 1801) – Schachbrett-Junker

Flossenformel: D IX, 11; A III, 11; P 14 (13); LL 26 (RANDALL 1986);

H. hortulanus erreicht eine Maximallänge von 27 cm und hat ein auffallendes, schachbrettartiges Schuppenmuster, welches der Art den deutschen Namen verleiht. Männchen haben einen markanten, gelben Rückenfleck, während Weibchen eine gelbe Caudalis besitzen. Kleine Jungfische hingegen sind schwarz-weiß gezeichnet und tragen einen gelb umrandeten Ocellus in der Rückenflosse. Es gibt zwischen dem Roten Meer und dem Indo-Pazifik kleine farbliche Unterschiede, die regional variieren (KUITER 2002, RANDALL 1986).

Abbildung 33: A – *Halichoeres hortulanus* (Adultstadium) mit deutlich erkennbarem Schachbrett-Muster; B – *Halichoeres hortulanus* (Juvenilstadium) mit Ocellus auf der Rückenflosse; Ägypten, Rotes Meer.

H. hortulanus ist ein häufiger Bewohner von klaren Lagunen und Außenriffen in einer Tiefe von bis zu 30 m. Man trifft die Art meist auf Sand- und Geröllflecken in Riffnähe an. Juvenile Schachbrett-Junker leben in Rückfluss- und Brandungskanälen oder unter Überhängen am Rande von Sandbodenlöchern. Wie die meisten Labridae sucht *H. hortulanus* im Sand nach benthischen Invertebraten. Adulte folgen anderen im Sand wühlenden Fischen um freigelegte Wirbellose zu erbeuten (siehe Abbildung 40 C + D). Territoriale Männchen kontrollieren ein großes Revier mit mehreren Weibchen. Das Verbreitungsgebiet reicht vom Roten Meer bis französisch Polynesien (DEBELIUS 1998, KUITER 2002, LIESKE & MYERS 2004, WEINBERG 1996).

2.1.5. *Halichoeres marginatus* (RÜPPELL 1835) – Streifen-Junker

Flossenformel: D IX, 13-14; A III, 12-13; P 14-15; LL 27-28 (RANDALL 1986);

H. marginatus lebt in korallenreichen Lagunen und Buchten, sowie an Außenriffen in einer Tiefe von bis zu 30 m. Meist trifft man auf die heimliche Art jedoch im Flachwasser an exponierten Rändern von Korallenformationen oder im Riffdach. Im bewegten Wasser der Brandungszone bilden Juvenile und Adulte lose Gruppen. Jungfische suchen häufig Schutz zwischen Seeigelstacheln (KUITER 2002, LIESKE & MYERS 2004).

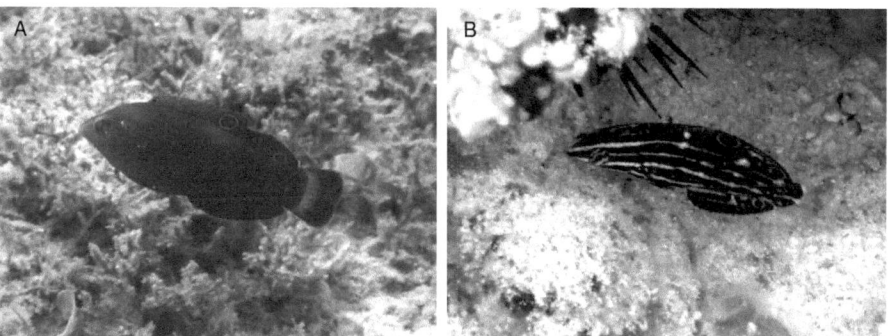

Abbildung 34: A – *Halichoeres marginatus* (Adultstadium) mit auffallender Schwanzbinde und Ocelli; B – *Halichoeres marginatus* (Juvenilstadium) mit Ocelli; Juvenile halten sich häufig im Schutz von Seeigelstacheln auf; Ägypten, Rotes Meer.

Juvenile und Weibchen besitzen mehrere gelb umrandete Ocelli und unterscheiden sich von Männchen durch das Fehlen der auffallend grünen Schwanzbinde. Die territorialen Männchen bewachen Haremsgruppen und sind farbenprächtig gefärbt. Sie tragen grünliche bis orangegelbe Streifen auf dem Kopf. Juvenile sind fast schwarz gefärbt und besitzen mehrere schmale, gelbe Längsstreifen. Das Verbreitungsgebiet von *H. marginatus* ist auf das Rote und Arabische Meer beschränkt, es gibt im Indik und Pazifik jedoch mehrere Schwesterarten. Streifen-Junker erreichen eine Maximallänge von 17 cm (DEBELIUS 1998, KUITER 2002, LIESKE & MYERS 2004, RANDALL 1986).

3. Umfärbungen

Im Laufe der Verhaltensbeobachtungen von *C. cuvieri* wurde ein wiederholtes Umfärben des Stirnbereiches bei adulten Tieren beobachtet. Normalerweise ist der Bereich über dem Maul hell bis weiß gefärbt. Adulte *C. cuvieri* können diese Färbung in Sekundenschnelle über rosa-rötlich bis zu dunkelgrün verändern. Die auf die Stirnpartie begrenzten Umfärbungen dauerten meist wenige Sekunden. Im Anschluss zeigten die Tiere wieder die arttypische, helle Färbung.

Abbildung 35: A – *Coris cuvieri* (Adultstadium) mit arttypischer, heller Färbung des Stirnbereiches; B – Nahaufnahme der umgefärbten Stirnpartie; Ägypten, Rotes Meer.

Viele Tiere zeigen motivationsbedingte Umfärbungen, die der inter- bzw. intraspezifischen Kommunikation dienen. Unter den Fischen sind Farbwechsel sehr häufig und viele Arten verfügen über ein ganzes Repertoire an situationsspezifischen Färbungen. Da Korallenfische meist optisch ausgerichtet sind, zeigen die Tiere neben verschiedenen Farbmustern oft differenzierte Bewegungsabläufe, die durch besondere Strukturen der Körperoberfläche und Körperstellungen verstärkt werden. Aus den gezeigten Farbmustern kann bei genauer Beobachtung auf den Motivationszustand der Tiere geschlossen werden (COLGAN 1993, EIBL-EIBESFELDT 1999, FRICKE 1976, IMMELMANN et al. 1996, McFARLAND 1999, TINBERGEN 1979).

Tabelle 10: Beobachtete Verhaltensweisen während der Umfärbungen.

Verhalten	Beschreibung
Fressen	o Substratzupfen
	o Schnappen nach Partikeln im Freiwasser und in aufgewirbeltem Sand
	o Wenden von Steinen und Korallen
	o Langsames Schwimmen über dem Substrat während der Futtersuche
	o Folgen anderer im Sand wühlender Fische
Interspezifische Interaktion	o Angriff auf Individuen anderer Arten
	o Angriffe von Individuen anderer Arten
Intraspezifische Interaktion	o Angriffe auf Artgenossen
	o Angriffe von Artgenossen
	o Balzverhalten
Andere	o Schwimmen
	o Verstecken
	o Keine der genannten Verhaltensweisen

Um zu bestimmen, welche Ursache diese meist einige Sekunden bis Minuten andauernden Umfärbungen adulter *C. cuvieri* haben, wurden Videosequenzen der Verhaltensbeobachtungen analysiert. Das Filmmaterial von 30 Intervallen (300

Minuten) verschiedener Individuen wurde auf die Farbwechsel untersucht und die momentane Verhaltensweise der Tiere während der Umfärbungen festgehalten. Es wurde zwischen 4 verschiedenen Verhaltensweisen während der Farbwechsel unterschieden. Die Dauer der einzelnen Verhaltensweisen während der Umfärbungen wurde gestoppt und ihr prozentualer Anteil an der Gesamtzeit berechnet.

4. Attrappenversuche

Zur experimentellen Bestätigung der Verhaltensbeobachtungen und der Interpretation der Beziehung zwischen juvenilen Lippfischen und ihren Prädatoren wurden Attrappenversuche durchgeführt. Ziel war es einerseits die Reaktionen von Prädatoren auf juvenile Labridae verschiedener Arten zu dokumentieren und andererseits durch Fressfeinde ausgelöste Verhaltensweisen von *C. cuvieri* mit anderen juvenilen Lippfischen zu vergleichen. Zu diesem Zweck wurden 10 Attrappen juveniler Labridae und 3 Attrappen von Prädatoren angefertigt. Bei der Auswahl der Attrappen wurde darauf geachtet, im Untersuchungsgebiet häufige Arten zu repräsentieren und riffökologisch interessante Aspekte zu berücksichtigen.

Tabelle 11: Attrappen verschiedener Labridae wurden häufigen Prädatoren präsentiert; * betätigen sich im Juvenilstadium ** in allen Entwicklungsstadien als Putzer; *** wurden für Attrappenversuche mit *C. cuvieri* eingesetzt;

Attrappen	Prädatoren
o *Anampses twistii*	o *Cephalopholis hemistiktos*
o *Anampses meleagrides*	o *Cephalopholis miniata*
o *Bodianus anthioides**	o *Epinephelus fasciatus****
o *Coris aygula*	o *Variola louti****
o *Coris cuvieri*	o *Paracirrhites forsteri*
o *Labroides dimidiatus***	o *Grammistes sexlineatus*
o *Macropharyngodon bipartitus*	o *Inimicus filamentosus*
o *Pseudocheilinus evanidus*	o *Pterois miles****
o *Pseudocheilinus hexataenia*	o *Scorpaenopsis barbata*
o *Thalassoma rueppellii*	o *Synanceia verrucosa*

Alle verwendeten Attrappen wurden aus laminierten Farbfotos hergestellt, die um ein Bleigewicht befestigt wurden. Die verwendeten Nachbildungen waren bei allen Labridae-Arten gleich groß (7 cm). Attrappen von Prädatoren wurden in arttypischer Größen angefertigt (15 cm – 25 cm). Die Attrappen wurden für den Einsatz unter Wasser mit einer transparenten Nylonschnur an einer Angelspule aufgehängt. Gegenüber mit Draht fixierten Attrappen hat diese Methode den Vorteil, dass die Attrappen schnell versetzt werden können und zu einer eingeschränkten, von den Strömungsverhältnissen abhängigen Bewegung fähig sind. Bei der Präsentation der Attrappen wurde versucht, das natürliche Verhalten (im Besonderen die Schwimmweise) der Lippfische bzw. Prädatoren zu imitieren und darauf geachtet einen Mindestabstand von zwei Metern zu den Versuchstieren zu halten. Die Attrappenversuche wurden mit einer Canon G10 Powershot Kamera gefilmt und die ausgelösten Verhaltensweisen anschließend am Computer ausgewertet.

Abbildung 36: A – Attrappe von *Pseudocheilinus evanidus*; B – Attrappe von *Pterois miles*;

Es wurden insgesamt 10 verschiedene Attrappen juveniler Lippfische verwendet. Je Attrappe wurden 30 Versuche mit verschiedenen Prädatoren, vornehmlich Vertretern von Serranidae und Scorpaenidae, durchgeführt. Um einen Habituationseffekt zu vermeiden, wurde darauf geachtet die Versuche mit verschiedenen Individuen, an unterschiedlichen Standorten und Tiefen, sowie mit großem zeitlichen Abstand (mehrere Tage) durchzuführen. Bei der Präsentation der Attrappe wurde zwischen 4 Reaktionen unterschieden.

Tabelle 12: Durch Attrappen ausgelöste Verhaltensweisen der Prädatoren.

Verhalten	Beschreibung
Augenbewegung	o Prädator beobachtet Attrappe (Augenbewegungen sichtbar)
Körper Ausrichten	o Prädator richtet seinen Körper zur Attrappe aus
Anschwimmen	o Prädator schwimmt direkt auf Attrappe zu
Berühren	o Prädator berührt Attrappe bzw. versucht Attrappe zu verschlucken

Es wurden insgesamt 24 Attrappenversuche mit juvenilen *C. cuvieri* durchgeführt. Hierbei wurden Individuen mehrmals, mit großem zeitlichem Abstand, Attrappen von drei verschiedenen Fressfeinden (*Variola louti, Pterois miles* und *Epinephelus fasciatus*) präsentiert. Die imitierten Prädatoren kamen an allen Versuchsstandorten in großer Zahl vor. Vor der Präsentation der Attrappen wurde anhand von vorgefertigten Schablonen die Größe der juvenilen *C. cuvieri* gemessen. Es wurde zwischen 4 Reaktionen unterschieden.

Tabelle 13: Durch Attrappen ausgelöste Verhaltensweisen von *Coris cuvieri*.

Verhalten	Beschreibung
Keine Reaktion	o Keine Verhaltensänderung ausgelöst
Fluchtreaktion	o *C. cuvieri* flieht bzw. versteckt sich ohne *Amphiprion*-typische Verhaltensweisen zu zeigen (labriforme Schwimmweise)
Amphiprion-typische Verhaltensweisen	o Veränderte Schwimmweise (horizontales und vertikales Schlängelschwimmen) o Kontaktaufnahme mit dem Substrat
Andere	o Keine der drei genannten Verhaltensweisen gezeigt o Übersprungshandlungen[12]

---

[12] Übersprungshandlungen (TINBERGEN 1979) sind Verhaltensweisen, die in funktions-fremden Situationen ausgeführt werden. Sie treten bei starker Erregung in Konfliktsituationen auf, in welchen zwei entgegengesetzte Verhaltensweisen aktiviert sind (IMMELMANN et al. 1996: 53).

5. Diversitätsstudie

Für die Datenerhebung der vorliegenden Arbeit wurden für die Gegend repräsentative und untereinander vergleichbare Riffabschnitte ausgewählt. Es wurde auf 4 verschiedenen Tiefenstufen eine 20 m lange Transektleine im Riff ausgebracht. Am Beginn und am Ende wurde jeweils eine 5 m lange Querleine im rechten Winkel zur Hauptleine fixiert (jeweils 2.5 m rechts und links davon). Daraus ergibt sich eine Fläche von 100 m² pro Transekt. Innerhalb dieses Abschnittes und bis 5 m über dem Transekt wurden alle Labridae, sowie alle *Amphiprion*-Individuen und ihre Wirtsanemonen gezählt.

Abbildung 37: Im Riff ausgebrachte Transektleine (in 10 m Tiefe) mit Querleine im Vordergrund.

Alle Zählungen wurden bei Tageslicht und tauchend mit Pressluft durchgeführt. Die Fische wurden nach einer veränderten Reef Check Methode gezählt (HODGSON et al 2006). Die Methode stellt eine Zeit- und Raum-begrenzte Zählung dar. Die 20 m Abschnitte wurden in vier 5 m Stücke unterteilt. Die Fische wurden an jeder 5 m Markierung stationär für eine Minute gezählt. Anschließend wurden die 5 m bis zur nächsten Markierung langsam abgeschwommen um nach möglicherweise verdeckten oder versteckten Tieren Ausschau zu halten. Die durchschnittliche Dauer jeder Auszählung betrug ca. 25 Minuten. Ein "visual fish census survey" wie in ENGLISH et al. (1994) beschrieben, war die Grundlage dieser Untersuchung. Um repräsentative Daten von der Wasseroberfläche bis in größere Tiefen zu erhalten, wurden alle Labridae in einem sogenannten Tunneltransekt auf insgesamt 20 m Länge, 5 m Breite und 5 m Höhe in vier unterschiedlichen Tiefenstufen (2.5 m, 5 m, 10 m und 15 m) gezählt. Alle tagaktiven Arten wurden identifiziert und aufgezeichnet. Zudem wurde versucht zwischen Adult- und Juvenilstadien zu unterscheiden. Bei einigen Arten ist es durch große farbliche Unterschiede der Entwicklungsstadien leicht, diese zu unterscheiden, während bei anderen Arten eine Differenzierung basierend auf äußeren Merkmalen nicht möglich ist. Konnte keine Unterscheidung zwischen den Stadien getroffen werden, wurden die Tiere als Adulte aufgenommen.

Bei der angewandten Methode sind die Aussagen der Ergebnisse und Diskussionen auf die identifizierten Arten beschränkt und besitzen bezüglich der gesamten Fischdiversität keinen Anspruch auf Vollständigkeit (ALTER 2006, BROCK 1982). Diese Methode liefert ein umfassendes Bild zur Abundanz und Diversität der Labridae und ist somit auch ein ökologischer Indikator für den Gesundheitszustand der Korallenriffe.

Nicht alle Rifftypen eignen sich für diese Methode. Steilwände oder Bereiche mit einem hohen Grad von Sandbedeckung sind unpassend und würden, da einige Arten hier besonders häufig und andere gar nicht vorkommen, zu irreführenden Ergebnissen führen. Die untersuchten Riffbereiche wurden so ausgewählt, dass sie in von Tauchern wenig genutzten Gebieten lagen und homogen strukturiert waren. Touristisch genutzte Tauchplätze wurden außerhalb der Stoßzeiten von Tauchaktivitäten untersucht. Fischarten reagieren auf das Vorhandensein von Tauchern sehr unterschiedlich. Viele Tiere flüchten und verstecken sich, während andere Tauchern neugierig folgen und auf durch aufgewirbelten Sand freigelegte Beute warten. Da viele Arten durch das Geräusch entweichender Luftblasen vertrieben werden, wurde nach dem Ausbringen der Transektleine darauf geachtet, dass sich keine weiteren Taucher im Transektbereich aufhielten (ALTER 2006). Die Abschnitte sollten bestmöglich das gesamte Riff repräsentieren und untereinander vergleichbar sein. Die Untersuchungsplätze wurden nach ihrer Nutzung durch Taucher in drei Kategorien eingeteilt: (*) Riffabschnitte, die nicht von lokalen Tauchanbietern genutzt werden, (**) Abschnitte, die regelmäßig bzw. wöchentlich mehrmals betaucht werden, während (***) Tauchplätze ganzjährig täglich genutzt werden (sie Tabelle 14).

Um jahreszeitliche Unterschiede feststellen zu können, wurden die insgesamt 12 verschiedenen Riffabschnitte über 24 Monate hindurch wiederholt untersucht. Für die Dokumentation tageszeitlicher Unterschiede, wurde vor Beginn jeder Transekt-Zählung die Uhrzeit festgehalten.

Für eine vereinfachte Darstellung der Ergebnisse wurden die 12 untersuchten Riffabschnitte in 7 Regionen zusammengefasst. Die Regionen repräsentieren geographisch nahe zusammen liegende und ähnlich strukturierte Riffabschnitte. Verteilt auf die 7 Regionen und 4 Tiefenstufen wurden insgesamt 616 Transekte (mit einer Gesamtfläche von 61 600 m²) ausgezählt. Auf den vier unterschiedlichen Tiefenstufen wurden jeweils 154 Transekte ausgelegt.

Tabelle 14: Die 12 Riffabschnitte wurden in 7 Regionen zusammengefasst; *** = tägliche Nutzung als Tauchplatz, ** = regelmäßige Nutzung als Tauchplatz, * = keine Nutzung als Tauchplatz; n = Anzahl ausgezählter Transekte.

Region	Riffabschnitte	Nutzung als Tauchplatz	N
Lighthouse	nördlicher Riffabschnitt des Tauchplatzes Lighthouse	***	88
Eel Garden	Eel Garden Südseite	**	96
Abu Talha	Abu Talha Nord- und Südseite	**	88
Ras Miriam	Ras Miriam Nord- und Südseite	*	88
Tigerhouse	Tigerhouse Nord- und Südseite	*	80
Rick's Reef	Rick's Reef Nord- und Südseite	***	102
Canyon	Abschnitt zwischen Rick's Reef und Canyon, nördlicher Riffabschnitt des Tauchplatzes Canyon	***	74
		Transekte Total:	616

Alle Transektzählungen fanden von November 2008 bis November 2010 statt. Die Wassertemperatur schwankte in diesem Zeitraum um 8° Celsius. Die Zählungen fanden bei Sonnenlicht zwischen 8.00 und 18.00 statt. Der Untersuchungsbeginn richtete sich nach den Wind- und Wetterbedingungen, sowie dem Gezeitenstand. An manchen Riffabschnitten war ein Einstieg bei niedrigem Wasserstand nicht möglich.

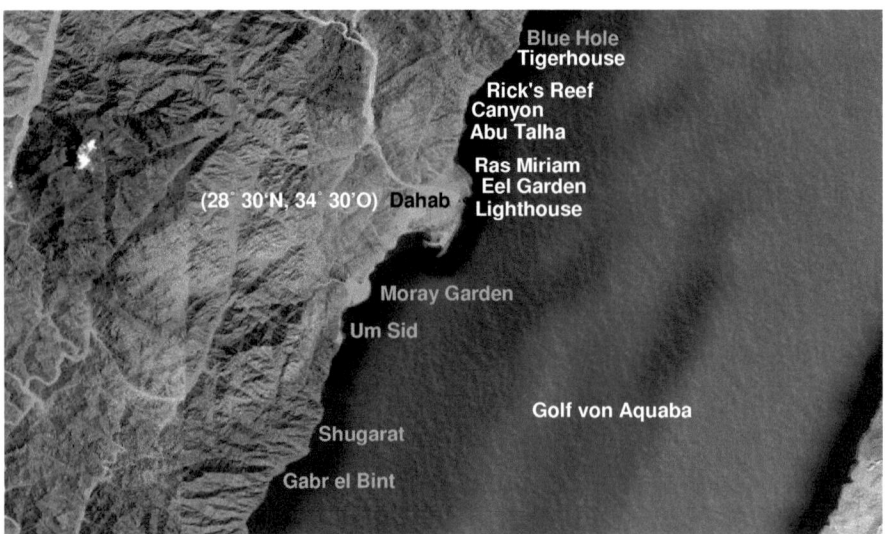

Abbildung 38: Übersichtskarte der 7 Untersuchungsregionen (weiß); in grau weitere Untersuchungsgebiete der Verhaltensstudien (Quelle Satellitenbild: Google Earth).

5.1. Problematik von "fish census surveys"

Es gibt viele Methoden zur Erhebung der Biodiversität von Korallenriffen. Sie können grundsätzlich in drei Kategorien unterteilt werden: "capture methods, mixed methods and non-capture methods" (LABROSSE et al. 2002). Zu den "non-capture methods" gehören auch die "visual fish census surveys" (ENGLISH et al. 1994). Diese tauchend oder schnorchelnd durchgeführte Methode wird durch verschiedene Faktoren limitiert: Ist die Sichtweite unter Wasser stark eingeschränkt (z.B. nachts oder durch Schwebstoffe im Bereich von Flussmündungen oder Mangroven), so kann keine repräsentative Studie durchgeführt werden. Die Sicht wird zudem bei starkem Wind und schwerer See wesentlich verringert. Bei schlechten Bedingungen kann die Dünung im Flachbereich so stark sein, dass aus Sicherheitsgründen keine Zählung vorgenommen werden kann. Tauchend durchgeführte Untersuchungen sind immer Zeit- und Tiefenlimitiert. Neben einem erhöhten Risiko der Dekompressionskrankeit, werden Taucher bei längeren Untersuchungen durch Kälte und Müdigkeit beeinflusst (ALTER 2006, HODGSON et al. 2006, LABROSSE et al. 2002).

Fehler des "visual fish census survey" können auf drei Ursachen zurückgeführt werden: auf Fehler von Seiten des Beobachters, Eingriffe in das natürliche Verhalten der Fische, sowie Fehler der Methode an sich. Diese Ursachen zu erkennen ist essentiell für ihre Minimierung, sowie für die Analyse und Interpretation der gesammelten Daten (ALTER 2010, HODGSON et al. 2006, LABROSSE et al. 2002).

Korrekte Zählungen setzen voraus, dass die Beobachter keine Individuen übersehen und dass diese auch nur ein Mal gezählt werden. Schwarmbildende Fische (wie beispielsweise *Paracheilinus octotaenia*) stellen eine besondere Herausforderung dar. Fischarten reagieren auf das Vorhandensein von Tauchern sehr unterschiedlich. Einige flüchten und verstecken sich, während andere Tauchern neugierig folgen und auf durch aufgewirbelten Sand freigelegte Beute warten. Das Verhalten der Tiere variiert mit ihrem Aktivitätszyklus und wird daher auch von der Tageszeit beeinflusst. In regelmäßig betauchten Gebieten sind die Tiere an das Geräusch von entweichenden Luftblasen gewöhnt und zeigen weniger häufig Fluchtverhalten. Um die Ergebnisse vergleichen zu können, sollten Untersuchungen wiederholt im selben Gebiet durchgeführt werden. Durch die limitierte Tauchzeit müssen Beobachter in der Lage sein, Arten rasch zu erkennen und ihre Zahl festzuhalten. Unsicherheiten unter Wasser führen zum Verlust von Daten. Durch die veränderte Lichtbrechung unter Wasser ist es auch schwierig Größen und Distanzen korrekt abzuschätzen. Gläser von Tauchmasken haben zudem einen vergrößernden Effekt. Die Schwierigkeit des korrekten Schätzens wird durch Kälte, Müdigkeit und körperliche Anstrengung verstärkt. Um das Risiko der Datenverfälschung oder des Datenverlustes unter

Wasser zu minimieren, sollten alle Zählungen von erfahrenen Tauchern bei guten Wetterbedingungen in ruhigen Wasser bis zu einer maximalen Tiefe von 20 m durchgeführt werden (ALTER 2006, 2010, BARKER & ROBERTS 2004, HODGSON et al. 2006, LABROSSE et al. 2002). Aus den genannten Gründen wurde die Transektleine des "visual fish census" der vorliegenden Arbeit auf einer maximalen Tiefe von 15 m ausgebracht. Je nach Steilheit des Riffhanges wurden Bereiche bis eine maximale Tiefe von 18 m untersucht.

6. Statistische Verfahren

Die Anwendung der statistischen Verfahren erfolgte nach LOZÁN & KAUSCH (2007). Die statistischen Berechnungen, Tests und das Erstellen der Diagramme erfolgten mit EXCEL (Version 2007) und STATA (Version 11.1). Zufallsverteilungen und Wahrscheinlichkeiten wurden mit Wolfram Mathematica (Version 7.0) berechnet. Die Häufigkeit der untersuchten Lippfisch-Arten wurde mit ihrer absoluten, sowie relativen Abundanz beschrieben. Des Weiteren wurden der Shannon Wiener Diversitätsindex und der Artenreichtum berechnet. Da die Wahrscheinlichkeit mehr Arten anzutreffen mit der Größe der Probe zunimmt wurde zudem der Margalef-Index des Artenreichtums berechnet. Die Werte wurden für den Vergleich der Fischgemeinschaften zwischen verschiedenen Gebieten und Tiefen mit einbezogen.

Tabelle 15: Verwendete Indices und statistische Verfahren (LOZÁN & KAUSCH 2007).

Absolute Abundanz (AA)	Gesamtzahl der Fische einer Art in der Gesamtpopulation.
Chiquadrat Test (Chi²)	Der Chiquadrat-Test dient der Homogenitätsprüfung zweier oder mehrerer Stichproben. $Chi^2 = \Sigma(f - E)^2 / E$ $Ea1 = T1 * T2 / T$ f = beobachtete Häufigkeit E = Erwartungswerte T = Randsummen FG = Freiheitsgrad α = Irrtumswahrscheinlichkeit

Fortsetzung Tabelle 15

Chiquadrat Test (Chi²)	Mit Hilfe des in der Chi²-Tafel errechneten Wertes werden die Signifikanzschranken aus der Chi²-Verteilung überprüft. Wenn Chi² ≥ Chi² FG / α, dann liegt keine Homogenität vor.
Margalef Index (D)	Maß für die Arten-Gesamtzahl im Untersuchungsgebiet. $D = (s - 1) / \ln N$ s = Gesamtzahl Arten, N = Gesamtzahl Individuen
Evenness (E)	Äquitäts-Index: gibt die Dominanzstruktur in der untersuchten Probe an. Je stärker sich E 1 nähert, desto geringer die Unterschiede in der Häufigkeit der gefundenen Arten. $E = H' / \ln s$ H' = Shannon-Wiener Index s = Gesamtzahl der Arten
F-Test (F)	Der F-Test dient zum Vergleich mehrerer nicht-verbundener Stichproben, prüft auftretende Abweichungen auf Signifikanz. Gesamtvariabilität: $\Sigma(x_{ij} - \bar{x})^2 = \Sigma x_{ij}^2 - (\Sigma x_{ij})^2 / n$ Zwischen Gruppen: $\Sigma n_j(x_j - \bar{x})^2 = \Sigma[(\Sigma x_{ij})^2] - (\Sigma x_{ij})^2 / n$ Innerhalb Gruppen: $\Sigma[\Sigma(x_{ij} - \bar{x})^2] = \Sigma x_{ij}^2 - \Sigma[(\Sigma x_{ij})^2 / n_i]$ x_{ij} = Einzelwerte $\bar{x}$ = arithmetischer Mittelwert n = Stichprobenumfang FG1 / FG2 = Freiheitsgrade α = Irrtumswahrscheinlichkeit Mit Hilfe des F-Wertes werden die Signifikanzschranken der Varianztabelle überprüft. Es liegen signifikante Unterschiede vor wenn $F \geq F$ FG1 / FG2 / α.
Frequency of appearance (Erscheinungshäufigkeit FA)	FA = (Anzahl der Transekte mit Vorkommen einer bestimmten Art / Gesamtzahl Transekte) x 100 FA gibt an, in wie viel Prozent der Transekte eine Fischart beobachtet wurde.
Shannon-Wiener-Index (H')	Mannigfaltigkeitsindex: charakterisiert die Variabilität im Hinblick auf Artenzahlen und Dominanzmuster. $H' = -\sum_{i=1}^{S}(P_i - \ln P_i)$ s = Gesamtzahl der Arten n_i = Anzahl der Individuen der Art (i=1,2,3,...) N = Anzahl der in der gesamten Probe vertretenen Individuen $P_i = n_i / N$ = Relative Häufigkeit H' geht gegen Null, wenn alle zu einer Art gehören und erreicht seinen Maximalwert, wenn alle Arten vertreten sind.
Korrelationskoeffizient (r)	r ist eine Größe zur Prüfung, ob zwischen den vorliegenden Variablen x und y eine Abhängigkeit besteht. r gibt Auskunft über die Stärke und die Richtung des Zusammenhangs.

Fortsetzung Tabelle 15

Korrelationskoeffizient (r)	$r = \Sigma xy / \sqrt{\Sigma xx * \Sigma yy}$ x,y = Einzelwerte
Relative Abundanz (RA)	RA beschreibt den Anteil einer Fischart am Gesamtbestand. = (durchschnittl. Abundanz einer Art aus jeder Tiefe und jedem Untersuchungsgebiet / durchschnittl. Abundanz aller Arten aus jeder Tiefe und jedem Untersuchungsgebiet) x 100
Standardabweichung (s)	Die Standardabweichung einer Stichprobe gibt Aufschluss über die Variabilität der Werte und ist somit eine Schätzung der Streuung der Grundgesamtheit. $s = \sqrt{\Sigma(x_i - \bar{x})^2 / n - 1}$ x_i = Einzelwerte $\bar{x}$ = arithmetischer Mittelwert n = Stichprobenumfang
Species Richness (Artenreichtum S)	Zahl in der Probe vorhandenen Arten.
T-Test (t)	Der t-Test dient dem Vergleich zweier unabhängiger, normalverteilter Stichproben. $t = \lvert \bar{x}_1 - \bar{x}_2 \rvert / [\sqrt{\Sigma xx_1 + \Sigma xx_2 / n_1 + n_2 - 2}] * \sqrt{[n_1 * n_2 / n_1 + n_2]}$ wenn $n_1 \neq n_2$, dann FG = $n_1 + n_2 - 2$ x_1 = Einzelwerte $\bar{x}$ = arithmetischer Mittelwert n = Stichprobenumfang FG = Freiheitsgrade α = Irrtumswahrscheinlichkeit Mit dem berechneten t-Wert werden die Signifikanzschranken aus der Student-Verteilung überprüft. Wenn $t \geq t\ FG/\alpha$, dann liegen signifikante Unterschiede zwischen den Proben vor.
Arithmetischer Mittelwert ($\bar{x}$)	Charakterisierendes Maß für symmetrische Verteilungen $\bar{x} = \Sigma x_i / n$ x_i = Einzelwerte n = Stichprobenumfang

C. Ergebnisse

Die folgenden Daten beziehen sich, wenn nicht anders angegeben, auf die Untersuchungsergebnisse im Roten Meer. Die Resultate der Vergleichsstudie zu *C. gaimard* im Indo-Pazifik werden in einem gesonderten Abschnitt (siehe Kapitel 1.8. Verhalten von *Coris gaimard* im Indo-Pazifik) präsentiert.

1. Ergebnisse der Verhaltensbeobachtungen

Die Gesamtbeobachtungszeit beläuft sich pro Art und Entwicklungsstadium auf 660 Minuten. Es wurden mindestens 35 verschiedene Individuen pro Art und Stadium untersucht. Die Verhaltensbeobachtungen wurden über einen Zeitraum von zwei Jahren zu verschiedenen Tageszeiten und an unterschiedlichen Standorten durchgeführt. Der Einfluss dieser Umweltfaktoren auf das Verhalten der Fische, sowie individuelle Unterschiede zwischen den Beobachtungsobjekten werden in den anschließenden Kapiteln behandelt.

1.1. Unterschiede zwischen den Entwicklungsstadien

Die Entwicklungsstadien der beobachteten Lippfische unterscheiden sich nicht nur äußerlich, sondern auch in wesentlichen ökologischen und verhaltensbiologischen Faktoren. Mit dem Eintritt in die Transitionalphase und der damit verbundenen Umfärbung wird ein Übergang zum adult-typischen Verhalten beobachtet. Dieses zeichnet sich durch eine offenere Lebensweise aus, da Adulte durch ihre Körpergröße einem geringeren Prädationsrisiko ausgesetzt sind. Adulte Labridae leben im Gegensatz zu Juvenilen meist einzelgängerisch. Weibchen kommen häufig in Harem-Gruppen vor, die von Sekundärmännchen bewacht werden. Dominante Männchen verteidigen ein Revier gegen Nahrungs- und Fortpflanzungskonkurrenten, was zu vermehrten inter- und intraspezifischen Interaktionen führt. Juvenile Lippfische schließen sich häufig zu losen Gruppen zusammen und konkurrieren in ihren begrenzten Territorien um Ressourcen. Mit dem Eintritt ins Adultstadium beanspruchen die Lippfische individuelle Territorien und einen größeren Aktionsradius. Die Arten wiesen zum Teil beträchtliche Unterschiede in der Dauer der gezeigten Verhaltensweisen auf. "Fressen", gefolgt von "Schwimmen", waren mit einer Ausnahme (*Halichoeres sp.* im Juvenilstadium) bei allen beobachteten Arten und Entwicklungsstadien die am häufigsten gezeigten Verhaltensweisen. Dieses Ergebnis stimmt mit der allgemeinen Feststellung, dass Fische den Großteil ihrer aktiven Zeit mit Futtersuche und Nahrungsaufnahme verbringen, überein (BONE et al. 1996).

Diagramm 4: Durchschnittliche Dauer der beobachteten Verhaltensweisen (in Sekunden) pro 10 Minuten Beobachtungsintervall (± s) aller Arten und Entwicklungsstadien.

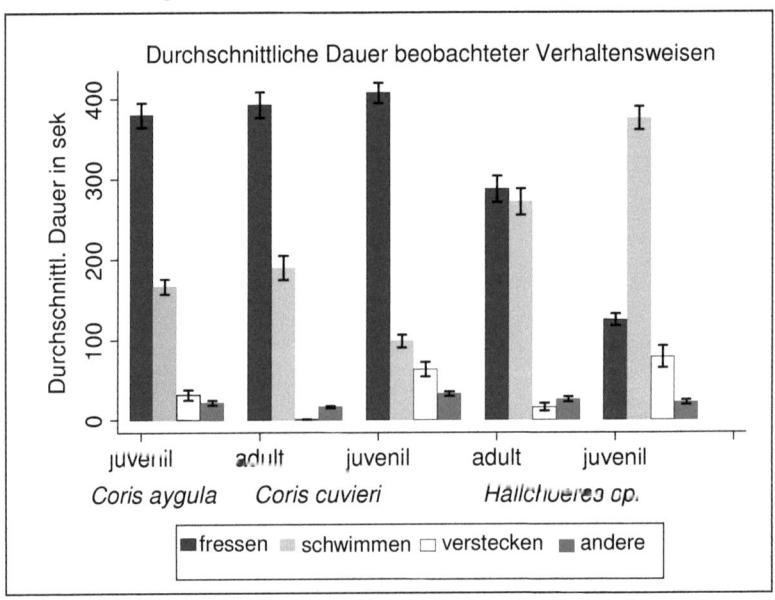

Ein Großteil der Gesamtzeit wird bei allen Arten zur Feindvermeidung aufgewandt. Fische unterbrechen ihre Fressaktivität immer wieder um nach Prädatoren Ausschau zu halten. Hält sich ein Räuber in unmittelbarer Nähe auf, stoppen die Tiere die Nahrungsaufnahme und zeigen in der Folge häufiger die Verhaltensweisen

"Schwimmen" und "Verstecken". Der prozentuale Anteil der Verhaltensweisen hat direkten Einfluss auf den Energieumsatz der Tiere und führt somit zu unterschiedlichen Wachstumsraten. Da optimale Energieausnutzer das Adultstadium früher erreichen führt ein effektiverer Nettogewinn pro Zeiteinheit schlussendlich zu Unterschieden im "livetime reproductive success" (ALCOCK 2009, DARWIN 1859).

Alle untersuchten Arten zeigten zahlreiche inter- bzw. intraspezifische Interaktionen, wobei die durchschnittliche Anzahl zwischen den Arten variierte. Diese in Kategorie "Andere" fallenden Verhaltensbeobachtungen werden im Folgenden (siehe Kapitel 1.4. Interaktionen) präsentiert.

Zwischen den Entwicklungsstadien der beobachteten Arten gab es zum Teil beträchtliche Unterschiede. Für den Vergleich der Stadien wurden zweiseitige t-Tests verwendet (keine Varianzgleichheit angenommen). Die am häufigsten beobachtete Verhaltensweise ("Fressen") wurde getestet. Die Ergebnisse zeigten keine signifikanten Unterschiede zwischen Juvenil- und Adultstadium von *C. cuvieri* (t = -0.707, FG = 124.246, $P_{(|T| > |t|)}$ = 0.480, $P_{(T > t)}$ = 0.759). Ein one-way ANOVA ergab dasselbe Resultat (P > F = 0.480). Individuen der Art *C. cuvieri* wandten im Vergleich zu anderen Arten am meisten Zeit zum "Fressen" auf, wobei Juvenile die höchste Fressrate bei gleichzeitig geringster Schwimmaktivität zeigten.

Tabelle 16: Durchschnittliche Dauer (in Sekunden) der 4 beobachteten Verhaltensweisen pro 10 Minuten Beobachtungsintervall (± s) aller Arten und Entwicklungsstadien (J = Juvenilstadium, A = Adultstadium).

Verhaltensweise:	"Fressen"	"Schwimmen"	"Verstecken"	"Andere"
C. cuvieri (J)	407.05 ± 103.3	94.80 ± 58.8	64.64 ± 71.5	32.64 ± 25.2
C. cuvieri (A)	392.70 ± 128.5	189.89 ± 121.4	1.06 ± 4.3	16.35 ± 12.8
C. aygula (J)	380.06 ± 123.7	166.09 ± 77.9	31.83 ± 54.7	22.03 ± 24.7
Halichoeres sp. (J)	124.67 ± 61.8	375.12 ± 166.4	78.18 ± 109.7	22.03 ± 24.8
Halichoeres sp. (A)	287.05 ± 132.0	271.14 ± 132.2	16.14 ± 37.5	25.68 ± 24.4

Das Maß der Standardabweichungen zeigt eine relativ große Streuung der Ergebnisse. Die Fressaktivität von Korallenfischen ist großen Schwankungen unterworfen, da sie von der An- bzw. Abwesenheit von Prädatoren direkt beeinflusst wird. Nach erfolgreicher Flucht vor Fressfeinden kehrten die Tiere nur langsam zu ihren ursprünglichen Verhaltensweisen zurück. Verblieben Prädatoren für längere Zeit im Beobachtungsgebiet, suchten die Fische Verstecke auf, wechselten den Standort und setzten erst dann unter erhöhter Aufmerksamkeit die Nahrungsaufnahme fort. Blieben die beobachteten Tiere hingegen ungestört, fraßen sie oft durchgehend und über einen längeren Zeitraum.

Adulte *C. cuvieri* wandten im Vergleich zu Juvenilen rund doppelt so viel Zeit zum Schwimmen auf und versteckten sich vernachlässigbar wenig. Adulte Afrika-Junker erreichen mit bis zu 38 cm eine beträchtliche Körpergröße und sind daher einem geringeren Prädationsrisiko ausgesetzt. Dominate Männchen patrollieren ein großes Revier und schwimmen oft große Distanzen, was sich in der zum "Schwimmen" aufgewandten Zeit wiederspiegelt. Juvenile Afrika-Junker haben einen von ihrer individuellen Größe abhängigen Aktionsradius und beanspruchen deutlich kleinere Territorien. In einigen Beobachtungsintervallen verblieben Adulte in einem sehr begrenzten Gebiet und fraßen fortwährend, während sie in anderen Strecken von über 100 Metern schwammen und dabei innerartliche Interaktionen suchten. Das Verhalten wurde hierbei von Tageszeit, Standort, Nahrungsangebot und dem Vorhandensein von Artgenossen wesentlich beeinflusst.

Es wurden ausschließlich juvenile Individuen der Art *C. aygula* beobachtet, weshalb in dieser Arbeit kein Vergleich zu adulten Tieren gezogen werden kann. Da sich Adulte nicht nur in ihrer Körpergröße, sondern auch in ihrer Lebensweise stark von Juvenilen unterscheiden, kann jedoch von deutlichen Verhaltensunterschieden ausgegangen werden.

Juvenile Vertreter der Gattung *Halichoeres* wandten durchschnittlich am wenigsten Zeit zum "Fressen" auf und hielten sich deutlich häufiger versteckt als andere Arten und Entwicklungsstadien. T-Tests zeigten signifikante Unterschiede des Fressverhaltens zwischen den Stadien von *Halichoeres sp.* (t = 9.051, FG = 92.148, $P_{(|T| > |t|)}$ < 0.001, $P_{(T < t)}$ = 1.000). Adulte Tiere versteckten sich weniger häufig und fraßen durchschnittlich mehr als doppelt so viel. Dies lässt sich wiederum auf die Größe und den daraus resultierenden geringeren Prädationsdruck zurückführen. Diese Beobachtung steht im Kontrast zu den Ergebnissen der Art *C. cuvieri*, in welcher Juvenile durchschnittlich mehr fressen als Adulte. Sowohl juvenile, als auch adulte *Halichoeres sp.* wandten signifikant mehr Zeit zum "Schwimmen" auf, als Vergleichs-Arten, wobei Jungtiere mit 375.12 Sekunden pro Intervall im Durchschnitt am höchsten lagen. Juvenile Vertreter der Gattung *Halichoeres* leben sehr heimlich und halten kontinuierlich Ausschau nach Fressfeinden. Beim zwischen den Verstecken hin und her Schwimmen legen sie oft große Distanzen zurück.

1.2. Verhalten juveniler Labridae

Mit Ausnahme von Juvenilen der Gattung *Halichoeres*, wurde die Verhaltens-Kategorie "Fressen" bei allen untersuchten Arten und Entwicklungsstadien am häufigsten beobachtet. Alle untersuchten Arten ernähren sich von benthischen Invertebraten, jedoch wurden Unterschiede bezüglich bevorzugter Nahrung nicht berücksichtigt. Der prozentuale Anteil der Verhaltensweise "Fressen" war bei juvenilen *C. cuvieri* im Vergleich am höchsten. *Halichoeres sp.* hatte im Juvenilstadium eine signifikant höhere Schwimmrate und hielt sich durchschnittlich am meisten versteckt. Die Anzahl an inter- und intraspezifischen Interaktionen variierte nur wenig zwischen den Arten (siehe Kapitel 1.4. Interaktionen).

Für den Vergleich zwischen juvenilen Tieren der beobachteten Arten wurden zweiseitige t-Tests verwendet (keine Varianzgleichheit angenommen). Die häufigste Verhaltensweise "Fressen" wurde getestet. Das Ergebnis des statistischen Tests zwischen *C. aygula* und *C. cuvieri* war nicht signifikant (t = -1.360, FG = 125.969, $P_{(|T| > |t|)}$ = 0.176, $P_{(T > t)}$ = 0.911), während das Resultat des t-Tests zwischen *C. cuvieri* und *Halichoeres sp.* signifikante Unterschiede zeigte (t = 19.065, FG = 106.213, $P_{(|T| > |t|)}$ < 0.001, $P_{(T < t)}$ = 1.000).

Diagramm 5: Durchschnittliche Dauer der vier beobachteten Verhaltensweisen von juvenilen Lippfischen (in Sekunden pro 10 Minuten Beobachtungsintervall).

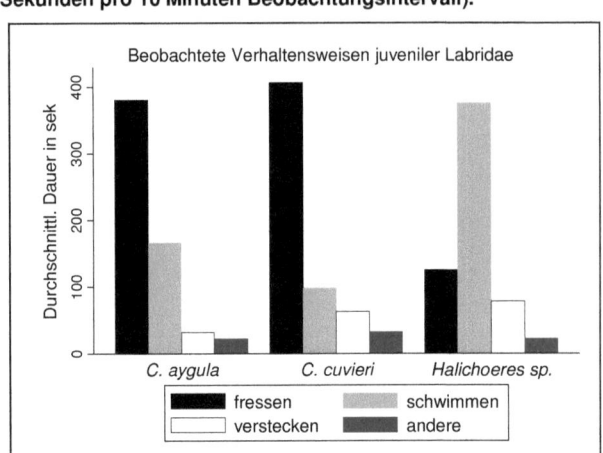

Die Verhaltensunterschiede zwischen den Juvenilstadien waren zum Teil auffallend. *C. cuvieri* fraß pro Intervall durchschnittlich um 6.65 % mehr als *C. aygula* und um 69.37 % mehr als *Halichoeres sp*. Die Unterschiede bezüglich der Schwimmrate fielen ebenso deutlich aus. *C. aygula* zeigte 75.20 % und *Halichoeres sp*. 295.70 % häufiger die Verhaltensweise "Schwimmen". Wenn man die Fressrate mit Kalorienaufnahme korreliert und die Schwimmaktivität mit Energieverbrauch gleichsetzt, hat die Art *C. cuvieri* im Vergleich die optimalste Energieausnutzung. Die Art zeigte die höchste Fressrate bei gleichzeitig geringster Schwimmaktivität.

1.3. Verhalten adulter Labridae

Adulte Tiere der beobachteten Arten zeigten sowohl unterschiedliche Präferenzen bezüglich Lebensraum und Standort, als auch deutliche Verhaltensunterschiede. Auch zwischen den beiden Arten *H. hortulanus* und *H. marginatus,* welche für den Zweck dieser Arbeit in eine Kategorie zusammengefasst wurden, gab es teilweise große Unterschiede. Dominante Männchen der Art *H. hortulanus* erreichen eine zu *C. cuvieri* vergleichbare Körpergröße, während *H. marginatus* im Durchschnitt etwas kleiner bleibt. Dieser Größenunterschied hat Auswirkungen auf das Sozial- und Feindvermeidungsverhalten. Streifen-Junker leben grundsätzlich versteckter und halten sich meist in der Brandungszone des Riffdachs auf. *H. marginatus* wird oft in losen Gruppen angetroffen, die sich aus Juvenilen und Tieren der Initialphase zusammensetzen. Erst beim Geschlechtswechsel gehen die Tiere zu einer solitären Lebensweise über. *H. hortulanus* hingegen lebt auch im Juvenilstadium solitär und besiedelt alle Zonen des Flachbereichs (in weniger als 15 m Tiefe). Dominante Sekundärmännchen aller beobachteten Arten patrouillieren ein großes Revier und verteidigen die darin lebenden Weibchen gegen Fortpflanzungskonkurrenten. Weibchen pflanzen sich einzeln oder in Haremsverbänden fort.

Diagramm 6: Durchschnittliche Dauer der vier beobachteten Verhaltensweisen von adulten Lippfischen (in Sekunden pro 10 min Beobachtungsintervall).

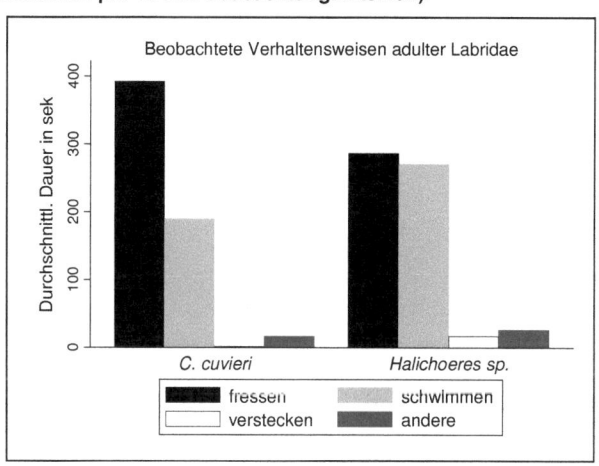

Für einen Vergleich zwischen den Adulten wurden zweiseitige t-Tests verwendet (keine Varianzgleichheit angenommen). Die Verhaltensweise "Fressen" wurde getestet. Der Unterschied zwischen den Arten *Halichoeres sp.* und *C. cuvieri* war signifikant (t = 4.659, FG = 130, $P_{(|T| > |t|)} < 0.001$, $P_{(T < t)} = 1.000$). Adulte *C. cuvieri* wenden deutlich mehr Zeit zum Fressen auf, als Tiere der Gattung *Halichoeres*.

Letztere zeigten 42.89 % häufiger die Verhaltensweise "Schwimmen" und suchten deutlich häufiger Verstecke auf. Adulte *C. cuvieri* suchten in insgesamt 4 der 66 Beobachtungsintervalle ein Versteck auf. Das Fluchtverhalten wurde kurzzeitig durch die Anwesenheit großer Prädatoren (*Epinephelus sp.* und *Variola louti*) ausgelöst.

1.4. Interaktionen

Interaktionen wurden in der Verhaltenskategorie "Andere" dokumentiert. Nicht durch das Ethogramm (siehe Tabelle 9) festgelegte Verhaltensweisen wurden insgesamt vernachlässigbar wenig beobachtet. Die Gesamtzeit der inter- und intraspezifischen Kontakte fiel bei allen beobachteten Arten durchschnittlich kurz aus. Es gab jedoch große Unterschiede in der Dauer der verschiedenen Interaktionen. Putzkontakte mit *L. dimidiatus* oder *L. quadrilineatus* dauerten länger als aggressive Begegnungen zwischen Besitzern angrenzender Territorien. Auch das Balzverhalten adulter Tiere konnte oft über einen längeren Zeitraum hinweg beobachtet werden. Normalerweise dauerten die Interaktionen jedoch nur wenige Sekunden.

C. cuvieri zeigte im Juvenilstadium mit durchschnittlich 32.64 Sekunden pro Intervall die längsten Interaktionen, was sich auf die offene Lebensweise der Art zurückführen lässt. Juvenile *C. aygula* und *Halichoeres sp.* leben heimlicher und versteckter, dennoch wurden auch hier zahlreiche Interaktionen festgehalten. Die Tiere sind großer Aggressivität benachbarter Territoriumsbesitzer ausgesetzt. Beide Arten leben als juvenile oft in losen Gruppen, zum Teil gemeinsam mit Individuen anderer Arten. Mehrere Tiere unterschiedlicher Arten teilen sich somit oft ein Territorium mit begrenzten Ressourcen, was zu gesteigerter Konkurrenz führt.

Alle Interaktionen können in die Kategorien Fressfeinde, Nahrungs-, Raum- und Fortpflanzungskonkurrenten eingeteilt werden (siehe Diagramm 8). Da Juvenile noch nicht geschlechtsreif sind, handelt es sich bei intraspezifischen Interaktionen meist um Nahrungs- und Raumkonkurrenz. In der Gesamtzeit der Beobachtungen aller Arten und Stadien wurde ein einziges Mal das Auffressen eines Beobachtungsobjektes dokumentiert. Ein juveniler Spiegelfleck-Junker wurde hierbei von einer Meerbarbe der

Art *Parupeneus cyclostomus* erbeutet. Lippfische sind rasche Schwimmer und sehr aufmerksam in der Feindvermeidung. Korallenfische leben häufig ortstreu und verteidigen ihre Reviere. Territorialverhalten ist jedoch sehr kostenaufwendig. Eine Verteidigung des Lebensraumes rentiert sich nur, wenn territoriale Individuen Nutzen daraus ziehen, etwa durch besseren Zugang zu Nahrung. Revierbesitzer profitieren auch vom sogenannten "dear-enemy-Phänomen" (ALCOCK 2009). Dies besagt, dass vertraute Nachbarn nicht so intensiv miteinander um Territoriumsgrenzen kämpfen wie fremde Individuen. So reduzieren beteiligte Tiere ihren Energieaufwand. Vertreter verschiedener Arten vertreiben bisweilen gemeinsam Nahrungskonkurrenten und Prädatoren. Hierbei wird von "sozialer Verteidigung" gesprochen. Angriffe auf Fressfeinde haben immer Anpassungswert da Räuber weniger häufig in Territorien wehrhafter Beute eindringen. Viele Prädatoren sind wie die meisten Korallenfische ortstreu und lernen gewisse Riffabschnitte zu meiden. Aus diesem Grund zeigen viele Korallenfische Drohgebärden und "vorbeugende Angriffe" (FRICKE 1976).

1.4.1. Interaktionen juveniler Labridae

Die Gesamtzahl aller Interaktionen unterschied sich zwischen den Arten nur wenig. Diagramm 7 zeigt die prozentuale Verteilung der Interaktionen auf die verschiedenen Familien. Bei allen drei beobachteten Arten fielen die häufigsten Interaktionen auf Pomacentridae und Labridae. Die meisten Pomacentridae sind herbivor, sehr territorial und aggressiv gegenüber anderen Riffbewohnern. Die beobachteten Arten wurden häufig während ihrer Futtersuche aus den Revieren der kleinen Riffbarsche vertrieben. Bei überlappenden Territorien kam es oft mehrfach hinter einander zu aggressiven Interaktionen zwischen denselben Individuen. Pomacentridae stellen auf Grund ihrer meist herbivoren Ernährung mehr Raum-, als Nahrungskonkurrenten für juvenile Labridae dar. Da viele Lippfische Gelegeräuber sind, werden sie von den Korallenfischen aus ihren Territorien mit großer Aggressivität vertrieben.

Viele Lippfische stellen direkte Nahrungskonkurrenten der untersuchten Arten dar. Die meisten Labridae ernähren sich von Invertebraten, die im Sand oder zwischen Korallenspalten aufgestöbert werden. Korallenfische stehen unter enormen Raum-,

Nahrungs- und Prädationsdruck, weshalb sie ihre begrenzten Ressourcen unter großem Energieaufwand verteidigen. Viele kleinere Labridae-Arten leben heimlich und versteckt zwischen Korallenästen. Beim Verlust ihres Territoriums haben sie nur geringe Überlebenschancen.

Rund 32 % der Interaktionen von *C. cuvieri* fielen auf *Thalassoma rueppellii* (n = 44). Beide Arten ernähren sich von benthischen Invertebraten. *T. rueppellii* ist durchschnittlich der häufigste Lippfisch im Untersuchungsgebiet und kommt durchwegs im selben Habitat wie *C. cuvieri* vor (siehe Abbildung 39 A und Kapitel 4. Diversitätsstudie). Insgesamt 16 Interaktionen wurden mit *Pseudocheilinus hexataenia* beobachtet. *C. cuvieri* teilt sich den Lebensraum mit den kleinen, aber sehr territorialen Lippfischen. *P. hexataenia* ist der dritthäufigste Lippfisch im Untersuchungsgebiet und zeigt dieselben Präferenzen bezüglich Habitat und Nahrung wie juvenile *C. cuvieri* (siehe Kapitel 4. Diversitätsstudie). Einige Putzkontakte mit *Labroides dimidiatus* wurden beobachtet (n = 5). Juvenile Afrika-Junker haben einen kleineren Aktionsradius als Adulte und suchen Putzerstationen außerhalb ihres Territoriums nur selten aktiv auf. Da *C. cuvieri* solitär lebt, im Juvenilstadium sehr ortstreu und gleichzeitig im Untersuchungsgebiet relativ selten ist, konnten keine intraspezifischen Interaktionen beobachtet werden.

Unter den Pomacentridae fielen die häufigsten Kontakte mit *C. cuvieri* auf *Pomacentrus albicaudatus* (n = 23) und *Chromis dimidiata* (n = 12). Beide Arten sind sehr territorial und ernähren sich herbivor. Sie stellen daher keine unmittelbaren Nahrungskonkurrenten von *C. cuvieri* dar. Insgesamt sieben Interaktionen wurden mit Vertretern von Serranidae beobachtet, drei davon mit der für *C. cuvieri* harmlosen Art *Pseudanthias squamipinnis*. Die große Schulen bildende Art frisst im Freiwasser Plankton und sucht nur bei drohender Gefahr den Schutz des Riffes auf. In der Gesamtzeit aller Verhaltensbeobachtungen wurden vier Interaktionen von *C. cuvieri* mit potentiellen Fressfeinden (*Variola louti* und *Cephalopholis hemistiktos*) dokumentiert. In allen Fällen blieben die Afrika-Junker unbehelligt bzw. konnten erfolgreich fliehen.

Diagramm 7: Prozentuale Verteilung der Interaktionen von juvenilen Labridae mit verschiedene Familien (n = Gesamtzahl beobachteter Interaktionen in 660 min).

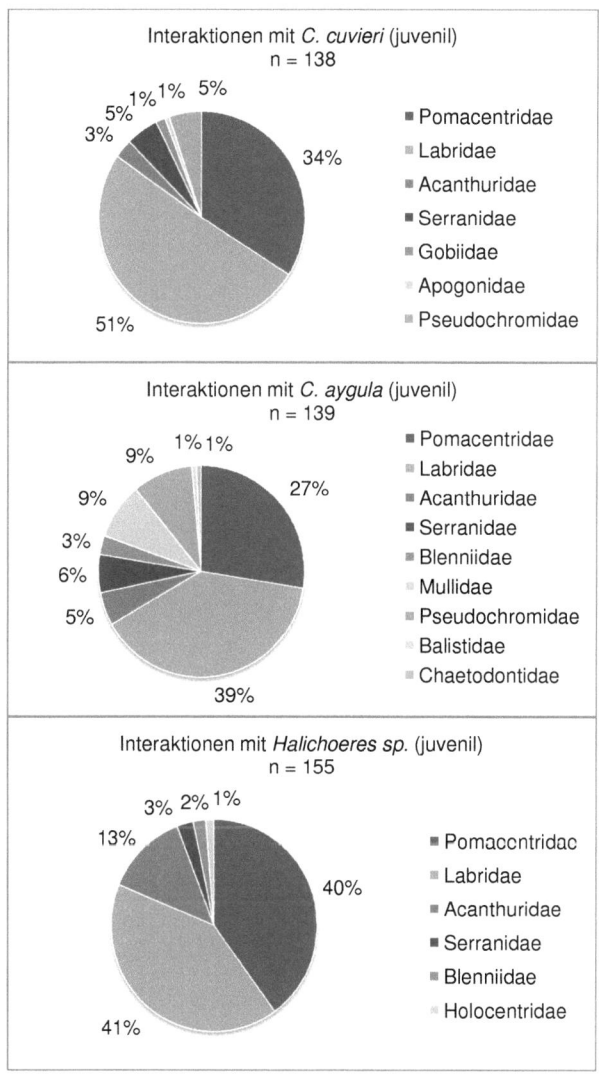

Diagramm 8: Verteilung der Interaktionen von juvenilen Labridae mit verschiedenen Fressfeinden und Konkurrenz-Klassen; R + N = Raum- und Nahrungskonkurrenten.

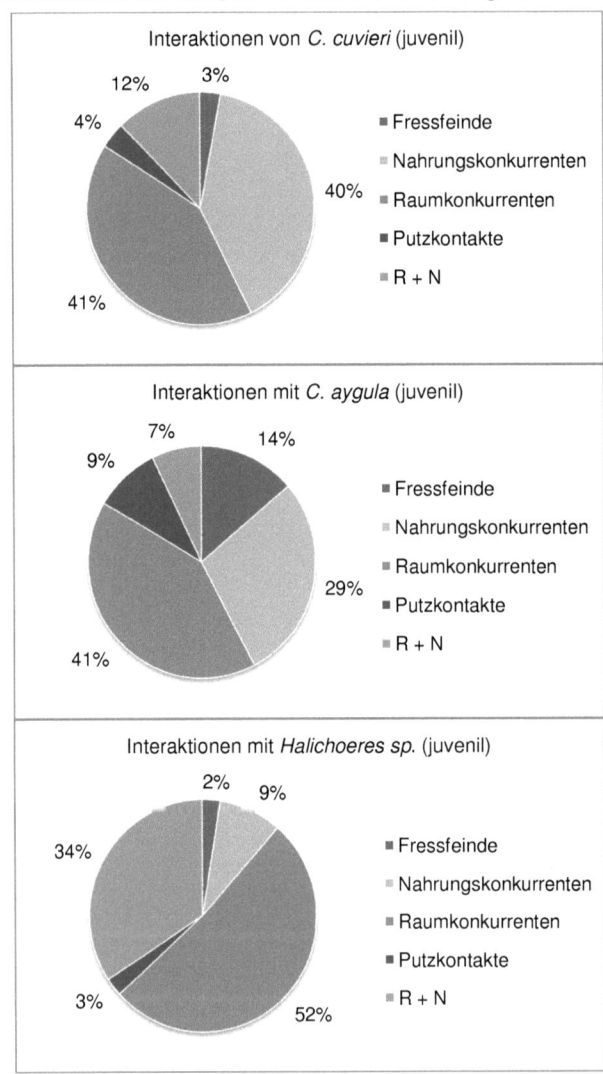

Auch bei juvenilen Tieren der Art *C. aygula* fielen die zahlreichsten Interaktionen auf Labridae. Wie bei *C. cuvieri* fielen die häufigsten Kontakte auf *P. hexataenia* (n = 15) und *T. rueppellii* (n = 10). Insgesamt 13 Putzkontakte mit *L. dimidiatus* wurden beobachtet. *C. aygula* kommt im Juvenilstadium regelmäßig in ortstreuen Kleingruppen vor. Mehrere juvenile Tiere teilen sich ein Territorium, in dem es häufig zu intraspezifischen Interaktionen kommt. Unter den Pomacentridae kam es mit *Plectroglyphidodon lacrymatus* (n = 12) und *Neoglyphidodon melas* (n = 8) zu zahlreichen Kontakten. Beide Arten sind sehr territorial und ernähren sich neben Algen auch von benthischen Invertebraten. Sie stellen somit direkte Nahrungskonkurrenten von *C. aygula* dar. Insgesamt wurden 12 Interaktionen mit Mullidae (Meerbarben) beobachtet, wobei sich alle auf die Art *Parupeneus cyclostomus* beschränkten (siehe Abbildung 39 B). *P. cyclostomus* ernährt sich von kleinen Fischen, die mit Barteln in Korallenspalten aufgestöbert werden. Ein Mal wurde das Erbeuten eines juvenilen Beobachtungsobjektes von *P. cyclostomus* beobachtet. Insgesamt acht Interaktionen mit Arten von Serranidae wurden dokumentiert. Davon fielen zwei auf die für die Lippfische harmlose Art *P. squamipinnis*. Es wurden sechs Interaktionen mit potentiellen Fressfeinden festgehalten (*Cephalopholis miniata* und *C. hemistiktos*).

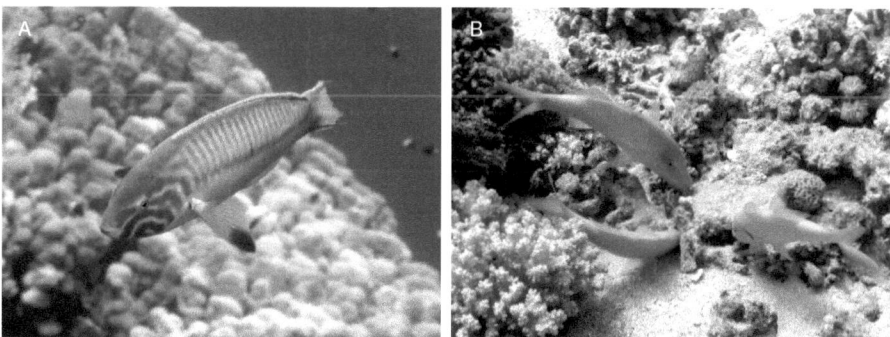

Abbildung 39: A – *Thalassoma rueppellii* ist der durchschnittlich häufigste Lippfisch im Untersuchungsgebiet; mit allen beobachteten Arten kam es zu zahlreichen Interaktionen; B – gelbe Farbphase von *Parupeneus cyclostomus*; die Art frisst hauptsächlich kleine Fische, welche mit Barteln zwischen Korallenspalten aufgestöbert werden; Ägypten, Rotes Meer.

Bei juvenilen Tieren der Gattung *Halichoeres* wurden rund 10 % mehr Interaktionen gezählt, als bei *C. cuvieri* und *C. aygula*. Die meisten Kontakte fielen wiederum auf Labridae, gefolgt von Pomacentridae. Unter den Lippfischen kam es mit *T. rueppellii* (n = 27) zu den häufigsten Interaktionen. Insgesamt 23 intraspezifische Interaktionen wurden dokumentiert. *H. marginatus* kommt im Juvenilstadium ähnlich wie *C. aygula* in Kleingruppen und zum Teil sehr begrenztem Lebensraum vor. Es wurde ein Putzkontakt mit *L. dimidiatus* beobachtet. Die beobachteten Tiere hielten sich meist im Flachbereich auf, während *L. dimidiatus* durchschnittlich etwas tiefer vorkam (siehe Kapitel 4. Diversitätsstudie). Unter den Pomacentridae kam es mit *P. lacrymatus* (n = 33) zu den häufigsten Kontakten. Die territorialen Riffbarsche sind direkte Nahrungskonkurrenten von *Halichoeres sp.* Insgesamt 20 Interaktionen wurden mit Doktorfischen der Familie Acanthuridae (alle mit der Art *A. nigrofuscus*) gezählt. Die herbivore Art fällt in Schulen über Algengärten her und wird daher von vielen Riffbewohnern aggressiv vertrieben. Vier Interaktionen mit Serranidae (alles potentielle Fressfeinde von *Halichoeres sp.*) wurden verzeichnet.

1.4.2. Interaktionen adulter Labridae

C. cuvieri zeigte eine deutlich höhere Anzahl Interaktionen als *Halichoeres sp.* im Adultstadium. Dominante Afrika-Junker patrouillieren ein großes Gebiet und sind weniger standorttreu als *Halichoeres sp.* Dadurch werden sie häufiger von territorialen Riffbewohnern angegriffen. Diagramm 9 zeigt die prozentuale Verteilung der Interaktionen zwischen beobachteten Adulten und anderen Familien. Bei beiden beobachteten Arten fielen, wie bei juvenilen Tieren, die häufigsten Interaktionen auf Pomacentridae und Labridae.

Unter den Lippfischen wurden bei *C. cuvieri* die häufigsten Interaktionen mit *L. dimidiatus* (n = 32) beobachtet. Adulte Tiere suchen häufig und für einen längeren Zeitraum Putzerstationen auf, wofür sie bisweilen weite Distanzen schwimmen und ihr Territorium verlassen. Insgesamt wurden 12 Interaktionen mit *T. rueppellii*, sowie sieben intraspezifische Kontakte dokumentiert. Hierbei handelte es sich meist um Balz- und Territorialverhalten dominanter Männchen.

Diagramm 9: Prozentuale Verteilung der Interaktionen von adulten Labridae mit verschiedene Familien (n = Gesamtzahl beobachteter Interaktionen).

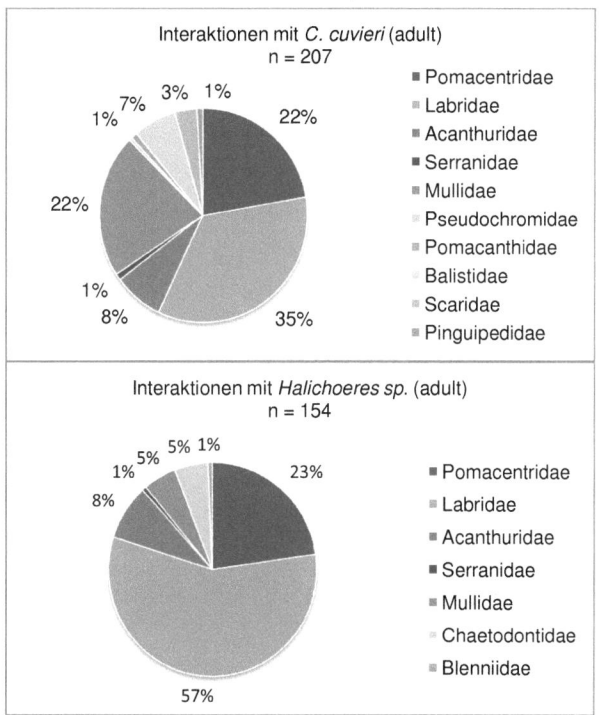

Insgesamt kam es bei *C. cuvieri* zu 46 Interaktionen mit Pomacentridae, wobei 74 % auf *P. albicaudatus* fielen. Die sehr aggressiven Riffbarsche vertreiben alle Eindringlinge aus ihren Territorien, auch wenn es sich nicht um direkte Nahrungskonkurrenten handelt. Die insgesamt häufigsten Interaktionen von *C. cuvieri* wurden mit der Mullidae-Art *Parupeneus forsskali* (n = 39) gezählt. Beide Arten suchen nach im Sand lebenden Invertebraten. *C. cuvieri* folgt den Meerbarben, um an freigelegte Beute zu gelangen (siehe Abbildung 40 B). Viele Lippfische wenden diese Methode an, um aufgewirbelte Invertebraten zu erhaschen. Größere, im Sand wühlende Tiere wie Rochen und unachtsame Taucher werden oft von einer Schar Lippfische verfolgt (ORMOND 1980). Adulte *C. cuvieri* fressen im Flachwasser auch häufig zwischen größeren Ansammlungen der Art *A. nigrofuscus*, wobei es regelmäßig zu Interaktionen kommt (n = 14). Die Doktorfische zupfen Algen und Partikel vom Substrat und stellen daher keine direkten Nahrungskonkurrenten der Afrika-Junker dar. Die Einzelgänger könnten jedoch von einem geringeren Prädationsrisiko profitieren, wenn sie sich unter die zum Teil sehr großen Schulen der Doktorfische mischen. In allen Intervallen wurden insgesamt zwei Interaktionen mit Serranidae (*Cephalopholis argus* und *C. hemistiktos*) beobachtet. Adulte *C. cuvieri* erreichen eine beträchtliche Größe und sind daher größtenteils vor Prädation durch Riffbarsche geschützt.

Abbildung 40: A – *Coris cuvieri* (im Vordergrund mit weißem Stirnbereich) beim Fressen mit mehreren Doktorfischen der Art *Acanthurus nigrofuscus*; B – *C. cuvieri* gemeinsam mit einem Rotmeer-Junker (*Thalassoma rueppellii*) und einer Meerbarbe (*Parupeneus forsskali*); C – ein Rochen der Art *Taeniura lymma* mit *Bodianus anthioides*, *Halichoeres hortulauns* und weiteren Korallenfischen; D – *T. lymma* mit *Cheilinus lunulatus* (ausgefranste Caudalis) und *H. hortulanus* (gelber Punkt unter der Dorsalis); Ägypten, Rotes Meer.

Die häufigsten Interaktionen bei *Halichoeres sp.* waren intraspezifischer Art (n = 33). Adulte Tiere kommen häufig gemeinsam mit Juvenilen vor. Erst beim Eintritt in die dominante Adultphase nehmen die Tiere eine einzelgängerische Lebensweise an. Insgesamt wurden 27 Interaktionen mit *T. rueppellii* beobachtet, gefolgt von 9 Putzkontakten mit *L. dimidiatus*. Adulte *C. cuvieri* suchten wesentlich häufiger Putzerlippfische auf als *Halichoeres sp.*

Insgesamt kam es zu 35 Interaktionen adulter *Halichoeres sp.* mit Pomacentridae, wobei die zahlreichsten auf *Stegastes lividus* (n = 9), *N. melas* (n = 8) und *Pomacentrus leptus* (n = 7) fielen. *Halichoeres sp.* teilt den Lebensraum im Riffdach mit den sehr territorialen Riffbarschen. Regelmäßige Interaktionen mit *A. nigrofuscus* (n = 12) und *P. forsskali* (n = 8) wurden beobachtet. *Halichoeres sp.* sucht wie *C. cuvieri* im Schutz größerer Ansammlungen der beiden Arten nach Futter. Eine Interaktion mit einem potentiellen Fressfeind (*C. hemistiktos*) wurde festgehalten.

1.5. Durchschnittliche Fressrate

Für die Ermittlung der Effizienz der Nahrungsaufnahme wurde die durchschnittliche Fressrate der beobachteten Arten pro Intervall bestimmt. Unterschiede bezüglich bevorzugter Nahrung wurden nicht berücksichtigt. Adulte *C. cuvieri* zeigten die höchste Fressrate mit 205.4 Mal "Fressen" pro Intervall, gefolgt von juvenilen *C. cuvieri* mit 145.8 "Fressen" pro Intervall. Die Rate von *C. cuvieri* lag im Vergleich um 68.75 % höher als bei *C. aygula* und um 82.83 % höher als bei *Halichoeres sp.*

Tabelle 17: Durchschnittliche Fressrate (in Sekunden) aller beobachteten Arten und Stadien pro 10 Minuten Beobachtungsintervall (± s); A = Adultstadium, J = Juvenilstadium.

C. cuvieri (J)	*Halichoeres sp.* (J)	*C. aygula* (J)
145.8 ± 35.7	25.5 ± 6.7	46.4 ± 18.8
C. cuvieri (A)	*Halichoeres sp.* (A)	
205.4 ± 17.72	109.1 ± 19.35	

Die zum Teil großen Standardabweichungen der Fressrate sind auf große individuelle Unterschiede der beobachteten Fische zurückzuführen. Die Häufigkeit von inter- und intraspezifischen Interaktionen, der Beobachtungsplatz, die Tiefe, sowie Jahres- und Tageszeit haben neben der Körpergröße Einfluss auf das Fressverhalten der Tiere.

Adulte *Halichoeres sp.* zeigten eine durchschnittliche Rate von 109.1 Mal "Fressen" pro Beobachtungsintervall. Um die Unterschiede der Fressrate von adulten Tieren zu prüfen, wurden zweiseitige t-Tests verwendet (keine Varianzgleichheit angenommen). Das Ergebnis zeigte signifikante Unterschiede zwischen *C. cuvieri* und *Halichoeres sp.* im Adultstadium (t = 11.605, FG = 17.862, $P_{(|T| > |t|)} < 0.001$, $P_{(T < t)} = 1.000$).

Diagramm 10: Durchschnittliche Fressrate aller Arten und Entwicklungsstadien pro Beobachtungsintervall (± s).

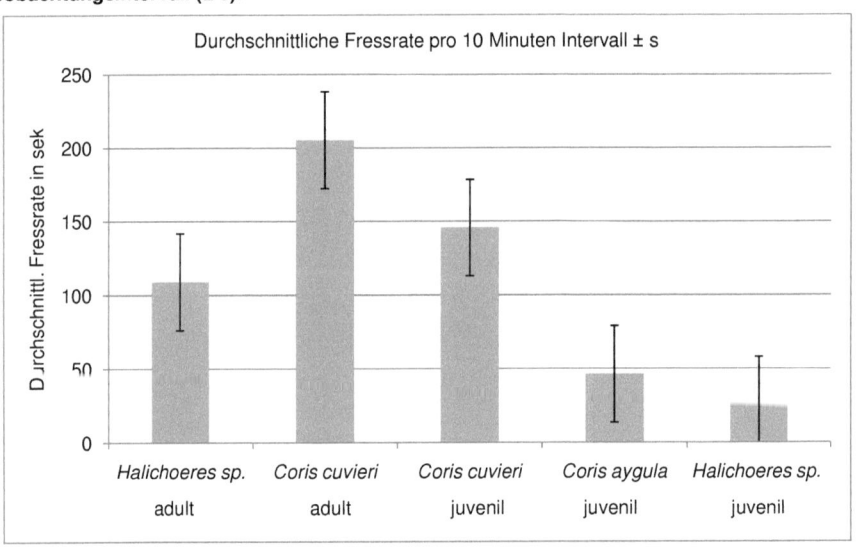

Im Vergleich zu *C. cuvieri* lag die durchschnittliche Fressrate bei juvenilen *C. aygula* bei 46.4 pro Intervall und bei juvenilen *Halichoeres sp.* bei 25.5 pro Intervall. Um die Unterschiede zwischen juvenilen *C. cuvieri* und *C. aygula* zu prüfen wurden zweiseitige t-Tests verwendet (keine Varianzgleichheit angenommen). Die Ergebnisse

zeigten zwischen den beiden Arten signifikante Unterschiede (t = -7.788, FG = 13.651, $P_{(|T| > |t|)}$ < 0.001, $P_{(T > t)}$ = 1.000), ebenso wie zwischen juvenilen *C. cuvieri* und *Halichoeres sp.* (t = 10.476, FG = 9.627, $P_{(|T| > |t|)}$ < 0.001, $P_{(T < t)}$ = 1.000).
Berücksichtigt man ausschließlich die Fressrate und setzt man den Anteil der Verhaltensweise "Schwimmen" mit Energieverbrauch gleich, so verhalten sich Individuen der Art *C. cuvieri* in optimaler Weise. Durch eine Maximierung der Kalorienzufuhr (durch eine hohe Fressrate) wird ihre Fitness maximiert. Die Tiere haben einen optimalen Netto-Energiegewinn, der durch gesteigerte Nahrungsaufnahme bei gleichzeitiger Risikominimierung gewährleistet wird.

1.6. Verhaltensbeeinflussende Umweltfaktoren

Umwelteinflüsse haben neben endogenen Rhythmen großen Einfluss auf das Verhalten von Fischen. Die spezifischen Wechselbeziehungen zwischen den Arten und ihrer Umwelt haben großen Anteil an der Ausbildung der Artenvielfalt im Korallenriff (BONE et al. 1996, SCHUHMACHER 1988). Im Folgenden sollen einige Variablen bezüglich ihres Einflusses auf das Verhalten der beobachteten Arten untersucht werden.

1.6.1. Jahresperiodik

Die Verhaltensbeobachtungen fanden über einen Zeitraum von zwei Jahren, von November 2008 bis November 2010 statt. Die Wassertemperatur schwankte im Jahresverlauf um 8 °C (von 21 °C bis 29 °C). Nur an einigen wenigen Tagen wurden Spitzentemperaturen von über 30 °C beziehungsweise Niedrigstwerte von unter 20 °C gemessen. Basierend auf den durchschnittlichen Wasser- und Lufttemperaturen wurde das Jahr in Tertiale eingeteilt (siehe Tabelle 7). Alle vier Verhaltensweisen waren bei den beobachteten Arten jahreszeitlichen Schwankungen unterworfen. Für die statistische Analyse wurde die am häufigsten gezeigte Verhaltensweise "Fressen" getestet, welche die stärksten Abweichungen zwischen den Jahresabschnitten zeigte.

Diagramm 11: Durchschnittliche Dauer beobachteter Verhaltensweisen von juvenilen *C. cuvieri* im Jahresverlauf (in Tertiale eingeteilt).

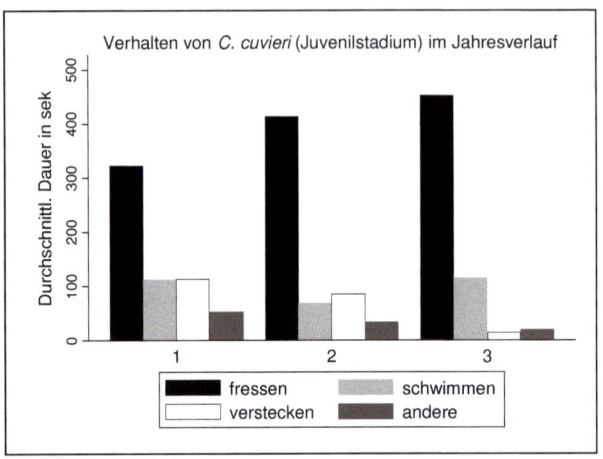

Um jahreszeitliche Unterschiede bezüglich der zum Fressen aufgewandten Zeit von *C. cuvieri* festzustellen, wurden zweiseitige t-Tests verwendet (keine Varianzgleichheit angenommen). Die Ergebnisse zeigten zwischen Tertial 1 und 2 (t = -2.807, FG = 12.713, $P_{(|T| > |t|)}$ = 0.015, $P_{(T > t)}$ = 0.992), sowie zwischen Tertial 2 und 3 (t = -2.066, FG = 56.920, $P_{(|T| > |t|)}$ = 0.043, $P_{(T > t)}$ = 0.978) signifikante Unterschiede. Die durchschnittliche zum Fressen aufgewandte Zeit stieg bei *C. cuvieri* im Jahresverlauf um rund 45 %. Es scheint einen direkten Zusammenhang der Fressaktivität von *C. cuvieri* mit der Jahreszeit bzw. der Wassertemperatur zu geben.

Auch bei juvenilen *C. aygula* und *Halichoeres sp.* schwankte die Fressaktivität der beobachteten Fische im Jahresverlauf. Die Ergebnisse für *C. aygula* zeigten zwischen Tertial 1 und 2 (t = -25.449, FG = 23.299, $P_{(|T| > |t|)}$ > 0.001, $P_{(T > t)}$ = 1.000), sowie zwischen Tertial 2 und 3 (t = 4.919, FG = 23.588, $P_{(|T| > |t|)}$ > 0.001, $P_{(T < t)}$ = 1.000) signifikante Unterschiede. Spiegelfleck-Junker zeigten im Gegensatz zu anderen Arten im zweiten Jahresabschnitt die größte Fressaktivität. Alle Arten wandten in Tertial 1 durchschnittlich am wenigsten Zeit zum Fressen auf.

Die Ergebnisse für *Halichoeres sp.* zeigten zwischen Tertial 1 und 2 (t = -2.103, FG = 42.628, $P_{(|T| > |t|)} > 0.041$, $P_{(T > t)} = 0.979$) signifikante Unterschiede, hingegen zeigte das Ergebnis des t-Tests keinen Unterschied zwischen Tertial 2 und 3 (t = -0.799, FG = 43.596, $P_{(|T| > |t|)} = 0.428$, $P_{(T > t)} = 0.785$).

Diagramm 12: Durchschnittliche zum Fressen aufgewandte Zeit (in Sekunden pro 10 Minuten Intervall) aller juvenilen Fische im Jahresverlauf (in Tertiale eingeteilt).

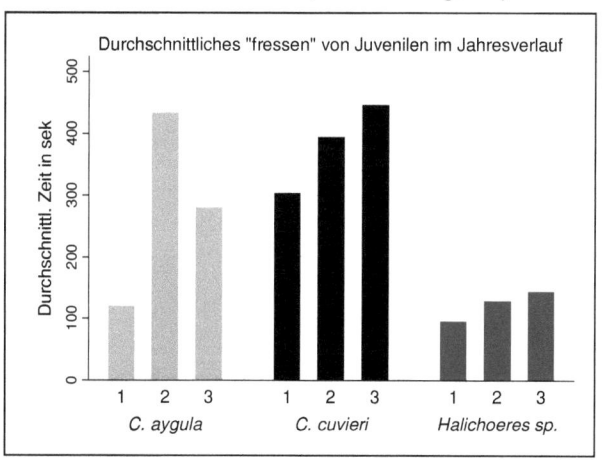

Durchschnittlich stieg die Fressaktivität aller beobachteten Fische im Jahresverlauf an. Dies scheint mit Unterschieden im Nahrungsangebot und weiteren Umweltfaktoren korreliert zu sein. Mit steigender Wassertemperatur wurde eine größere Anzahl juveniler Tiere im Untersuchungsgebiet dokumentiert (siehe Kapitel 4. Diversitätsstudie). Im nördlichen Roten Meer pflanzen sich die meisten Korallenfische zwar ganzjährig fort, dennoch gibt es Zeiten verstärkter Fortpflanzungsaktivität. Dies hat erhöhte Raum- und Nahrungskonkurrenz in bestimmten Jahreszeiten zur Folge. Im Sommer verlängert sich die aktive Zeit der Lippfische durch eine längere Photoperiode. Die Anzahl an Lichtstunden variiert im Jahresverlauf um bis zu 4 Stunden. Die längere Photoperiode wirkt sich im Sommer positiv auf die Planktonproduktion und im weiteren Verlauf auf die gesamte Nahrungskette im Korallenriff aus.

1.6.2. Diurnale Rhythmen

Die Verhaltensbeobachtungen fanden bei Tageslicht zwischen 8.00 Uhr und 18.00 Uhr statt. Alle Beobachtungen für die vorliegende Arbeit wurden bei direktem Sonnenlicht durchgeführt, da der Aktivitätszyklus der Lippfische daran gekoppelt ist. Alle Labridae sind tagaktiv und ziehen sich nachts in Verstecke zurück bzw. graben sich in Sand ein. Das Einstellen aller Schwimm- und Fressaktivität wurde mehrmals gegen Sonnenuntergang beobachtet. Für eine Zuordnung der Ergebnisse wurde der Tagesverlauf in drei Abschnitte eingeteilt (siehe Tabelle 7).

Diagramm 13: Durchschnittliche Dauer beobachteter Verhaltensweisen (in Sekunden pro 10 Minuten Intervall) von juvenilen *C. cuvieri* im Tagesverlauf (in 3 Abschnitte eingeteilt).

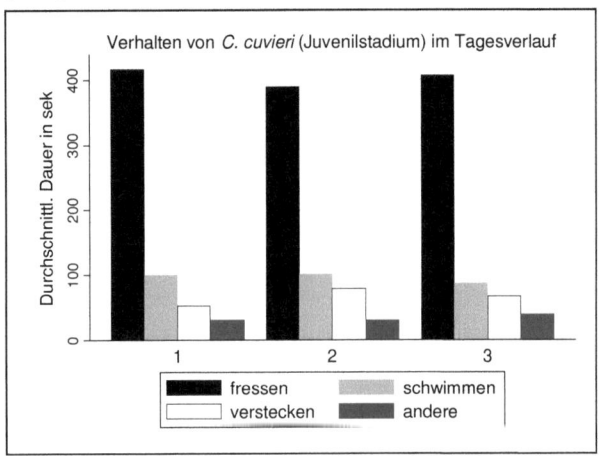

Für die statistische Analyse wurde die am häufigsten gezeigte Verhaltensweise "Fressen" getestet. Um tageszeitliche Unterschiede bezüglich der zum Fressen aufgewandten Zeit von *C. cuvieri* festzustellen, wurden zweiseitige t-Tests verwendet (keine Varianzgleichheit angenommen). Die Ergebnisse zeigten zwischen Abschnitt 1 und 2 (t = 0.816, FG = 48.948, $P_{(|T| > |t|)}$ = 0.418, $P_{(T < t)}$ = 0.791) und zwischen Abschnitt 2 und 3 (t = 1.035, FG = 45.058, $P_{(|T| > |t|)}$ = 0.306, $P_{(T < t)}$ = 0.846) keine signifikanten Unterschiede. Die Tagesaktivität von *C. cuvieri* bezüglich der zum Fressen aufgewandten Zeit ist nur geringfügigen Schwankungen unterworfen. Auch die weiteren beobachteten Verhaltensweisen zeigten nur geringe Abweichungen im Tagesverlauf.

Bei juvenilen *C. aygula* und *Halichoeres sp.* unterlag die Fressaktivität der beobachteten Fische im Tagesverlauf ebenso geringfügigen Schwankungen. Für *C. aygula* zeigten die Ergebnisse zwischen Abschnitt 1 und 2 (t = 1.235, FG = 29.609, $P_{(|T| > |t|)}$ = 0.226, $P_{(T < t)}$ = 0.886) und zwischen Abschnitt 2 und 3 (t = 1.981, FG = 16.877, $P_{(|T| > |t|)}$ = 0.064, $P_{(T < t)}$ = 0.968) keine signifikanten Unterschiede. Durchschnittlich wurde bei Spiegelfleck-Junkern jedoch ein deutlicher Unterschied in der Fressaktivität zwischen Vor- und Nachmittagsstunden festgestellt. Bei den anderen untersuchten Arten wurde dies nicht beobachtet.

Die Ergebnisse von *Halichoeres sp.* zeigten zwischen Abschnitt 1 und 2 (t = 1.872, FG = 76.535, $P_{(|T| > |t|)}$ = 0.064, $P_{(T < t)}$ = 0.967) keine signifikanten Unterschiede, hingegen schon zwischen Abschnitt 2 und 3 (t = - 2.563, FG = 76.739, $P_{(|T| > |t|)}$ =0.012, $P_{(T > t)}$ = 0.993). Die durchschnittliche zum Fressen aufgewandte Zeit von *Halichoeres sp.* unterschied sich zwischen den Tagesabschnitten jedoch nur wenig.

Diagramm 14: Durchschnittliche zum Fressen aufgewandte Zeit (in Sekunden pro 10 Minuten Intervall) aller beobachteten Juvenilen im Tagesverlauf (in 3 Abschnitte eingeteilt).

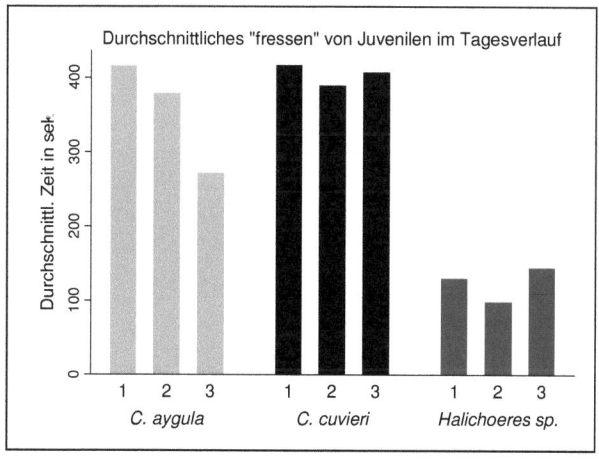

1.6.3. Tiefe und Habitat

Die beobachteten Arten zeigten große Unterschiede bezüglich ihres bevorzugten Habitats und Tiefe. Während die gemessenen Werte bei *Halichoeres sp.* und *C. aygula* relativ gering gestreut waren, schwankten die Beobachtungstiefen von *C. cuvieri* sehr. Die gemessenen Werte von juvenilen Tieren lagen zwischen 5.5 m und 22 m. Juvenile Afrika-Junker wurden im Untersuchungsgebiet bis in eine maximale Tiefe von 33 m dokumentiert. Diese Beobachtungen wurden für die Datenaufnahme jedoch nicht berücksichtigt. Alle Verhaltensbeobachtungen der vorliegenden Studie wurden aus Sicherheitsgründen von 0.5 m bis maximal 22 m Tiefe durchgeführt.

Die Häufigkeit von *C. cuvieri* im Juvenilstadium war schwach positiv mit der Tiefe korreliert (Korrelationskoeffizient r = 0.036). In größeren Tiefen wurde *C. cuvieri* durchschnittlich häufiger beobachtet. Bei *C. aygula* (r = 0.001) und *Halichoeres sp.* (r = -0.013) konnte dieser lineare Zusammenhang nicht nachgewiesen werden. *C. cuvieri* kommt in allen Entwicklungsstadien in unterschiedlichen Tiefen vor, bevorzugt jedoch durchschnittlich tiefere Standorte.

Diagramm 15: Abundanz-Tiefen Korrelation beobachteter Arten (im Juvenilstadium).

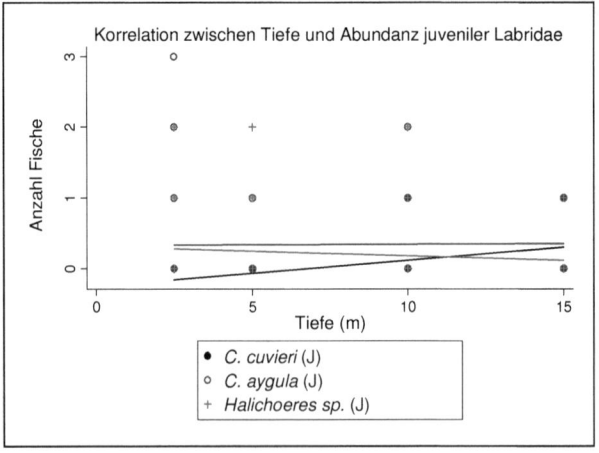

C. cuvieri hielt sich im Juvenilstadium durchschnittlich 48.9 % tiefer als C. aygula und 82.3 % tiefer als Halichoeres sp. auf. In untiefen Riffabschnitten (weniger als 5 m Tiefe) wurden während der gesamten Datenaufnahme keine juvenilen C. cuvieri angetroffen. Adulte hingegen kamen relativ gleichmäßig verteilt zwischen 0.5 m und 20 m Tiefe vor. Adulte Afrika-Junker haben einen großen Aktionsradius. Sie schwimmen oft beträchtliche Distanzen und suchen abwechselnd oberflächennahe und tiefere Bereiche auf. C. cuvieri sucht im Adultstadium häufig flache Lagunen und Schuttflächen auf, um dort nach Nahrung zu suchen.

Tabelle 18: Durchschnittliche gemessene Tiefe (in Metern) aller beobachteten Arten und Entwicklungsstadien (± s); A = Adultstadium, J = Juvenilstadium.

C. cuvieri (J)	Halichoeres sp. (J)	C. aygula (J)
10.32 m ± 14.31	1.83 m ± 1.56	5.27 m ± 2.59
C. cuvieri (A)	Halichoeres sp. (A)	
7.24 m ± 5.98	2.3 m ± 2.19	

C. aygula wurde relativ homogen verteilt bis in eine maximale Tiefe von 10.5 m beobachtet. Halichoeres sp. wurde sowohl im Adult- als auch im Juvenilstadium niemals in mehr als 12 m Tiefe angetroffen. Innerhalb der Gattung Halichoeres gab es deutliche Unterschiede. H. hortulanus kam durchschnittlich in größerer Tiefe vor als H. marginatus. Streifen-Junker wurden meist im Riffdach oder an der Riffkante im unmittelbaren Flachbereich angetroffen, während Schachbrett-Junker tiefere Bereiche besiedeln (siehe Diagramm 17).

Juvenile vieler Arten sind auf einen bestimmten Lebensraum spezialisiert und besiedeln erst im Adultstadium größere und auch tiefere Bereiche im Korallenriff. Einige Lippfische bleiben ihr ganzes Leben auf bestimmte Tiefen spezialisiert (siehe Diagramm 17 und Kapitel 4. Diversitätsstudie). Die Präferenzen hängen vom Nahrungs- und Raumangebot, Unterschieden im Bewuchs, sowie weiteren Umweltfaktoren wie beispielsweise Strömungsexposition und Temperatur zusammen. Mit dem Geschlechtswechsel und der damit verbundenen gesteigerten Dominanz vergrößern sich häufig das beanspruchte Territorium und der Aktionsradius der Tiere. Bei einigen Arten hängt die Verbreitung vom Vorhandensein von Artgenossen ab, da sich juvenile unter Schulen adulter Tiere mischen.

Diagramm 16: Durchschnittliche Abundanz beobachteter Arten und Entwicklungsstadien in unterschiedlichen Tiefen (von 0.5 m bis 22 m Tiefe).

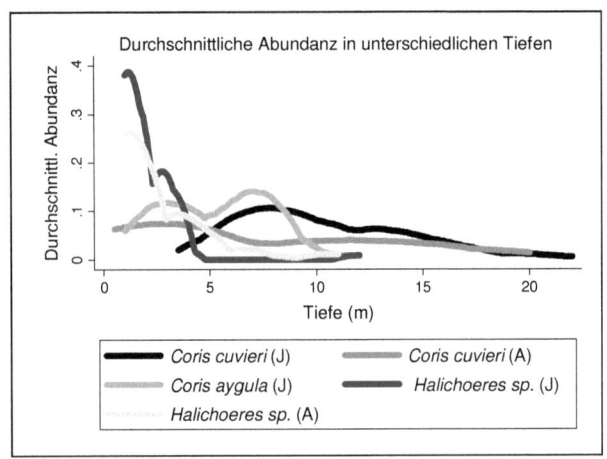

1.6.4. Beobachtungsplatz

Die Arten wurden an insgesamt 9 verschiedenen Beobachtungsplätzen (siehe Abbildung 38) beobachtet und gefilmt. Die Standorte variierten von sandigen, lagunenartigen Riffen mit einzelnen Korallenblöcken bis zu vertikal abfallenden Steilhängen. Bei allen Riffabschnitten handelte es sich um Saumriffe, welche im Golf von Aquaba typisch sind.

Abhängig von ihrer geographischen Ausrichtung sind die Abschnitte unterschiedlicher Strömungsexposition und Wellenbewegung ausgesetzt. Windstärke und Gezeitenstand haben besonders im Flachwasser und an der Riffkante große Auswirkungen auf die Verhältnisse.

An allen Beobachtungsplätzen dominierte Hartkorallenbewuchs, wobei Vertreter der Familien Faviidae (Hirnkorallen), Acroporidae (Geweih- und Astkorallen) und Poritidae

(Porenkorallen) am häufigsten waren. Der durchschnittliche Hartkorallenbewuchs lag bei 25.6 %. Die Geweihkorallen-Gattung *Acropora* war hierbei am häufigsten vertreten. Die Weichkorallen-Bedeckung lag durchschnittlich bei 1.25 %, wobei Xeniidae (Straußenfeder-Weichkorallen) mit Abstand die größte Gruppe ausmachten. Der Beobachtungsplatz "Gabr el Bint" zeigte mit 40.42 % Hartkorallen- und 5.42 % Weichkorallenbewuchs den jeweils höchsten Prozentsatz. Der Standort "Moray Garden" wies mit 21.88 % und 0 % die geringste Hartkorallen- und Weichkorallen-Bedeckung auf (ALTER 2010, unveröffentlichte Daten).

Tabelle 19: Charakterisierung der untersuchten Riffabschnitte. Bei allen Beobachtungsplätzen handelt es sich um für das nördliche Rote Meer typische Saumriffe (SG = Sandgrund, KB = Korallenblöcke, S = Strömung, WB = Wellenbewegung).

Beobachtungsplatz	Riff-Typ	Charakterisierung
Blue Hole (BH)	vertikal abfallende Steilwand	mäßige S und WB
Canyon (C)	sanft abfallendes Riff mit SG	teilweise starke S und WB
Gabr el Bint (GEB)	Lagune mit KB auf SG	sehr starke S
Lighthouse (LH)	sanft abfallendes Riff mit SG	geschütztes Riff, keine S und WB
Moray Garden (MG)	Lagune mit KB auf SG	geschütztes Riff, keine S und WB
Ras Miriam (RM)	sanft abfallendes Riff mit SG	starke WB
Rick's Reef (R)	sanft abfallendes Riff mit SG	mäßige S und WB
Shugarat (SG)	Steilwand mit sandigem Plateau	sehr starke S
Um Sid (US)	sanft abfallendes Riff mit SG	sehr starke S und WB

Anhand der festgehaltenen Tiefen und Standorte der beobachteten Individuen lassen sich deutliche Unterschiede in der bevorzugten Tiefe und Riffzone zwischen den Arten erkennen. Die Habitatstruktur und physikalischen Gegebenheiten sind sehr unterschiedlich in den verschiedenen Zonen des Korallenriffs.

Juvenile Tiere hielten sich vornehmlich in der Nähe von abgestorbenen Korallenkolonien und Sandflächen auf. Sie bevorzugen gut strukturierte Korallenblöcke mit ausreichend Versteckmöglichkeiten. Für die beobachteten Arten ist das Vorhandensein von Sand und Korallenschutt überlebenswichtig, da die Lippfische darin nach benthischen Invertebraten suchen und sich nachts zum Schutz eingraben. Arten mit identischen Lebensansprüchen können nicht neben einander vorkommen. Dass im Korallenriff dennoch so viele Arten koexistieren lässt auf einen hohen Differenzierungsprozess und eine große Vielfalt an ökologischen Nischen schließen. Abiotische Umweltfaktoren, sowie die Fülle an zwischenartlichen Beziehungen bilden die Grundlage für diese Spezialisierungen (SCHUHMACHER 1988).

Diagramm 17: Strukturelle Gliederung eines Saumriffes. Die Punkte repräsentieren das Vorkommen der beobachteten Arten in den unterschiedlichen Tiefen und Zonen (verändert nach SCHUHMACHER 1988: 79).

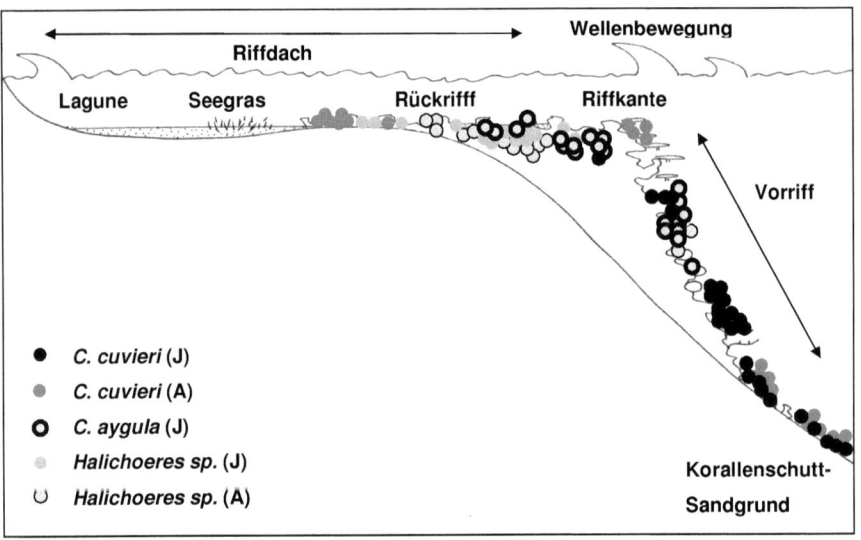

C. aygula und Halichoeres sp. sind im Untersuchungsgebiet sehr häufig und an jedem Tauchplatz in großer Zahl zu finden. Die Arten scheinen keine Präferenzen bezüglich bestimmter Riff-Typen zu haben. Die Zonierung hingegen bestimmt das Vorkommen der Lippfische. Die Arten bevorzugen untiefe Abschnitte, das Riffdach über die Riffkante bis in eine maximale Tiefe von 10 m. H. hortulanus und H. marginatus zeigen hierbei arttypische Unterschiede. Das Beobachtungsgebiet hat geringen bis keinen

Einfluss auf das Verhalten der Tiere. Juvenile *C. cuvieri* wurden an neun verschiedenen Beobachtungsplätzen untersucht. Meist wurden die Tiere am Übergang des Riffes zu sandigem Untergrund beobachtet. Die Art wurde jedoch auch in Lagunen und an Steilhängen mit sehr unterschiedlicher Strömungs- und Wellenexposition dokumentiert. *C. cuvieri* scheint keine bestimmten Riff-Typen zu bevorzugen, jedoch Bereiche mit Sand- und Schuttflächen.

Diagramm 18: Durchschnittliche zum Fressen aufgewandte Zeit (in Sekunden pro 10 Minuten Intervall) von *C. cuvieri* im Juvenilstadium in den unterschiedlichen Untersuchungsgebieten (Abkürzungen und Beschreibungen der Riff-Abschnitte in Tabelle 19).

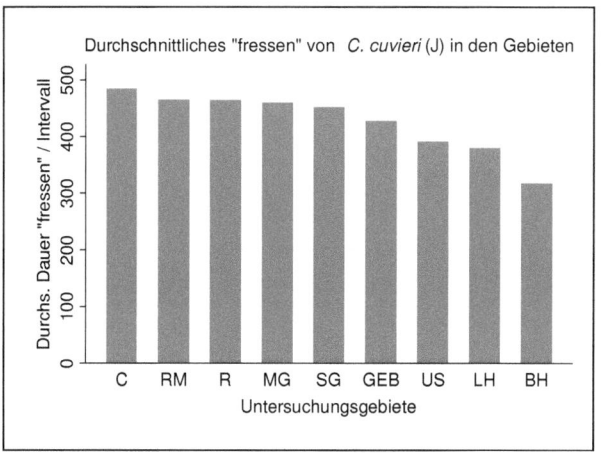

Für die statistische Analyse wurde die von *C. cuvieri* am häufigsten gezeigte Verhaltensweise "Fressen" getestet. Um Unterschiede zwischen den Beobachtungsplätzen bezüglich der zum Fressen aufgewandten Zeit festzustellen, wurden zweiseitige t-Tests verwendet (keine Varianzgleichheit angenommen). Es wurden die beiden Gebiete mit der durchschnittlich höchsten beziehungsweise niedrigsten Fressrate untersucht. Die Ergebnisse zeigten zwischen Abschnitt C ("Canyon") und BH ("Blue Hole") einen signifikanten Unterschied (t = -4.132, FG = 5.045, $P_{(|T| > |t|)}$ = 0.008, $P_{(T > t)}$ = 0.995). Die Fressaktivität von *C. cuvieri* variiert stark in

Abhängigkeit vom Standort. Beim Beobachtungsplatz "Blue Hole" handelt es sich um eine vertikal abfallende Steilwand, während "Canyon" ein sanft abfallendes Riff ist, das auf ca. 12 m Tiefe in Sandgrund mit einzelnen Korallenblöcken übergeht. An beiden Beobachtungsplätzen wurden mehrere juvenile Afrika-Junker beobachtet, während Adulte ausschließlich beim Standort "Canyon" dokumentiert wurden. Hier wurde auf begrenztem Raum die größte Individuendichte von *C. cuvieri* gemessen.

Strömungsexponierte Steilwände zeichnen sich häufig durch eine höhere Dichte von Prädatoren aus. Das Riff zeigt am "Blue Hole" einen hohen Grad an Steinkorallenbedeckung, was die Nahrungssuche juveniler *C. cuvieri* erschwert. Zudem handelt es sich bei der Steilwand um ein täglich stark betauchtes Gebiet. Die Anwesenheit von Tauchern hat Einfluss auf das natürliche Verhalten vieler Korallenfische (HODGSON et al. 2006, LABROSSE et al. 2002).

1.7. Individuelle Unterschiede

Es wurden insgesamt 35 Individuen der Art *C. cuvieri* beobachtet. Sowohl juvenile, als auch adulte Tiere waren sehr standorttreu und anhand ihrer äußeren Merkmale eindeutig zu identifizieren. Zu Beginn jedes Intervalls wurde die Größe der Fische anhand von vorgefertigten Schablonen unter Wasser gemessen. Der Abstand zur nächsten mit *Amphiprion* besetzten Anemone wurde am Ende der Verhaltensbeobachtung festgehalten.

Bei allen Arten und Entwicklungsstadien gab es zum Teil beträchtliche individuelle Unterschiede in der Dauer der gezeigten Verhaltensweisen. Im Durchschnitt waren die Ergebnisse jedoch relativ homogen. Die teilweise starken Abweichungen sind durch den Einfluss verschiedener Umweltfaktoren (Jahreszeit, Tiefe, Standort) und der unmittelbaren An- bzw. Abwesenheit von Prädatoren zu erklären. Individuelle Unterschiede wie beispielsweise die Körpergröße hatten jedoch ebenso Einfluss auf das Verhalten der Tiere.

Diagramm 19: Dauer der beobachteten Verhaltensweisen (in Sekunden pro Intervall) der 36 beobachteten Individuen der Art *C. cuvieri* (Juvenilstadium).

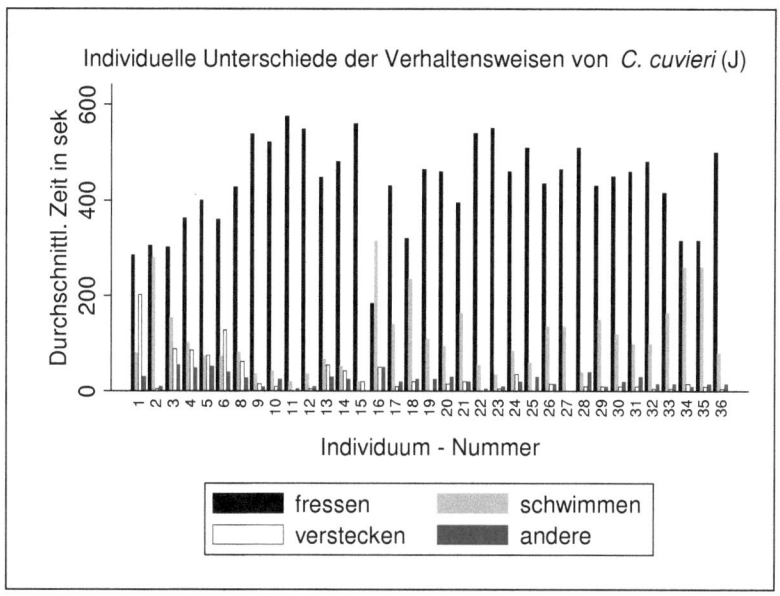

Die beiden Verhaltensweisen "Verstecken" und "Andere" waren den geringsten Schwankungen unterworfen. Alle Korallenfische versuchen ihre Nahrungsaufnahme bei gleichzeitiger Feindvermeindung zu maximieren. Bei Anwesenheit von Prädatoren wurde ein häufigeres "Schwimmen" auf Kosten der Fressens-Zeit beobachtet. Lippfische sind rasche Schwimmer und suchen erst bei großer Bedrohung Verstecke auf. Wenn die Fressfeinde das unmittelbare Gebiet verlassen, kehren Labridae rasch zu ihrer ursprünglichen Nahrungsaufnahme zurück.

1.7.1. Körpergröße

Es wurden mindestens 35 verschiedene Individuen pro Art und Entwicklungsstadium beobachtet. Bei der Aufnahme wurde darauf geachtet Daten vergleichbar großer Tiere zu sammeln. Die Körpergröße beeinflusste besonders bei juvenilen Individuen das Verhalten. Es konnte jedoch keine lineare Beziehung zwischen Individuengröße und der Rate der Nahrungsaufnahme festgestellt werden. Größere Tiere verbrachten signifikant weniger Zeit versteckt und zeigten häufiger Interaktionen. Adulte und Tiere der Transitionalphase hatten einen größeren Aktionsradius und beanspruchten ein größeres Territorium.

Diagramm 20: Größen-Tiefen Korrelation juveniler C. cuvieri (CI = Konfidenzintervall).

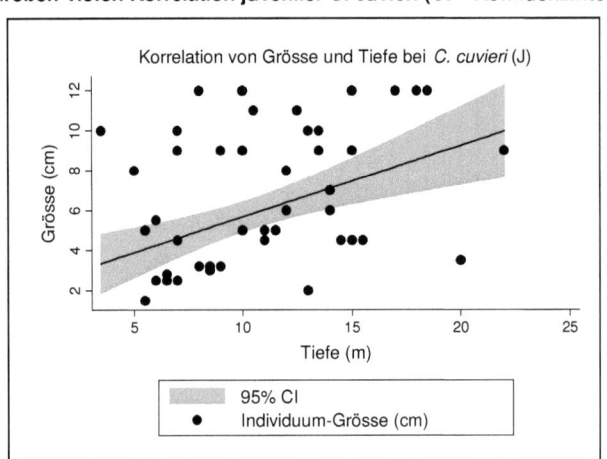

Die Größe von juvenilen *C. cuvieri* war positiv mit der Tiefe korreliert (r = 0.35). Je größer die beobachteten Tiere waren, desto tiefen hielten sie sich im Durchschnitt auf. Bei *C. aygula* (r = -0.258) und *Halichoeres sp.* (r = 0.048) konnte dieser lineare Zusammenhang nicht nachgewiesen werden.

Tabelle 20: Durchschnittliche Größe (in cm) aller beobachteten Arten und Entwicklungsstadien (± s); A = Adultstadium, J = Juvenilstadium.

C. cuvieri (J)	Halichoeres sp. (J)	C. aygula (J)
5.78 cm ± 3.29	5.03 ± 2.09	5.80 ± 3.55
C. cuvieri (A)	Halichoeres sp. (A)	
24.80 ± 6.18	19.03 ± 7.35	

Bei adulten Tieren wurden zum Teil sehr unterschiedliche Größen gemessen. Dies trifft besonders auf die Gattung *Halichoeres* zu, da sich die beiden beobachteten Arten (*H. hortulanus* und *H. marginatus*) in ihrer Größe im Adultstadium beträchtlich unterscheiden. Schachbrett-Junker zeigen eine zu *C. cuvieri* vergleichbare Größe, während *H. marginatus* nur in Ausnahmefällen eine Körperlänge von 20 cm erreicht. Auch bei *C. cuvieri* wurden zwischen Adulten große Unterschiede festgestellt. Dominante Männchen erreichen eine Körpergröße von bis zu 38 cm, während der beobachtete Durchschnitt rund 14 cm kleiner war. Sekundärmännchen bewachen einen Harem, der aus mehreren Weibchen besteht, und patrouillieren dabei große Riffabschnitte. Da Männchen alle Fortpflanzungskonkurrenten aggressiv aus ihrem Territorium vertreiben, kamen wenige dominante Tiere pro Untersuchungsgebiet vor.

Bei allen juvenilen Tieren wurde ab einer artspezifischen kritischen Größe ein Übergang zum Adultstadium beobachtet. Juvenile *C. cuvieri* zeigten ab ca. 9 cm mit einer bläulichen Schwanzflosse erste Umfärbungen (siehe Abbildung 29 A). Dieses Zwischenstadium wurde über oft Monate hinweg beibehalten. Bis zum Erreichen von einer Größe von ca. 14 cm waren die Tiere durch eine Transitionalfärbung gekennzeichnet. In diesem Entwicklungsabschnitt gleichen die Fische äußerlich dem Adultstadium, können jedoch noch situationsbezogen die Juvenilfärbung mit den charakteristischen weißen Streifen durchscheinen lassen. Bei Vertretern der Gattung *Halichoeres* ist der Übergang zum Adultstadium kontinuierlich. Auch *C. aygula* behält bis in die Initialphase die charakteristischen Ocelli. Diese Verblassen erst beim Übergang zur Terminalphase.

1.7.2. Anemonen-Abstand

Am Ende jedes Beobachtungsintervalles wurde der Abstand der Individuen zur nächsten mit *A. bicinctus* besetzten Anemone gemessen. Es wurde eine kreisförmige Fläche mit einem Radius von 25 m um das Beobachtungsobjekt auf Anemonen durchsucht. Ein größerer Messabstand war auf Grund der vorherrschenden

Sichtverhältnisse nicht möglich. Wenn keine Anemonen im Untersuchungsbereich vorkamen, wurde ein Anemonen-Abstand von 25 m eingetragen.

Wirtsanemonen waren in allen untersuchten Riffabschnitten relativ häufig. Durchschnittlich wurden 1.93 mit *Amphiprion* besetzte Anemonen pro 100 m² gezählt. *A. bicinctus* zeigte eine Abundanz von 0.83 Individuen pro Transekt (siehe Kapitel 4. Diversitätsstudie). Dennoch zeigten die Arten zum Teil beträchtliche Unterschiede bezüglich des durchschnittlichen Anemonen-Abstandes. Zwischen den Entwicklungsstadien derselben Art waren die Unterschiede nicht signifikant. Die auffallendsten Abweichungen gab es zwischen juvenilen Lippfischen. *C. cuvieri* hielt sich im Juvenilstadium durchschnittlich 5.23 m näher an Anemonen auf als *C. aygula* und 10.71 m näher bei *Amphiprion* als juvenile *Halichoeres sp.* Die Variabilität der Messungen war bei *C. cuvieri* im Juvenilstadium am geringsten (± 3.9).

Diagramm 21: Korrelation zwischen der Körpergröße von Juvenilen und ihrem Abstand zur nächsten mit *A. bicinctus* besetzten Anemone.

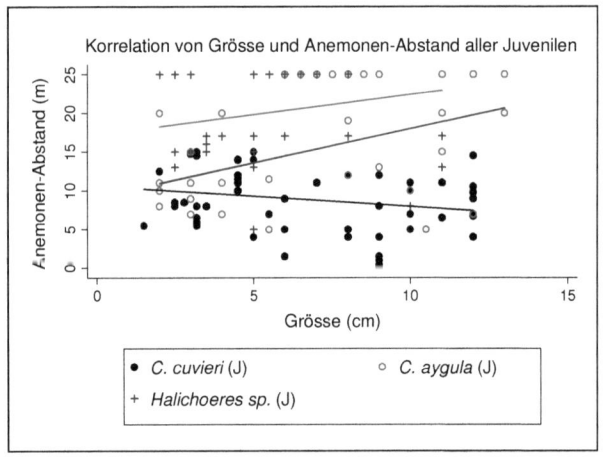

Bei juvenilen *C. cuvieri* wurde im Gegensatz zu den Vergleichs-Arten bei allen Verhaltensbeobachtungen eine Anemone innerhalb des untersuchten Radius von 25 m gefunden. Die kleinsten beobachteten Tiere hielten sich häufig in unmittelbarer

Nähe von Anemonen auf. Je kleiner die Körpergröße der Tiere war, desto kleiner war ihr Aktionsradius um die Anemone. Es konnte jedoch kein linearer Zusammenhang zwischen der Größe von *C. cuvieri* und dem Anemonen-Abstand festgestellt werden (r = -0.009). Juvenile Afrika-Junker scheinen lose mit Anemonenfischen assoziiert zu sein.

Zwischen juvenilen und adulten *Halichoeres sp.* wurde nur ein geringer Unterschied des Anemonen-Abstandes gemessen. Beide Entwicklungsstadien kommen im Gegensatz zu *C. cuvieri* häufig nebeneinander bzw. gemeinsam in losen Gruppen vor. Adulte *C. cuvieri* hielten sich durchschnittlich 7.92 m näher bei Anemonen auf, als *Halichoeres sp.* Afrika-Junker verbleiben beim Übergang zum Adultstadium in der Gegend ihrer juvenil-Territorien und sind daher durchschnittlich näher bei Anemonen anzutreffen als die Vergleichs-Art.

Tabelle 21: Durchschnittlich gemessener Abstand aller Arten und Entwicklungsstadien zur nächsten mit *A. bicinctus* besetzten Anemone; der theoretische Abstand wurde per Zufallsgenerator berechnet (A = Adultstadium, J = Juvenilstadium).

C. cuvieri (J)	*Halichoeres sp.* (J)	*C. aygula* (J)
9.08 m (± 3.9)	19.79 m (± 5.4)	14.31 m (± 6.5)
C. cuvieri (A)	*Halichoeres sp.* (A)	Theoretischer Abstand
12.62 m (± 5.9)	20.54 m (± 6.7)	19.26 (± 0.62)

Basierend auf gemessenen Größen wurde der theoretische Abstand eines beliebigen Individuums in einem beliebigen Transekt zur nächsten Anemone berechnet. Per Zufallsgenerator (Random-Real in Wolfram Mathematica 7.0) wurden die insgesamt 319 gezählten Anemonen zehn Mal auf die Gesamtfläche von 61 600 m² gleichmäßig verteilt. Der durchschnittliche Abstand eines beliebigen Individuums zu den theoretisch homogen verteilten Anemonen ergab 19.26 m (± 0.62).

Im Vergleich zu diesem theoretischen Rechenmodell halten sich juvenile *C. cuvieri* 10.18 m näher bei ihren Modellen auf, während adulte Tiere durchschnittlich 6.64 m näher an Anemonen dokumentiert wurden. Der im Feld gemessene Abstand von juvenilen, sowie adulten *C. cuvieri* war ebenso wesentlich geringer, als von anderen Arten. Juvenile *C. aygula* wurden im Vergleich zum theoretischen Modell durchschnittlich 4.94 m näher bei Anemonen beobachtet. Der durchschnittlich gemessene Abstand von Tieren der Art *Halichoeres sp.* lag beinahe exakt an dem theoretisch berechneten Abstand. Juvenile hielten sich durchschnittlich 0.53 m, Adulte 1.28 m weiter entfernt auf. Daraus lässt sich schließen, dass Tiere der Gattung *Halichoeres* ihr bevorzugtes Habitat nicht nach dem Vorhandensein von Anemonen wählen.

1.8. Verhalten von *Coris gaimard* im Indo-Pazifik

Auf Grund der zeitlich begrenzten Dauer der Studie im Indo-Pazifik und der geringen Anzahl beobachteter Individuen (n = 6) der Art *C. gaimard* besitzen die folgenden Ergebnisse keinen Anspruch auf Relevanz und Vollständigkeit. Auf eine tages- und jahreszeitliche Einteilung wurde verzichtet. Trotz der limitierten Datenmenge soll hier ein Überblick über die Unterschiede und Gemeinsamkeiten der beiden nahe verwandten Arten gegeben werden. Weitere Studien im Indo-Pazifik sollen die Ergebnisse bestätigen.

Tabelle 22: Durchschnittliche Dauer (in Sekunden) der 4 beobachteten Verhaltensweisen pro 10 Minuten Beobachtungsintervall (± s) bei juvenilen *C. gaimard* im Vergleich zu *C. cuvieri*.

	"Fressen"	"Schwimmen"	"Verstecken"	"Andere"
C. gaimard (J)	262.5 ± 65.7	220.0 ± 65.7	61.67 ± 16.0	55.83 ± 32.0
C. cuvieri (J)	407.05 ± 103.3	94.80 ± 58.8	64.64 ± 71.5	32.64 ± 25.2

Die untersuchten Fische waren im Indo-Pazifik durchschnittlich größer, was möglicherweise Einfluss auf die Ergebnisse hat (siehe Tabelle 23). Alle Untersuchungen wurden in Riffen vor der Insel Ahe, welche zu den Harlem Islands in der Cenderawasih Bay (West-Papua, Indonesien) gehört, durchgeführt. Das untersuchte Riff war für die Gegend repräsentativ. Der beobachtete Riffabschnitt war durch einen sandigen Untergrund mit einzelnen Korallenblöcken charakterisiert. Schwämme und Weichkorallen machten den Großteil des Substrates aus. Der Flachbereich der Brandungszone bestand aus einer groben Sandfläche mit Korallenschutt. In diesem Bereich wurden juvenile *C. gaimard* in großer Zahl beobachtet. *C. cuvieri* ist im Golf von Aquaba relativ selten, während *C. gaimard* in den Riffen um Ahe lokal sehr häufig war.

Wie *C. cuvieri*, zeigte *C. gaimard* am häufigsten die beiden Verhaltensweisen "Fressen" und "Schwimmen". Beide Verhaltensweisen wurden annähernd gleich oft beobachtet. Die durchschnittliche zum Fressen aufgewandte Zeit war deutlich geringer als bei der Rotmeer-Art. *C. gaimard* wandte signifikant mehr Zeit zum "Schwimmen" auf, während der Anteil der Verhaltensweise "Verstecken" bei beiden Arten in etwa gleich hoch war.

Diagramm 22: Durchschnittliche Dauer der vier beobachteten Verhaltensweisen pro 10 Minuten Beobachtungsintervall bei *C. gaimard* (Juvenilstadium).

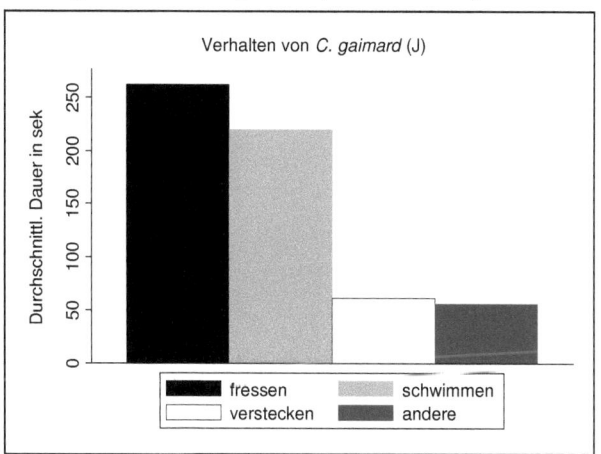

Es wurden einige Unterschiede im Verhalten der beiden Schwestern-Arten festgestellt, jedoch stimmen die Grundtendenzen weitgehend überein. Beide Arten verbringen den Großteil ihrer aktiven Zeit mit Nahrungssuche bei gleichzeitiger Feindvermeidung. Im Indo-Pazifik wurden deutlich mehr Interaktionen pro Intervall beobachtet als im Roten Meer. *C. gaimard* wurde im Juvenilstadium häufig in Kleingruppen bestehend aus bis zu 5 Tieren angetroffen, in welchen viele innerartliche Kontakte beobachtet wurden. Der Großteil anderer Interaktionen fiel auf die Familien Pomacentridae und Labridae. Pomacentridae und Labridae stellen die arten- und individuenreichsten Familien von Korallenfischen im Untersuchungsgebiet dar und sind gleichzeitig direkte Raum- und Nahrungskonkurrenten von *C. gaimard*.

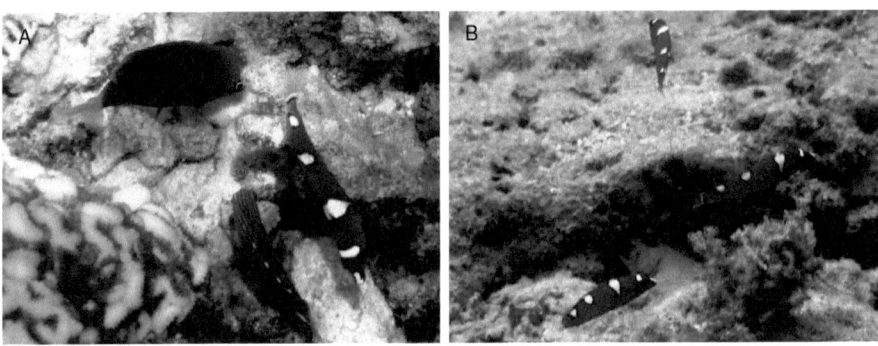

Abbildung 41: A – *C. gaimard* mit dem Lippfisch *Halichoeres leucurus* und dem sehr territorialen Riffbarsch *Pomacentrus bankanensis*; B – eine Kleingruppe bestehend aus drei juvenilen *C. gaimard*; West-Papua, Indo-Pazifik.

Bezüglich bevorzugtem Habitat und Tiefe gibt es signifikante Unterschiede zwischen *C. gaimard* und *C. cuvieri* (siehe Tabelle 23). Im Indo-Pazifik wurden die Junker ausschließlich im Flachbereich angetroffen. Juvenile wurden niemals in größerer Tiefe als 5 m beobachtet. Meist hielten sie sich in weniger als 2 m Wassertiefe, zum Teil sogar im Brandungs- und Gezeitenbereich auf. Die durchschnittliche beobachtete Tiefe lag bei 1.33 m, im Gegensatz zu 10.32 m im Roten Meer.

Tabelle 23: Unterschiede und Gemeinsamkeiten der beiden nahe verwandten Arten *C. gaimard* und *C. cuvieri* im Juvenilstadium.

Durchschnittl.	Tiefe	Größe	Anemonen-Abstand
Coris gaimard (J)	1.33 m	7.17 cm	10.5 m
Coris cuvieri (J)	10.32 m	5.87 cm	9.08 m

Der große Unterschied der beobachteten Tiefen hängt vermutlich direkt von der Anemonen-Häufigkeit ab. Im Indo-Pazifik herrschen durch eine höhere Trübstoffbelastung grundsätzlich schlechtere Lichtverhältnisse als im Roten Meer. Dies wirkt sich auf die Lichtquantität und somit auf die Verbreitung aller mit Zooxanthellen in Symbiose lebenden Tiere aus. Im Untersuchungsgebiet kamen Anemonen ab einer Wassertiefe von 0.5 m vor, wurden jedoch nicht in größerer Tiefe als 20 m dokumentiert. Der durchschnittliche Anemonen-Abstand von *C. gaimard* lag bei 10.5 m, was in etwa beim durchschnittlichen Wert des Roten Meeres liegt.

2. Ergebnisse der Umfärbungen

Im Zuge der Verhaltensanalysen von *C. cuvieri* wurde ein wiederholtes, teilweise mehrere Sekunden andauerndes Umfärben des Stirnbereiches bei adulten Tieren festgestellt (siehe Abbildungen 25 + 35). Nicht alle beobachteten Fische zeigten dieses Verhalten. Insgesamt 30 Sequenzen der Verhaltensbeobachtungen verschiedener adulter Individuen der Art *C. cuvieri* (mit einer Gesamtzeit von 300 Minuten) wurden auf die Farbwechsel untersucht und die momentane Verhaltensweise der Tiere während der Umfärbungen festgehalten. Es wurde zwischen 4 verschiedenen Verhaltensweisen während der Farbwechsel unterschieden (siehe Tabelle 10). Die Dauer der einzelnen Verhaltensweisen während der Umfärbungen wurde gestoppt und ihr prozentualer Anteil an der Gesamtzeit berechnet.

Tabelle 24: Ergebnisse der Videoanalysen zu den Farbwechseln des Stirnbereiches bei adulten *C. cuvieri*; die Prozentangaben beziehen sich auf die Dauer der gezeigten Verhaltensweisen während der Umfärbungen (IA = Interaktion).

pro Intervall	Fressen	Interspezifische IA	Intraspezifische IA	Andere
durchs. Dauer	30 sek	5 sek	-	26.5 sek
± s	± 48.9	± 13.6	-	± 47.1
%	48.8 %	8.1 %	-	43.1 %

In total 16 der 30 Beobachtungsintervalle wurden Umfärbungen dokumentiert, während Adulte in den restlichen 14 Intervallen durchgehend die arttypische helle Färbung des Stirnbereiches zeigten. Durchschnittlich wurden bei adulten *C. cuvieri* pro 10 Minuten Intervall 61.5 Sekunden (10.25 % der Totalzeit) Umfärbungen des Stirnbereiches beobachtet. Während der Farbwechsel fraßen die beobachteten Individuen zu 48.8 %. In 43.1 % zeigten sie die Verhaltensweise "Andere" und in den verbleibenden 8.1 % interspezifische Interaktionen. In den untersuchten Intervallen wurden keinerlei intraspezifische Interaktionen beobachtet. In Verhaltenskategorie "Andere" schwammen die adulten Tiere ausnahmslos und zum Teil große Strecken, zu keiner Zeit versteckten sie sich.

Diagramm 23: Prozentualer Anteil der gezeigten Verhaltensweisen von *C. cuvieri* im Adultstadium während der durchschnittlich 61.5 Sekunden pro 10 Minuten Intervall dauernden Umfärbungen. Es wurden keinerlei intraspezifische Interaktionen dokumentiert.

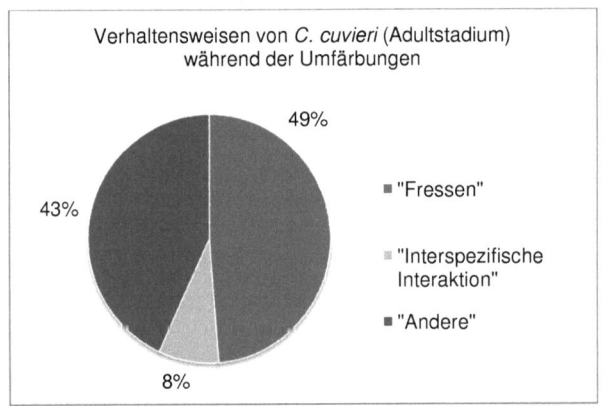

Adulte Afrika-Junker fressen oft gemeinsam mit größeren Schulen anderer Arten. Besonders häufig findet man *C. cuvieri* zwischen Meerbarben der Gattung *Parupeneus* und Doktorfischen der Art *Acanthurus nigrofuscus* (siehe Abbildung 40 A + B). Rund 30 % aller Interaktionen adulter Afrika-Junker fallen auf die beiden Arten *P. forsskali* und *A. nigrofuscus*. Die Umfärbungen wurden meist während aggressiver Interaktionen mit diesen beiden Arten beobachtet. Da dies für gewöhnlich in kurzen Unterbrechungen der Nahrungsaufnahme geschah, ist eine Trennung der beiden Verhaltensweisen nicht eindeutig. Viele Labridae profitieren von einem höheren Fresserfolg durch den Zusammenschluss zu interspezifischen Fressgemeinschaften. Individuen haben in Gruppen Zugang zu Territorien aggressiver Riffbarsche und somit normalerweise unerreichbaren Ressourcen. Zudem reduziert sich für das einzelne Individuen der Prädationsdruck. Diese Vorteile wiegen Nachteile durch gesteigerte Nahrungs-Konkurrenz innerhalb der Fressgemeinschaften auf (ARONSON et al. 1987, BARID 1993, FOSTER 1985, LUKOSCHECK 2000, MORSE 1977, SAKAI et al. 1995).

Die durchschnittliche Körpergröße der beobachteten Tiere betrug 23.6 cm (± 5.9). Die Umfärbungen wurden ausschließlich bei Individuen mit einer Körpergröße von mehr als 18 cm dokumentiert. Es scheint einen Zusammenhang zwischen den Farbwechseln und dem Entwicklungsstadium, dem sozialem Rang und der Dominanz der Tiere zu geben. Die Ergebnisse waren jedoch nicht eindeutig. Ab einer Körpergröße von 30 cm zeigten die Tiere signifikant häufiger Umfärbungen.

Tabelle 25: Dauer der Umfärbungen bei adulten Tieren unterschiedlicher Körpergröße.

Da die Umfärbungen ausschließlich bei größeren Individuen beobachtet wurden, könnte ein Zusammenhang mit dem Fortpflanzungverhalten der Tiere bestehen. In den analysierten Intervallen wurden jedoch keinerlei innerartliche Interaktionen beobachtet. Da der Großteil der Zeit während der Farbwechsel zum Fressen aufgewandt wurde, scheint es einen Zusammenhang mit der Fressappetenz adulter Tiere zu geben. Da nur 53.3 % aller adulten Tiere Farbwechsel zeigten, könnten die Farbwechsel ein intraspezifisches Signal der Dominanz sein. Größere, dominante Tiere wenden mehr Zeit zum Fressen und Schwimmen auf. Sie kontrollieren auch ein größeres Nahrungs- und Fortpflanzungsrevier und verteidigen es gegen Eindringlinge. Die Ergebnisse der Umfärbungen bedürfen weiterer Untersuchungen.

3. Ergebnisse der Attrappenversuche

Zur experimentellen Bestätigung der Verhaltensbeobachtungen wurden Attrappenversuche durchgeführt. Einerseits wurden Attrappen juveniler Lippfische verwendet, um unterschiedliche Reaktionen von Prädatoren zu untersuchen, andererseits wurden juvenilen Tieren der Art *C. cuvieri* Attrappen von Fressfeinden dargeboten, um die Auslösbarkeit verschiedener Verhaltensweisen zu testen.

3.1. Attrappen juveniler Labridae

Es wurden insgesamt 10 Attrappen angefertigt, welche mit großem zeitlichem Abstand verschiedenen Lippfisch-Fressfeinden präsentiert wurden. Hierbei wurden vier auslösbare Verhaltensweisen beobachtet (siehe Tabelle 12). Bei den Prädatoren handelte es sich um die im Untersuchungsgebiet häufigsten Räuber der Familien Serranidae und Scorpaenidae. Die untersuchten Arten sind allesamt Lauer- und Ansitzjäger, die reglos und meist gut getarnt auf vorbeischwimmende Beute warten. Serranidae schwimmen im Gegensatz zu Scorpaenidae ihre Beute aktiv an, wenn sich der Energieaufwand lohnt, d.h. wenn Beutefische nahe kommen oder sich weit genug aus ihrem Versteck hervor wagen, um einen Jagderfolg wahrscheinlich zu machen. Die Zackenbarsche zeigen häufig variable Färbungen, die während der Jagd in Sekundenschnelle verändert werden (siehe Kapitel 5.1.1. Physiologischer und morphologischer Farbwechsel).

Diagramm 24: Attrappen juveniler Labridae wurden im Untersuchungsgebiet häufigen Prädatoren (der Familien Serranidae und Scorpaenidae) präsentiert.

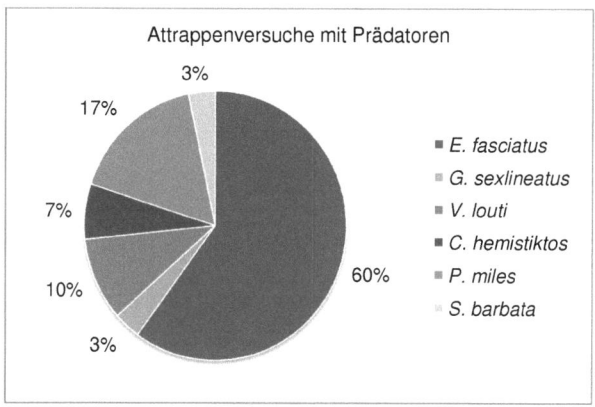

Beim einem im Untersuchungsgebiet häufigen Fressfeind kleinerer Korallenfische, *Epinephelus fasciatus,* variiert das Farbkleid von rötlichen Steifen bis zu weiß mit der im Deutschen namensgebenden "Baskenmütze". Die Farbänderungen stehen ursprünglich im Dienst der Gestalts- und Konturauflösung (COTT 1957). Während der Jagd sind die Farbwechsel vermutlich motivationsbedingt und dienen der inter- bzw. intraspezifischen Kommunikation (EIBL-EIBESFELDT 1999, FRICKE 1976, IMMELMANN et al. 1996, McFARLAND 1999, TINBERGEN 1966).

Abbildung 42: A – *E. fasciatus* mit rötlich-gestreiftem Farbmuster ruhend auf Sandgrund; B – *E. fasciatus* im namensgebenden "Baskenmützen-Farbkleid"; Ägypten, Rotes Meer.

Baskenmützen-Zackenbarsche kommen lokal sehr häufig vor und sind daher großem Konkurrenzdruck ausgesetzt. Auf Grund ihrer großen Abundanz wurde *E. fasciatus* auch für Attrappenversuche mit *C. cuvieri* eingesetzt.

Skorpionsfische leben kryptisch und ruhen für gewöhnlich regungslos auf dem Substrat. Beutefische werden, wenn sie nahe genug kommen, durch rasches Aufreißen des Mauls eingesaugt. Scorpaenidae sind wahre Tarnungskünstler, die oft über einen großen Zeitraum bewegungslos auf Beute warten. Eine Ausnahme stellen Rotfeuerfische der Gattung *Pterois* dar, welche auffallend gefärbt sind und sich aktiv schwimmend auf Nahrungssuche begeben. Rotfeuerfische zeigen bei Sonnenuntergang und nachts die größte Jagdaktivität. Andere Vertreter der Scorpaenidae schlagen nur zu, wenn die Erfolgsaussichten so gut sind, dass sich das Aufgeben ihrer nahezu perfekten Tarnung rentiert.

Abbildung 43: A – *Pterois miles* unterscheidet sich von anderen Vertretern der Scorpaenidae durch seine auffallende Färbung und frei schwimmende Lebensweise; B – *Scorpaenopsis barbata* ist ein kryptischer Lauerjäger; Ägypten, Rotes Meer.

Die Lebensweise der untersuchten Prädatoren unterschied sich zum Teil beträchtlich. Dies spiegelte sich in der Auslösbarkeit der gezeigten Verhaltensweisen wieder. Bei Skorpionsfischen (besonders bei den Arten *S. verrucosa* und *S. diabolus*, siehe Abbildung 4) kann das Fressen einer Attrappe mehrmals hintereinander ausgelöst werden, während Serranidae nach einem missglückten Fressversuch misstrauisch werden und die Jagd abbrechen. Nach einer kurzen Pause von wenigen Minuten kann jedoch erneut eine Reaktion hervorgerufen werden. Grundsätzlich können die Arten in zwei Jagd-Typen unterschieden werden. Erstere sind darauf angewiesen, dass sich Beutefische in die Nähe ihres Mauls bewegen. Sie schnappen bei jeder Gelegenheit zu, während andere Arten frei jagen und ihre Erfolgschancen nach Distanz und Fluchtmöglichkeit ihrer potetentiellen Beute abwägen.

Die Ergebnisse der Attrappenversuche zeigen einen signifikanten Unterschied in der Häufigkeit der ausgelösten Verhaltensweisen (siehe Tabelle 26). Prädatoren zeigten durchwegs Interesse an allen präsentierten Attrappen juveniler Lippfische. In beinahe allen Versuchen wurde eine Augenbewegung und das Ausrichten des Körpers in Richtung Beuteobjekt beobachtet. Korallenfische orientieren sich vorwiegend optisch und beobachten unentwegt ihre Umgebung. Räuber stehen im Korallenriff unter großer Nahrungskonkurrenz, weshalb alle potentiellen Beutetiere genauestens verfolgt werden. Die Verhaltensweisen "Anschwimmen" und "Berühren" wurden signifikant weniger häufig dokumentiert. Beide verbrauchen Energie und werden nur nach Abwägung der Kosten und Nutzen gezeigt. Prädatoren investieren Energie nur, wenn ihre Chancen auf Fresserfolg gut stehen.

Die Attrappe von *B. anthioides* wurde beim ersten Einsatz unter Wasser von einem Drückerfisch der Art *Balistapus undulatus* gefressen. Die Ergebnisse werden daher im Folgenden nicht mitberücksichtigt. Da juvenile Zweifarben-Schweinslippfische sich als Putzer betätigen, sollte ein Vergleich zu *L. dimidiatus* gezogen werden. Die Attrappe des gewöhnlichen Putzerlippfisches löste durchwegs die schwächste bzw. eine deutlich andere Reaktion aus. *L. dimidiatus* bewirkte bei vermeintlichen Kunden Putzaufforderungen (wie beispielsweise Flossen- und Kiemendeckelabspreizen), während die Attrappe von anderen Fischen weitgehend ignoriert wurde. Die Attrappe von *L. dimidiatus* wurde in 3.3 % der Versuche berührt, was signifikant weniger häufig ist, als bei anderen Versuchsobjekten. *L. dimidiatus* ist durch seine besondere ökologische Rolle im Korallenriff weitgehend vor Prädation geschützt (CHLUPATY 1980, EIBL-EIBESFELDT 1959, KUWAMURA 1981, THRESHER 1984). Dieser

Prädationsschutz ist jedoch nicht universell. Wurde die Attrappe unnatürlich bewegt (ohne typische Wippbewegung), zeigten Prädatoren durchwegs Interesse und versuchten die Nachbildung von *L. dimidiatus* zu fressen. Die charakteristische Fortbewegungsweise des Putzerlippfisches ist für die Arterkennung und die daraus resultierende Schutzfunktion entscheidend.

Tabelle 26: Ergebnisse der Attrappenversuche: die Prozentangaben beziehen sich auf die Gesamtzahl ausgelöster Reaktionen der Prädatoren auf die verschiedenen Attrappen juveniler Labridae.

Attrappe	"Berühren"	"Anschwimmen"	"Körper Ausrichten"	"Augenbewegung"
P. evanidus	70 %	100 %	100 %	100 %
C. aygula	56.7 %	100 %	100 %	100 %
P. hexataenia	53.3 %	100 %	100 %	100 %
T. rueppellii	67 %	93 %	100 %	100 %
M. bipartitus	50 %	93 %	100 %	100 %
A. twistii	46.7 %	90 %	96.7 %	100 %
A. meleagrides	23.3 %	83.3 %	96.7 %	96.7 %
C. cuvieri	13.4 %	53.3 %	93.3 %	100 %
L. dimidiatus	3.3 %	63.3 %	86.7 %	93.3 %

Bezüglich der Verhaltensweise "Augenbewegung" zeigten Prädatoren die geringsten Abweichungen. Nur in 3 der insgesamt 240 Versuche wurde keine beobachtbare Reaktion ausgelöst. Mit Augenbewegungen ging meist die Verhaltensweise "Körper Ausrichten" einher. In allen Versuchen mit Attrappen von *P. evanidus*, *P. hexataenia* und *C. aygula* schwammen Prädatoren auf ihre vermeintlichen Beutetiere zu, während "Anschwimmen" in 53.3 % der Versuche mit *C. cuvieri* beobachtet wurde. *L. dimidiatus* wurde häufiger als Afrika-Junker angeschwommen, wobei meist gleichzeitig Putzaufforderungen gezeigt wurden. In 70 % der Versuche mit *P. evanidus* berührten die Räuber die Attrappe oder versuchten sie zu verschlucken. Die kleinen aber häufigen Lippfische leben normalerweise sehr versteckt und zeigen sich nur selten ausserhalb des Schutzes verzweigter Korallenäste. Die Versuche zeigen die geringe Überlebenschance der kleinen Labridae, wenn sie sich zu weit von ihren Verstecken entfernen. Die Nachbildung von *C. cuvieri* löste signifikant weniger häufig die Verhaltensweise "Berühren" aus. In 13.4 % aller Versuche wurde die Attrappe direkt berührt, was deutlich unter dem Durchschnitt anderer Arten vergleichbarer Lebensweise liegt. Nur die Attrappe des bereits erwähnten Putzerlippfisches *L. dimidiatus* löste schwächere Reaktionen hervor.

3.2. Attrappen von Prädatoren

Attrappen verschiedener Prädatoren wurden eingesetzt um durch Fressfeinde ausgelöste Verhaltensweisen von *C. cuvieri* im Juvenilstadium zu beobachten (siehe Tabelle 13). Mit Attrappen von *Variola louti*, *Epinephelus fasciatus* und *Pterois miles* wurden im Untersuchungsgebiet häufige Fressfeinde nachgeahmt. Durch die arttypische Größe der eingesetzten Attrappen (15 cm bis 25 cm) war eine natürliche Bewegung unter Wasser nur schwer zu imitieren. Bei Strömung waren die Attrappen besonders schwer zu kontrollieren. Die teilweise unnatürliche Fortbewegungsweise der Attrappen löste in allen Versuchen eine Fluchtreaktion bei *C. cuvieri* aus. In insgesamt 66.7 % der Attrappenversuche zeigten die Individuen *Amphiprion*-typische Verhaltensweisen. Diese äußerten sich meist in einer veränderten Schwimmweise und einer Kontaktaufnahme mit dem Substrat. Die Attrappen der Prädatoren lösten teilweise unterschiedliche Reaktionen aus. Während bei Attrappen von *E. fasciatus* immer *Amphiprion*-typische Verhaltensweisen beobachtet wurden, zeigte *C. cuvieri* bei *V. louti* in 50 % und bei *P. miles* in 36 % der Versuche eine Fluchtreaktion ohne Verhaltensänderungen.

Vor der Präsentation der Attrappen wurde anhand von vorgefertigten Schablonen die Größe der juvenilen Individuen gemessen. Es scheint einen direkten Zusammenhang mit der Größe und den ausgelösten Verhaltensweisen zu geben. Individuen mit einer Körpergröße von weniger als 8 cm zeigten während der Versuche häufiger

Amphiprion-typische Verhaltensweisen. Das Anemonenfisch-ähnliche Verhalten wurde bei Individuen mit einer Größe von mehr als 9 cm nicht mehr beobachtet. Die durchschnittliche Größe von Tieren mit *Amphiprion*-typischen Verhalten lag bei 5.6 cm, während sie bei Juvenilen mit gewöhnlichem Fluchtverhalten 9.25 cm betrug.

Tabelle 27: Ergebnisse der Attrappenversuche: die Prozentangaben beziehen sich auf die Gesamtzahl der Reaktionen juveniler *C. cuvieri* auf die verschiedenen Attrappen (VW = Verhaltensweisen).

Attrappe	Keine VW	Fluchtreaktion	*Amphiprion*-typische VW	Andere
V. louti	0 %	100 %	50 %	0 %
E. fasciatus	0 %	100 %	100 %	0 %
P. miles	0 %	100 %	64 %	0 %

Attrappen von Prädatoren lösten immer Fluchtverhalten aus. *C. cuvieri* zeigte *Amphiprion*-typische Verhaltensweisen, wenn ein gewisser minimaler Abstand zum Fressfeind vorhanden war. Bei unmittelbarer Bedrohung wurde ein "normal labriformes" Fluchtverhalten gezeigt, bei dem die Tiere mit der Schwanzflosse beschleunigen. Nach einer erfolgreichen Flucht kehrten die Tiere rasch zu ihren ursprünglichen Verhaltensweisen, meist Nahrungsaufnahme, zurück.

4. Ergebnisse der Diversitätsstudie

Für die Lippfisch-Diversitätsstudie der vorliegenden Arbeit wurden je 154 Transekte (100 m² Fläche pro Transekt) auf den vier Tiefenstufen 2.5 m, 5 m, 10 m und 15 m ausgelegt. Dies ergibt eine Teilfläche von 15 400 m² pro Tiefe und eine Gesamtfläche von 61 600 m². Insgesamt wurden 38 verschiedene Labridae-Arten aus 19 Gattungen in den Transekten dokumentiert und 14 462 Individuen gezählt. Daraus resultiert ein Durchschnitt von 23.5 Lippfischen pro Transekt. Es wurden insgesamt 514 Individuen der einzigen im Untersuchungsgebiet vorkommenden Anemonenfisch-Art *A. bicinctus* beobachtet.

Tabelle 28: Alphabethische Auflistung der 38 verschiedenen Labridae-Arten in den Transekten; die Tabelle gibt jeweils die Individuenzahl pro Tiefenstufe und die Gesamtzahl pro Art an; im Untersuchungsgebiet wurde eine Anemonenfisch-Art (*A. bicinctus*) dokumentiert.

Art	2.5 m	5 m	10 m	15 m	Total
Anampses caeruleopunctatus	19	14	6	9	48
Anampses lineatus	6	10	7	2	25
Anampses meleagrides	45	38	102	155	340
Anampses twistii	93	195	274	254	816
Bodianus anthioides	3	29	90	176	298
Bodianus axillaris	6	16	20	19	61
Bodianus diana	0	1	8	6	15
Cheilinus abudjubbe	4	3	28	57	92
Cheilinus arenatus	0	0	0	3	3
Cheilinus lunulatus	75	34	26	18	153
Cheilinus quinquecinctus	0	4	4	3	11
Cheilinus undulates	0	0	0	2	2
Cheilio inermis	11	15	36	10	72
Coris aygula	43	29	48	34	154
Coris caudimacula	0	0	3	27	30
Coris cuvieri	**1**	**1**	**16**	**10**	**28**
Coris variegata	0	0	0	2	2
Epibulus insidiator	0	0	8	4	12
Gomphosus caeruleus	857	556	269	181	1863
Halichoeres hortulanus	23	47	48	38	156
Halichoeres marginatus	18	9	2	2	31
Hemigymnus fasciatus	2	3	0	4	9
Hemigymnus sexfasciatus	3	3	8	3	17
Hologymnosus annulatus	4	5	30	46	85
Labroides dimidiatus	262	280	340	268	1150
Larabicus quadrilineatus	266	365	392	236	1259
Macropharyngodon bipartitus	0	0	5	21	26
Oxycheilinus diagramma	78	116	126	90	410
Oxycheilinus mentalis	19	37	63	76	195
Paracheilinus octotaenia	0	21	153	844	1018

Fortsetzung Tabelle 28

Pseudocheilinus evanidus	11	15	225	301	552
Pseudocheilinus hexataenia	187	383	599	336	1505
Pseudodax moluccanus	4	2	21	26	53
Stethojulis albovittata	103	40	36	31	210
Stethojulis interrupta	1	1	0	0	2
Thalassoma lunare	10	9	14	20	53
Thalassoma rueppellii	1814	889	603	399	3705
Xyrichtys pavo	0	0	0	1	1
Amphiprion bicinctus	119	110	155	130	514
Gesamtzahl	4087	3280	3765	3844	14976
Durchschnittliche Anzahl / Transekt	26.5	21.3	24.4	25.0	24.3
± s	± 317.1	± 181.8	± 155.9	± 163.8	± 715.5

Zwischen den Arten gab es signifikante Unterschiede. Während insgesamt 3 705 Individuen der Art *T. rueppellii* gezählt wurden, kam *X. pavo* ein Mal innerhalb der Transekte vor. Die Art ist auf Sandgrund spezialisiert und wird nur in Ausnahmefällen im Korallenriff angetroffen. Große Labridae wie *C. undulatus* wurden beim Auslegen der Transektleine häufig aus dem Untersuchungsgebiet vertrieben. Die meisten kleineren Korallenfische sind jedoch sehr ortstreu und kehren nach einer Störung rasch zu ihrem Revier und gewohnten Verhaltensweisen zurück. Unter Verwendung der vorliegenden Methode wurde versucht geringst möglichen Einfluss auf das natürliche Verhalten der Tiere zu nehmen und somit repräsentative Daten für die Region zu erhalten.

Weit verbreitete Fischarten im Sinne ihrer Erscheinungshäufigkeit waren *T. rueppellii*, *G. caeruleus*, *P. hexataenia* und die beiden Putzerlippfische *L. quadrilineatus* und *L. dimidiatus*. Im Gegensatz dazu wurden die Arten *X. pavo* und *C. variegata* in nur jeweils einem der 616 Transekte angetroffen. Verbreitete Arten waren neben den genannten auch *P. evanidus*, *A. twistii* und *A. bicinctus*. Insgesamt zehn der 38 Labridae-Arten wurden in weniger als 20 Transekten angetroffen.

Innerhalb der Untersuchungsgebiete bewegte sich der Artenreichtum (Species Richness [S]) zwischen 20 und 34 Arten und die gesamte Abundanz zwischen 22.22 bis 27.26 Individuen pro Transekt. Der Shannon-Wiener Index zeigte Werte zwischen 0.83 und 1.19. Zusammenfassungen der Abundanzen und Diversitätsindices sind in Tabelle 29 bis 31 aufgeführt.

Diagramm 25: Durchschnittliche Abundanz der 27 häufigsten Arten pro Transekt (± s); schwarz = vermeintliche Modelle (*A. bicinctus*) und Nachahmer (*C. cuvieri*).

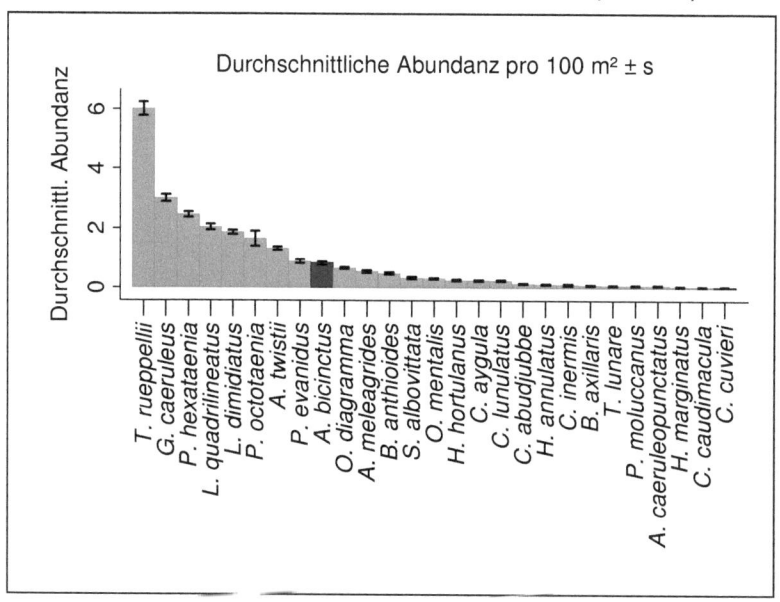

Anhand der beobachteten Arten lässt sich eine hohe Lebensraum-Spezialisierung mit bevorzugten Tiefenstufen feststellen, welche sich teilweise auf ein Entwicklungsstadium beschränken. Juvenile kommen häufig in einem sehr begrenzten Lebensraum vor, während Adulte größere Riffbereiche besiedeln. Bei den meisten Arten gab es zwischen den beobachteten Tiefen signifikante Unterschiede (siehe Kapitel 4.4.3. Tiefe). Die häufigsten Lippfisch-Arten sind in Tabelle 29 dargestellt, die vollständige Artenliste ist im Anhang (siehe Tabelle 34) angeführt.

Tabelle 29: Auflistung der 9 häufigsten Arten und *C. cuvieri* mit ihrer Gesamtzahl in allen Transekten, der durchschnittlichen Abundanz pro 100 m² (± s) und der relativen Abundanz bezogen auf den Anteil an der Gesamt-Lippfisch-Population; Max. pro 100 m² = die maximale Individuenzahl pro Transekt; FA = Erscheinungshäufigkeit, gibt an in wie vielen der 616 Transekte die Art beobachtet wurde;

	Total	pro 100 m²	± s	RA [%]	Max. pro 100 m²	FA
T. rueppellii	3698	6.003	5.538	25.569	43	565
G. caeruleus	1858	3.016	2.948	12.847	16	492
P. hexataenia	1506	2.445	2.355	10.413	12	466
L. quadrilineatus	1259	2.044	2.366	8.705	14	403
L. dimidiatus	1152	1.870	1.573	7.965	8	477
P. octotaenia	1018	1.653	6.364	7.039	55	65
A. twistii	816	1.325	1.535	5.642	10	369
P. evanidus	553	0.898	1.622	3.824	13	223
A. bicinctus	515	0.836	1.293	3.561	7	229
C. cuvieri	28	0.045	0.248	0.194	2	24

Der mit Abstand am zahlreichsten vorkommende Lippfisch war *T. rueppellii* mit einer durchschnittlichen Häufigkeit von 6.01 Individuen pro 100 m². Der auffallend gefärbte Fisch (siehe Abbildung 39 A) kam in allen Tiefen in großer Zahl vor, war jedoch im Flachbereich signifikant häufiger. *T. rueppellii* bildet im Juvenilstadium große Gruppen, die untiefe Bereiche bevorzugen. Rotmeer-Junker stellen im nördlichen Roten Meer gemeinsam mit *G. caeruleus* und *L. dimidiatus* die individuenreichsten Labridae dar (ALWANY 2003). *T. rueppellii* machte 25.6 % der gesamten Lippfisch-Population aus. Die Art kam mit bis zu 43 Individuen pro 100 m² in insgesamt 91.7 % aller Transekte vor (siehe Tabelle 29). In der vorliegenden Studie lag *G. caeruleus* (siehe Abbildung 22 A) mit 3.02 Tieren pro 100 m² an zweit häufigster Stelle. Die sogenannten Vogel-Lippfische kommen Juvenilstadium in großer Zahl im Flachbereich vor. *G. caeruleus* kam mit einer maximalen Individuenzahl pro 100 m² von 16 Tieren in insgesamt 79.9 % der Transekte vor. *P. hexataenia* hingegen wurde häufiger in mittleren Tiefen angetroffen. Der kleine, aber sehr territoriale Lippfisch zeigte eine

durchschnittliche Häufigkeit von 2.4 Individuen pro 100 m² und kam in 75.6 % der Transekte vor (siehe Tabelle 29).
Auf Platz 4 und 5 der häufigsten Labridae fanden sich zwei Putzerlippfische. Während sich *L. quadrilineatus* nur im Juvenilstadium als Putzer betätigt, zeigt *L. dimidiatus* in allen Entwicklungsstadien diese spezialisierte Ernährungsweise. *L. quadrilineatus* ernährt sich im Adultstadium von Korallenpolypen und wird daher bevorzugt zwischen Ästen verschiedener Hartkorallen angetroffen. Auch einige andere Labridae putzen im Juvenilstadium (wie beispielsweise *Bodianus anthioides*, *B. axillaris*, *Pseudodax moluccanus*). Diese Arten sind fakultative Putzer, die je nach Angebot andere Nahrung aufnehmen. Das Vorhandensein von Putzerlippfischen hat direkten Einfluss auf den Gesundheitszustand der Korallenfische und wirkt sich daher positiv auf die Artenzusammensetzung aus (BSHARY 2003). Die durchschnittliche Abundanz von *L. dimidiatus* lag bei 1.9 Individuen pro 100 m², was mit Ergebnissen des Dahab Reef Monitoring (ALTER 2010, unveröffentlichte Daten) und anderen Studien aus dem nördlichen Roten Meer (ALWANY et al. 2003) übereinstimmt.
Im Untersuchungsgebiet war die Art *C. cuvieri* relativ selten. Die maximale Häufigkeit der Art lag bei 2 Individuen pro Transekt. *C. cuvieri* zeigte eine durchschnittliche Abundanz von 0.05 Individuen pro 100 m² und kam in 3.9 % aller Transekte vor.

4.1. Anemonenfische und ihre Wirtsanemonen

A. bicinctus kam durchschnittlich 0.83 Mal pro Transekt vor. Insgesamt wurden 319 Wirtsanemonen gezählt, von den 92 % der Art *Entacmea quadricolor* zugehörten. Die restlichen 8 % fielen auf *Heteractis crispa*. Im Untersuchungsgebiet kamen fünf weitere Anemonen-Arten vor, die jedoch nicht von *Amphiprion* besetzt waren. In vorherigen Studien an anderen Standorten im Golf von Aquaba wurde *A. bicinctus* in Symbiose mit den Anemonen *Cryptodendrum adhaesivum*, *Stichodactyla haddoni*, *Stichodactyla gigantea*, *Heteractis aurora* und *Heteractis magnifica* beobachtet (REININGER 2008). Durchschnittlich wurden 1.6 Individuen der Art *A. bicinctus* pro Wirtsanemone gezählt.

Abbildung 44: A – *Amphiprion bicinctus* (Adultstadium) mit der im Juvenilstadium putzenden Art *Larabicus quadrilineatus* in der im Untersuchungsgebiet häufigsten Wirtsanemone *Entacmea quadricolor*; B – Gruppe juveniler *A. bicinctus* gemeinsam mit juvenilen *Dascyllus trimaculatus* in *Heteractis crispa*; Ägypten, Rotes Meer.

Adulte Anemonenfische leben paarweise, während juvenile häufig in kleinen Gruppen oder als sogenannte Beimännchen neben einem sich fortpflanzenden Paar vorkommen. Große innerartliche Aggression hemmt das Wachstum und die Geschlechtsreife der juvenilen Tiere. Wie bei vielen Korallenfischen kommt auch bei *Amphiprion* ein Geschlechtswechsel vor. Im Gegensatz zu Labridae zeigen Anemonenfische jedoch proterandrischen Hermaphroditismus. Der größte und sozial dominanteste Fisch ist ein Weibchen. Bei Bedarf rückt das nächst größte Männchen in der Hierarchie nach oben und wechselt sein Geschlecht.

Einige Anemonen beherbergen neben *Amphiprion* kleine Riffbarsche der Gattung *Dascyllus*. Ihr Vorkommen hängt im Gegensatz zu *Amphiprion* nicht von Wirtsanemonen ab. Juvenile suchen in Anemonen oder verzweigten Korallenästen Schutz, während sie als Adulte frei im Riff leben. Auch einige juvenile Lippfische halten sich in der Nähe von Anemonen auf. Vertreter der Gattungen *Labroides*, *Larabicus*, *Halichoeres* und *Thalassoma* wurden im Untersuchungsgebiet wiederholt im Schutz von Tentakeln beobachtet. Die Tiere kommen auch außerhalb von Wirtsanemonen vor und suchen diese nur gelegentlich und bei Bedrohung auf (FAUTIN & ALLEN 1994, REININGER 2008).

4.2. Weitere Labridae in der Untersuchungsregion

Insgesamt wurden 10 weitere Labridae-Arten im Untersuchungsgebiet außerhalb der Transekte beobachtet. Dies ergibt eine Gesamt-Lippfisch-Diversität von 48 Arten für das Untersuchungsgebiet. Bei der Auswahl der Beobachtungsplätze wurde darauf geachtet, dass die Transekte homogen strukturiert waren. Die Abschnitte sollten für die Gegend und das gesamte Riff repräsentativ und unter einander vergleichbar sein.

Da einige Arten auf ein bestimmtes Habitat spezialisiert sind (Sandgrund, Seegras, Höhlen, große Tiefen, etc.) wurden sie in den Transekten nicht angetroffen. So sind Vertreter der Gattung *Wetmorella* auf Höhlen spezialisiert, welche in dieser Studie nicht berücksichtigt wurden. Das Flachwasser-Transekt wurde in 2.5 m Tiefe ausgelegt und reichte je nach Riffstruktur bis zur Riffkante nahe der Oberfläche. Auf das Riffdach und den Brandungsbereich spezialisierte Arten wie beispielsweise *Halichoeres nebulosus* oder *Thalassoma purpureum* wurden regelmäßig beobachtet, jedoch nicht innerhalb der Transekte nachgewiesen. Tiefer lebende Arten wurden mit der vorliegenden Methode nicht erfasst. Je nach Steilheit des Riffhanges wurden Bereiche bis eine maximale Tiefe von 18 m untersucht. Tieferes Habitat bevorzugende Arten wie beispielsweise *Cirrhilabrus blatteus* wurden in den Transekten nicht beobachtet. Die Art wurde jedoch im Untersuchungsgebiet auf einer Tiefe von über 50 m fotografiert. Bereiche mit hohem Grad von Sandbedeckung wurden für die Diversitätsstudie gemieden. Aus diesem Grund wurden auf Sandgrund spezialisierte Arten nur sehr selten bzw. gar nicht in den Transekten angetroffen. Die sandtauchenden Arten *Xyrichtys pentadactylus*, *Novaculichthys taeniourus* und *Novaculichthys macrolepidotus* konnten in der Gegend mehrfach auf sandigen Plateaus und Abhängen beobachtet werden. Auch *Halichoeres scapularis* wurde regelmäßig in sandigen Lagunen dokumentiert. Für die Studie wurden keine Transekte über Seegraswiesen ausgelegt. Bei weiteren Tauchgängen wurden in diesem Bereich jedoch mehrere Arten der Gattung *Pteragogus* beobachtet (*P. cryptus*, *P. flagellifer*, *P. pelycus*). Weitere Lippfisch-Arten wurden in Nationalparks nördlich und südlich des

Untersuchungsgebietes beobachtet. Es scheint regionale Unterschiede bezüglich der Artenzusammensetzung zu geben. *Hemigymnus melapterus* wurde ca. 80 km nördlich von Dahab (in der Gegend von Nuweiba) wiederholt nachgewiesen, nicht jedoch im Bereich der vorliegenden Studie.

4.3. *Coris cuvieri* – *Amphiprion bicinctus* – Verhältnis

Für den Beweis einer möglichen *Coris-Amphiprion* Mimikry Beziehung ist das relative Verhältnis der vermeintlichen Nachahmer zu ihren Modellen ausschlaggebend. In den 616 Transekten wurden insgesamt 514 Individuen von *A. bicinctus* und 28 Vertreter der Art *C. cuvieri* gezählt. Das Verhältnis zwischen *A. bicinctus* und *C. cuvieri* ist somit 1 : 18.36. Die Modell-Nachahmer-Häufigkeit liegt bei 5.45 %, was mit Mittelwerten anderer Mimikry-Studien übereinstimmt (siehe Diagramm 2). Eine Korrelation zwischen der *Amphiprion*-Häufigkeit und dem Vorkommen von *C. cuvieri* lag nicht vor (r = -1.634). *C. cuvieri* kommt im selben Habitat wie die Anemonenfische vor, das Vorkommen ist jedoch nicht an die unmittelbare räumliche Nähe von *Amphiprion* gebunden.

Diagramm 26: Durchschnittliche Anzahl (± s) von *A. bicinctus* (dunkelgraue Säulen) und *C. cuvieri* (hellgrau) in den Untersuchungsgebieten (Abkürzungen der Riff-Typen in Tabelle 19).

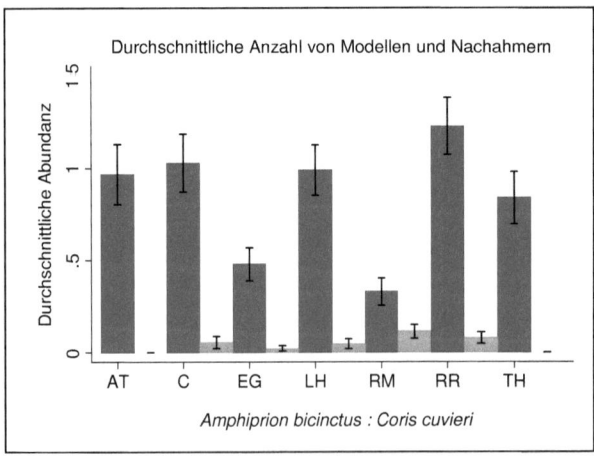

C. cuvieri wurde in insgesamt 5 der 7 Untersuchungsgebiete angetroffen. Beide Arten kamen in denselben Gebieten und Transekten vor. An den Standorten "Abu Talha" und "Tigerhouse" wurden Anemonenfische in großer Zahl dokumentiert, jedoch keine Individuen der Art *C. cuvieri* beobachtet. Beide Gebiete zeigen einen großen Grad an Hartkorallen- bei geringer Sandbedeckung. Da Afrika-Junker in groben Sand und zwischen Korallenbruchstücken nach benthischen Invertebraten suchen, könnte das Fehlen dieser grob strukturierten Sandflächen eine Erklärung für das nicht-Vorkommen der Art sein.

Beide Arten kamen in allen untersuchten Tiefen vor, zeigten jedoch eine im Mittel höhere Abundanz in den tieferen Transekt-Stufen. *A. bicinctus* und *C. cuvieri* zeigten die durchschnittlich höchste Abundanz in 10 m Tiefe, gefolgt von 15 m. *C. cuvieri* war im Flachbereich relativ selten. Juvenile wurden in 2.5 m Tiefe niemals beobachtet, während Adulte bisweilen flache Lagunen zur Nahrungsaufnahme aufsuchten.

Diagramm 27: Häufigkeit von *A. bicinctus* (dunkelgraue Säulen) und *C. cuvieri* (hellgrau) in den 4 unterschiedlichen Beobachtungstiefen.

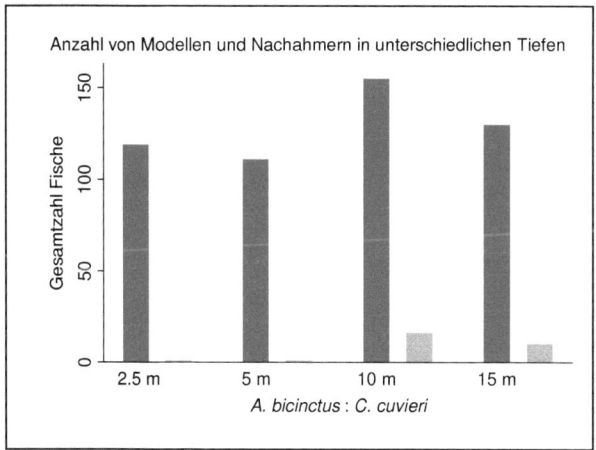

4.4. Einfluss verschiedener Faktoren auf die Artenzusammensetzung

Umwelteinflüsse haben große Auswirkungen auf die Artenzusammensetzung in Korallenriffen. Die Individuenzahl ist jahreszeitlichen Veränderungen unterlegen. Am Roten Meer schwanken die Temperaturen im Jahresverlauf erheblich, während andere Faktoren im Vergleich zu anderen Meeren relativ konstant bleiben (siehe Kapitel 1. Untersuchungsgebiet und -zeitraum). Im Folgenden sollen einige Variablen bezüglich ihres Einflusses auf die Lippfisch-Diversität im Golf von Aquaba untersucht werden.

4.4.1. Saisonale Unterschiede

Alle Transektzählungen fanden von November 2008 bis November 2010 statt. Die Wassertemperatur schwankte in diesem Zeitraum um 8° Celsius (von 21 °C bis 29 °C). Die Temperatur erreichte nur an wenigen Tagen Spitzenwerte von unter 20 °C bzw. über 30 °C. Für eine Klassifizierung der Ergebnisse wurde der Jahresverlauf in Tertiale eingeteilt (siehe Tabelle 7).

Neben der Temperatur ist auch die Photoperiode großen saisonalen Schwankungen unterworfen. Die Länge der täglichen Belichtungszeit variiert in Ägypten um bis zu 4 Stunden. Im Hochsommer (Juni – August) gibt es bis zu 14 Sonnenstunden, während im Winter (Dezember – Februar) die Sonne bereits gegen 17.00 untergeht.

Innere Rhythmen weisen von der Umwelt unabhängige Bestandteile auf. Viele Tiere können ihre Funktion abstimmen, indem sie aus der Umwelt Informationen über aktuelle Bedingungen verwerten. Viele Fische stellen Veränderungen ihrer physischen Umwelt fest und setzen diese Wahrnehmungen in hormonelle Botschaften um. Diese wiederum setzen physiologische und Verhaltensänderungen in Gang, die häufig im Dienste der Fortpflanzung stehen (ALCOCK 2009). Im Untersuchungsgebiet wurden von Temperatur und Photoperiode abhängige Fortpflanzungszyklen festgestellt.

Eine Homogenitätsprüfung der durchschnittlichen Abundanz gezählter Labridae in den Tertialen ergab keine signifikante Unterschiede zwischen den drei Jahresabschnitten (Pearson's Chi^2 = 83.394, FG = 76, P = 0.169). Auffallend war jedoch der Unterschied zwischen der kälteren Jahreszeit (Tertial 1) im Gegensatz zu den beiden wärmeren Abschnitten 2 und 3. Es scheint einen Zusammenhang der Lippfisch-Abundanz mit der Wassertemperatur zu geben. Tertial 2 und 3 unterscheiden sich stark von Abschnitt 1 in ihrer durchschnittlichen Temperatur. Jahresabschnitt 1 zeigt eine durchschnittliche Wassertemperatur von 21.5 °C, während sich Tertial 2 und 3 geringer voneinander unterscheiden (24.5 °C bzw. 26.6 °C).

Diagr. 28: Durchschnittliche Häufigkeit der Labridae pro Transekt in den Jahresabschnitten; die Tertiale unterscheiden sich in ihrer durchschnittlichen Temperatur von 21.5 °C bis 26.5 °C.

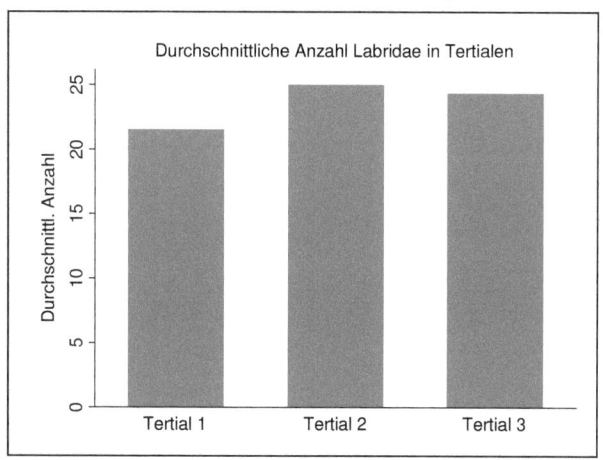

Temperaturen wirken sich auf das Fortpflanzungsverhalten der Tiere aus und haben somit Einfluss auf die Häufigkeit der Arten. Besonders die Abundanz juveniler Tiere hängt von Reproduktionszyklen ab. Die durchschnittliche Häufigkeit der Labridae aller Entwicklungsstadien lag in Tertial 1 bei 20.33 Individuen pro Transekt, hingegen bei Tertial 2 und 3 bei 24.98 und 24.47 Lippfischen pro 100 m². Dies bedeutet einen Anstieg der durchschnittlichen Häufigkeit um mehr als 20 % im Jahresverlauf.

Während der Transekt-Zählungen wurde versucht zwischen Adult- und Juvenilstadium zu unterscheiden. Bei einigen Arten ist die Differenzierung durch große farbliche Unterschiede der Entwicklungsstadien leicht, während bei anderen Arten eine

Unterscheidung basierend auf äußeren Merkmalen nicht möglich ist. Aus diesem Grund können die vorliegenden Daten nur als Tendenz in jahreszeitlichen Unterschieden gewertet werden. Wenn keine Unterscheidung zwischen Adult- und Juvenilstadium getroffen werden konnte, wurden die Tiere als "Adulte" aufgenommen. Insgesamt wurden 11 435 adulte und 3 027 juvenile Labridae gezählt.

Diagramm 29: Durchschnittliche Häufigkeit pro Transekt adulter (schwarz) und juveniler (grau) Labridae in den drei Jahresabschnitten.

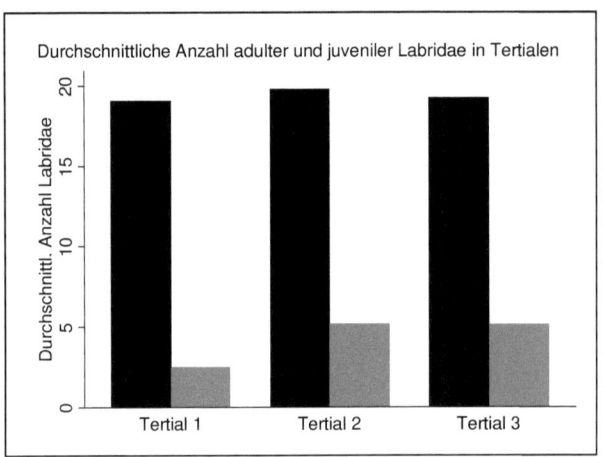

Eine Homogenitätsprüfung des durchschnittlichen Auftretens von Juvenilen und Adulten in den Tertialen ergab signifikante Unterschiede (Pearson's Chi² = 122.70, FG = 54, P < 0.001). Die Abundanz juveniler Tiere schwankte im Jahresverlauf beträchtlich. Die Reproduktion vieler Labridae scheint in direktem Zusammenhang mit der Wassertemperatur zu stehen. In den wärmeren Tertialen (2 und 3) wurden 52.4 % mehr juvenile Individuen gezählt als in Jahresabschnitt 1. Bezüglich des Vorkommens adulter Tiere konnte kein signifikanter Unterschied zwischen den Tertialen festgestellt werden (Pearson's Chi² = 87.82, FG = 90, P = 0.545). Die durchschnittliche Häufigkeit Adulter ist im Jahresverlauf nur geringfügigen Schwankungen unterworfen.

Die durchschnittliche Abundanz adulter und juveniler Labridae der 22 häufigsten Arten ist in Tabelle 30 angegeben. Die vollständige Auflistung aller Arten befindet sich im Anhang (siehe Tabelle 36). Juvenile zeigten wie adulte Tiere Präferenzen bezüglich der Tiefe (siehe Diagramm 30). Im Flachbereich wurden signifikant mehr Jungfische gezählt, als in tieferen Transekten. Juvenile bilden im Riffdach und Brandungsbereich große Gruppen, die oft mehrere Arten umfassen. Im Juvenilstadium sind die Tiere besonders durch Prädation bedroht. Die Arten konkurrieren untereinander stark um Versteck- und Nahrungsreviere.

Die individuenreichsten Arten zeigten im Flachbereich die durchschnittlich höchste Abundanz (*T. rueppellii, G. caeruleus*). Einige wenige, Schulen bildende Arten (wie beispielsweise *P. octotaenia*) mischen sich als Juvenile unter adulte Artgenossen und kommen daher vermehrt in größerer Tiefe vor.

Putzerlippfische kommen in allen Bereichen des Riffs vor. Die putzenden Arten zeigten die geringsten Unterschiede zwischen den Tiefenstufen. Putzerlippfische haben eine besondere Stellung im Ökosystem Korallenriff, die sich in ihrer Verbreitung wiederspiegelt. Der Konkurrenzdruck zwingt andere Labridae in bestimmte Habitate und schränkt so ihre Verbreitung ein. *L. dimidiatus* etabliert gleichmäßig über das Riff verteilt und in allen Bereichen feste Putzerstationen. Die Tiefen-Verbreitung beider Entwicklungsstadien stimmt bei den meisten Arten überein.

Diagramm 30: Durchschnittliche Häufigkeit ausgewählter Lippfische; Entwicklungsstadien im Vergleich (J = Juvenilstadium, A = Adultstadium). Bei den meisten Arten entsprechen sich die Häufigkeiten Juveniler und Adulter in den unterschiedlichen Tiefenstufen.

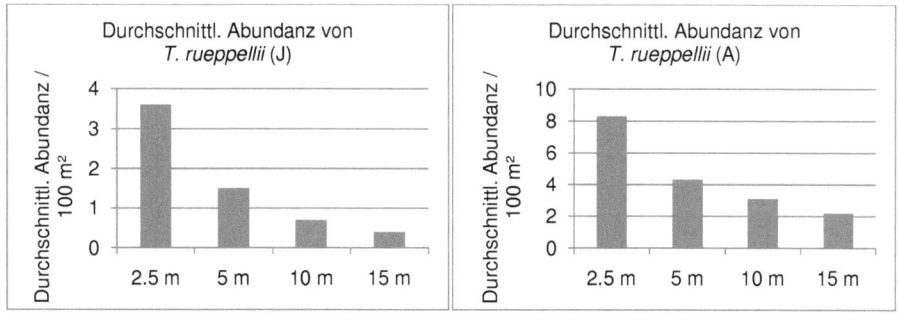

Fortsetzung Diagramm 30

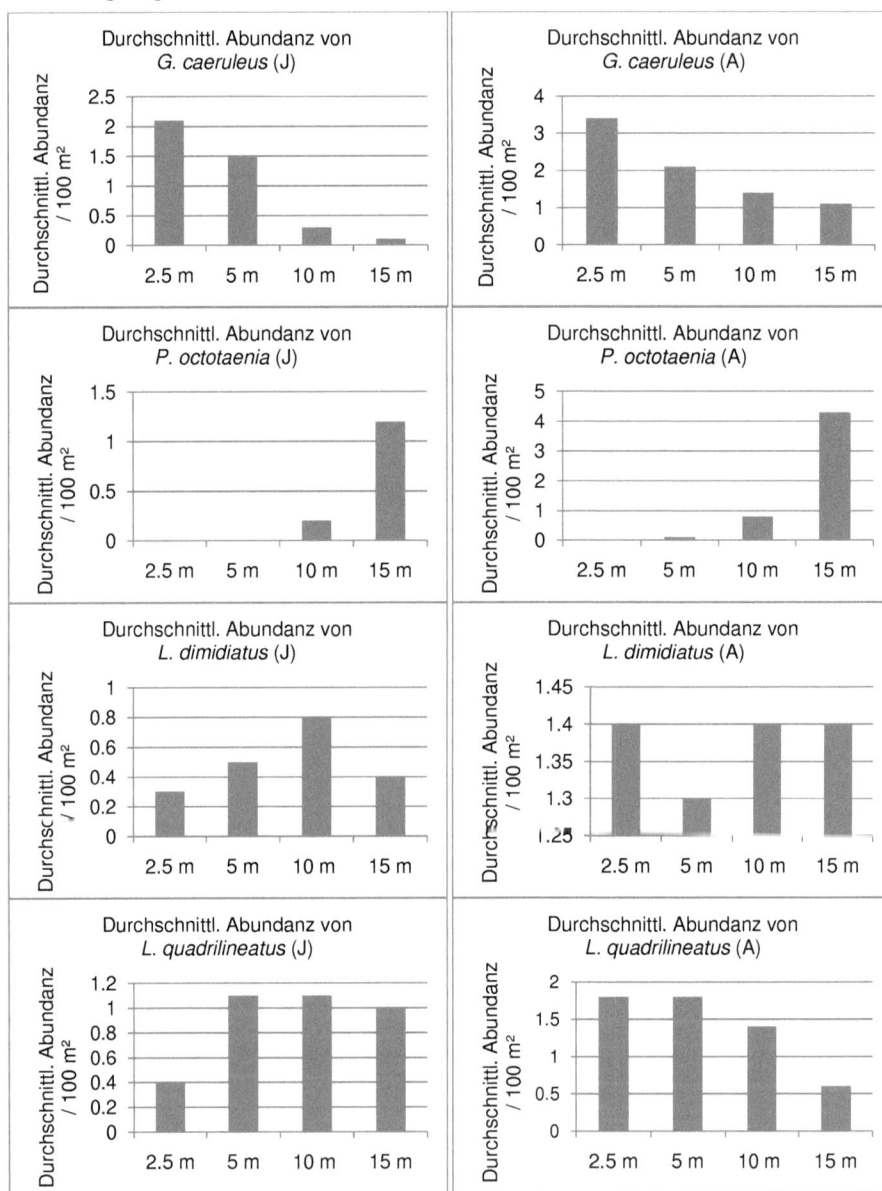

Tabelle 30: Durchschnittliche Abundanz ($\bar{x}$) adulter und juveniler Labridae ± s in den vier Tiefenstufen (Auflistung nach ihrer Häufigkeit).

	2.5 m				5 m				10 m				15 m			
	Adulte		Juvenile		Adulte		Juvenile		Adulte		Juvenile		Adulte		Juvenile	
Art	$\bar{x}$	±s	$\bar{x}$	±s	$\bar{x}$	±s	$\bar{x}$	±s	$\bar{x}$	±s	$\bar{x}$	±s	$\bar{x}$	±s	$\bar{x}$	±s
T. rueppellii	8.3	4.6	3.6	4.8	4.3	2.4	1.5	1.8	3.1	2.2	0.7	1.4	2.2	1.8	0.4	1.6
G. caeruleus	3.4	2.1	2.1	2.3	2.1	1.7	1.5	1.5	1.4	1.4	0.3	0.8	1.1	1.1	0.1	0.3
P. hexataenia	1.2	1.4	0.0	0.7	2.3	1.8	0.2	0.9	3.7	2.5	0.2	1.2	2.1	1.8	0.1	0.7
L. quadrilineatus	1.3	1.3	0.4	1.0	1.3	1.5	1.1	2.0	1.4	1.3	1.1	2.4	1.0	1.0	0.6	1.3
L. dimidiatus	1.4	1.0	0.3	1.2	1.3	1.1	0.5	1.0	1.4	1.0	0.8	0.9	1.4	1.1	0.4	0.9
P. octotaenia	-	-	-	-	0.1	11.3	0.0	0.0	0.8	7.6	0.2	3.6	4.3	13.8	1.2	8.8
A. twistii	0.5	0.7	0.1	0.6	1.1	1.2	0.2	0.7	1.6	1.6	0.2	1.0	1.5	1.2	0.1	0.5
P. evanidus	0.1	1.3	0.0	1.4	0.1	0.7	-	-	1.4	1.9	0.0	0.0	1.9	1.8	0.0	0.0
A. bicinctus	0.7	1.3	0.1	0.6	0.6	0.6	0.2	0.7	1.0	0.8	0.0	0.0	0.8	1.2	0.0	0.0
O. diagramma	0.5	0.7	-	-	0.8	0.7	-	-	0.8	0.7	0.0	0.0	0.6	0.7	0.0	-
A. meleagrides	0.2	0.7	0.1	1.8	0.2	0.5	0.0	0.6	0.7	1.7	0.0	0.0	1.0	1.3	0.0	1.4
B. anthioides	0.0	0.7	0.0	0.6	0.1	0.6	0.1	0.4	0.4	0.9	0.2	0.8	0.9	0.8	0.3	0.5
S. albovittata	0.7	1.5	-	-	0.2	0.6	0.0	0.0	0.2	1.5	0.0	0.0	0.2	0.6	-	-
O. mentalis	0.1	0.4	0.0	1.4	0.2	0.4	0.0	0.0	0.4	0.6	0.0	0.4	0.5	0.5	0.0	0.0
H. hortulanus	0.2	1.3	0.0	0.8	0.2	0.4	0.1	0.3	0.3	0.4	0.1	0.5	0.2	0.6	0.0	0.0
C. aygula	0.2	0.4	0.1	0.8	0.1	0.4	0.0	0.0	0.2	0.8	0.1	0.5	0.2	0.4	0.1	0.0
C. lunulatus	0.5	1.5	-	-	0.2	0.5	-	-	0.2	0.6	-	-	0.1	0.3	-	-
C. abudjubbe	0.0	0.5	0.0	0.7	0.0	0.0	-	-	0.2	0.3	-	-	0.4	0.5	-	-
H. annulatus	0.0	0.7	0.0	1.0	0.0	0.0	0.0	0.0	0.1	0.4	0.1	0.3	0.2	0.3	0.1	0.7
C. inermis	0.1	0.6	-	-	0.1	0.7	-	-	0.2	3.1	-	-	0.1	0.5	-	-
B. axillaris	0.0	0.4	-	-	0.1	0.4	-	-	0.1	0.3	-	-	0.1	0.3	-	-
T. lunare	0.1	0.3	0.0	0.6	0.1	0.4	-	-	0.1	0.3	-	-	0.1	0.4	-	-

4.4.2. Tageszeitliche Unterschiede

Alle Transekt-Zählungen fanden zwischen 8.00 und 18.00 statt. Der Untersuchungsbeginn richtete sich nach den Wind- und Wetterbedingungen, sowie dem Gezeitenstand. Tageszeitliche Unterschiede hängen mit dem Aktivitätszyklus der Labridae zusammen. Der Großteil der Untersuchungen wurde bei hohem Sonnenstand durchgeführt. Da alle gezählten Arten zu dieser Tageszeit aktiv sind, wichen die Ergebnisse nur geringfügig voneinander ab. Vor Sonnenaufgang und nach Sonnenuntergang konnten nur vereinzelt Labridae beobachtet werden. Lippfische ruhen nachts in Verstecken bzw. graben sich in Sand ein und entziehen sich so jeglicher Beobachtung. Wie bei vielen Korallenfischen nimmt auch bei Labridae die

Schwimmaktivität mit sinkendem Licht rapide ab (FRICKE 1976). Ein Homogenitätstest der durchschnittlichen Häufigkeit von Labridae bezüglich unterschiedlicher Tageszeiten ergab keinen signifikanten Unterschied zwischen den Abschnitten (Pearson's Chi² = 124.12, FG = 106, P = 0.110).

Diagramm 31: Durchschnittliche Anzahl Labridae im Tagesverlauf. Die Tageszeit wurde nach Sonnenstand und Uhrzeit in drei Abschnitte gegliedert.

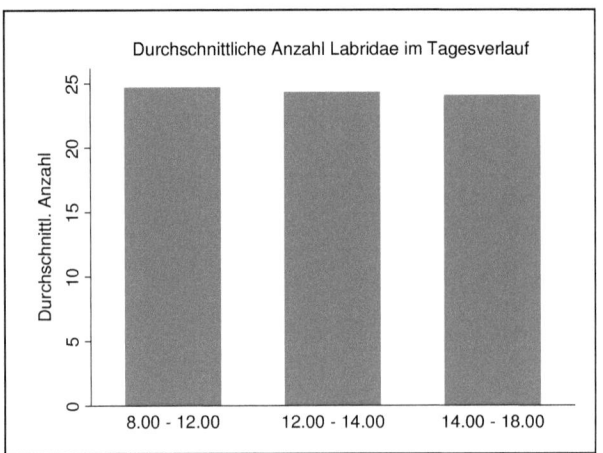

4.4.3. Tiefe

Es wurden in vier verschiedenen Tiefen jeweils 154 Transekte ausgelegt und alle darin vorkommenden Labridae, sowie die Individuen der Art A. bicinctus mit ihren Wirtsanemonen gezählt. Es gab zum Teil beträchtliche Unterschiede der Artenzusammensetzung zwischen den Untersuchungsbereichen. Die Artenvielfalt variierte von 28 bis 37 Arten in den unterschiedlichen Tiefen. Mit zunehmender Tiefe wurde eine größere Diversität festgestellt. Der Shannon-Wiener Index zeigte Werte zwischen 0.83 und 1.19 (siehe Tabelle 31). Ein Homogenitätstest der Labridae-Abundanz zeigte jedoch keine signifikante Unterschiede zwischen den vier Tiefenstufen (Pearson's Chi² = 179.02, FG = 159, P = 0.132).

Diagramm 32: Gesamtzahl beobachteter Lippfische in den 4 untersuchten Tiefenstufen.

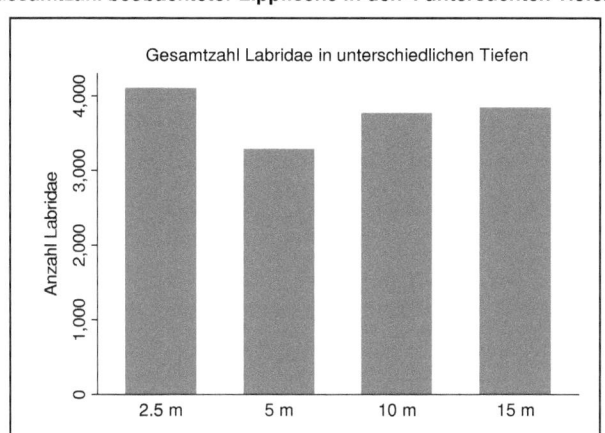

In den Flachwasser-Transekten (2.5 m Tiefe) wurde insgesamt die größte Anzahl an Lippfischen bei geringster Artenvielfalt gezählt. Den Großteil der Gesamtzahl (65.4 %) machten die beiden Arten *T. rueppellii* und *G. caeruleus* aus. Insgesamt 12.9 % der Gesamtpopulation fielen auf die beiden Putzer *L. dimidiatus* und *L. quadrilineatus*. In den beiden tieferen Stufen (5 m und 10 m) war *T. rueppellii* ebenso die individuenreichste Art. In 15 m Tiefe hingegen machte die Schulen bildende Art *P. octotaenia* mit 22 % den Großteil der Gesamtpopulation aus.

Tabelle 31: Übersicht der Individuen- und Artenzusammensetzung mit Diversitätsindices.

Tiefe	2.5 m	5 m	10 m	15 m
Gesamtzahl Individuen	4105	3285	3764	3839
± s	± 151.47	± 83.30	± 88.52	± 153.40
Maximale Individuenzahl / 100 m²	43	19	25	55
Durchs. Individuenzahl / 100 m²	26.66	21.33	24.44	24.93
Species Richness [S] (Labridae)	28	31	32	37
Margalef-Index D	3.25	3.71	3.89	4.36
Shannon-Wiener Index H'	0.83	1.02	1.18	1.19
Evenness E	0.57	0.68	0.78	0.75

Viele Arten zeigen bezüglich ihrer Häufigkeit große Unterschiede zwischen den Tiefenstufen. Diese spiegeln die Lebensweise bzw. das bevorzugte Habitat der einzelnen Arten wieder. An dieser Stelle sollen exemplarisch einige für die vorliegende Arbeit relevante bzw. häufige und ökologisch wichtige Arten behandelt werden. Die vollständige Liste der Abundanz aller Arten in den unterschiedlichen Tiefen ist im Anhang (siehe Tabelle 35) angeführt.

Tabelle 32: Durchschnittliche Häufigkeit (pro 100 m²) ± s in den verschiedenen Tiefen; Auswahl einiger im Untersuchungsgebiet vorkommender Labridae und A. bicinctus.

	2.5 m	5 m	10 m	15 m	Total
C. cuvieri	0.01 ± 0.00	0.01 ± 0.00	0.10 ± 0.44	0.06 ± 0.33	0.05 ± 0.50
G. caeruleus	5.56 ± 3.35	3.61 ± 2.41	1.75 ± 1.51	1.18 ± 1.20	3.02 ± 5.72
L. dimidiatus	1.70 ±1.26	1.82 ± 1.33	2.21 ± 1.41	1.74 ± 1.47	1.87 ± 3.04
L. quadrilineatus	1.73 ± 1.71	2.37 ± 2.41	2.55 ± 2.75	1.53 ± 1.86	2.04 ± 6.33
P. octotaenia	0.00 ± 0.00	0.14 ± 10.61	0.99 ± 7.03	5.48 ± 14.00	1.65 ± 12.33
P. evanidus	0.07 ± 1.71	0.10 ± 0.71	1.46 ± 1.90	1.95 ± 1.84	0.90 ± 2.84
T. rueppellii	11.78 ± 6.67	5.77 ± 3.27	3.92 ± 3.10	2.59 ± 2.36	6.01 ± 10.55
A. bicinctus	0.77 ± 1.47	0.71 ± 0.95	1.01 ± 0.87	0.84 ± 1.28	0.83 ± 2.75

Bei den meisten Arten gab es deutliche Präferenzen bezüglich ihrer bevorzugten Tiefe. *T. rueppellii* beispielsweise lebt im Juvenil- bzw. Transitionalstadium in großen Gruppen im Flachbereich, während größere Tiere einzeln in tieferen Bereichen vorkommen. Ein Homogenitätstest der durchschnittlichen Abundanz von *T. rueppellii* auf den verschiedenen Stufen ergab signifikante Unterschiede zwischen den vier Tiefen (Pearson's Chi² = 390.840, FG = 84, P < 0.001).

Anemonenfische wurden in allen Tiefen beobachtet. *A. bicinctus* zeigte die höchste Abundanz in 10 m, gefolgt von 15 m Tiefe (siehe Diagramm 27). Ein Homogenitätstest der durchschnittlichen Abundanz von *A. bicinctus* auf den verschiedenen Stufen ergab signifikante Unterschiede zwischen den vier Tiefen (Pearson's Chi² = 44.465, FG = 21, P = 0.002). *C. cuvieri* wurde ebenso in 10 m Tiefe am häufigsten beobachtet, während die Art in 2.5 m nur ein Mal angetroffen wurde. Ein Homogenitätstest der durchschnittlichen Häufigkeit von *C. cuvieri* auf den verschiedenen Stufen ergab signifikante Unterschiede zwischen den Tiefen (Pearson's Chi² = 19.929, FG = 6, P = 0.003).

Diagramm 33: Durchschnittliche Abundanz pro Transekt in den vier unterschiedlichen Tiefenstufen; Auswahl einiger im Untersuchungsgebiet vorkommender Labridae.

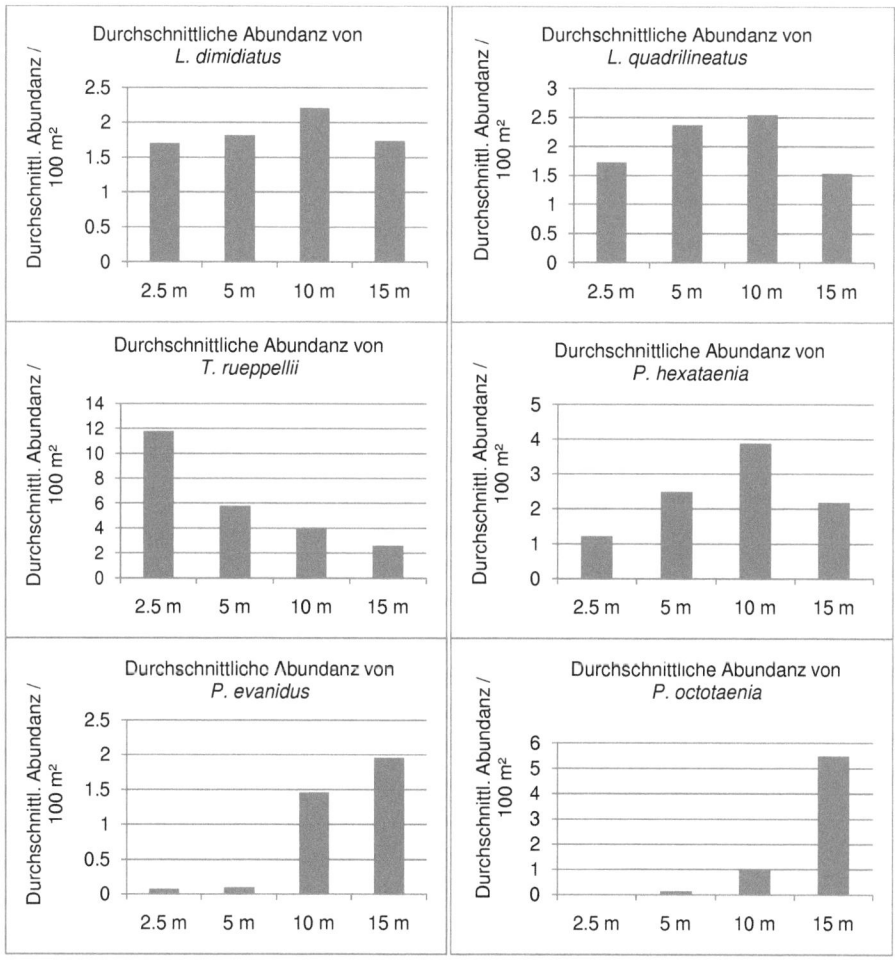

Putzerlippfische haben eine besondere Stellung im Ökosystem Korallenriff, welche sich in ihrer regelmäßigen Verbreitung wiederspiegelt. Der große Konkurrenzdruck zwingt andere Labridae in bestimmte Habitate und schränkt so ihre Verbreitung ein. *L. dimidiatus* etabliert in allen Bereichen des Riffs feste Putzerstationen, die sich gleichmäßig über das Riff verteilen. Ein Homogenitätstest der durchschnittlichen Abundanz von *L. dimidiatus* auf den verschiedenen Stufen ergab keine signifikante Unterschiede zwischen den Tiefen (Pearson's Chi² = 33.117, FG = 24, P = 0.102). Auch die im Juvenilstadium putzende Art *L. quadrilineatus* zeigte im Vergleich zu anderen Labridae eine gleichmäßige Verteilung auf die Tiefenstufen.

4.4.4. Untersuchungsgebiet

Es wurden insgesamt 7 verschiedene Regionen über 24 Monate hindurch untersucht. Bei der Auswahl der Beobachtungsgebiete wurde darauf geachtet vergleichbare und für die Gegend repräsentative Riffabschnitte zu wählen. Dennoch zeigte ein Homogenitätstest zwischen den Gebieten signifikante Unterschiede bezüglich der Lippfisch-Häufigkeit (Pearson's chi² = 266.46, FG = 216, P = 0.011).

Die durchschnittliche Abundanz variierte zwischen den Gebieten von 22.20 bis 27.26 Individuen pro Transekt (siehe Tabelle 33). Im Beobachtungsgebiet "Abu Talha" wurden durchschnittlich 22.77 % mehr Lippfische gezählt als in "Ras Miriam". Die Gegenden zeigten neben unterschiedlichen Häufigkeiten der Arten auch Unterschiede in der Zusammensetzung. Die Artenvielfalt (Species Richness [S]) variierte zwischen den Gebieten von 20 bis 34 Labridae-Arten. *A. bicinctus* war in allen untersuchten Regionen häufig.

Die maximale Individuenzahl scheint von der Intensivität der Nutzung als Tauchplatz abzuhängen, während der Artenreichtum von anderen Faktoren (wie Korallenbewuchs, Riffstruktur, Strömunsexposition, etc.) abhängt. Viele Arten flüchten vor entweichenden Luftblasen, weshalb bei jeder Transekt-Zählung darauf geachtet wurde, dass sich keine weiteren Taucher im Untersuchungsgebiet (innnerhalb der Transekte) befanden (ALTER 2006, 2010, BARKER & ROBERTS 2004, HODGSON et al. 2006, LABROSSE et al. 2002).

Diagramm 34: Durchschnittliche Abundanz gezählter Labridae in den 7 Untersuchungsregionen (AT = Abu Talha, TH = Tigerhouse, C = Canyon, RR = Rick's Reef, EG = Eel Garden, LH = Lighthouse, RM = Ras Miriam).

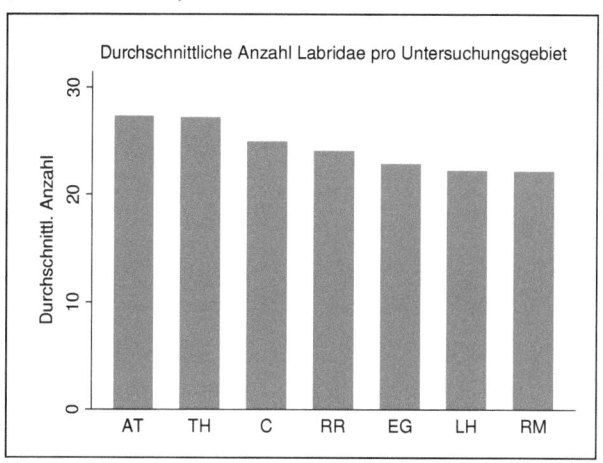

Geographisch nahe zusammen gelegene Regionen zeigten eine ähnliche Artenvielfalt. Das Gebiet mit der geringsten Diversität "Canyon" wird intensiv als Tauchplatz genutzt (siehe Tabelle 14). Eine ganzjährige Belastung durch Tauchtourismus hat negative Auswirkungen auf die Artenvielfalt in Korallenriffen (BARKER & ROBERTS 2004, ElGAMILY et al. 2001, HAWKINS & ROBERTS 1992). Die höchste Individuenzahl pro Transekt wurde in dem nicht touristisch genutzten Gebiet "Tigerhouse" gezählt.

Tabelle 33: Übersicht der Individuen- und Artenzusammensetzung in den 7 Regionen mit Diversitätsindices.

Region	LH	EG	RM	RR	C	AT	TH
Anzahl Transekte	88	96	88	102	74	88	80
Gesamtzahl Individuen	1955	2194	1954	2455	1844	2399	2175
± s	±89.5	±92.2	±78.5	±110	±75.8	±96.4	±111.5
Maximale Individuenzahl / 100 m²	42	43	25	52	30	30	55
Durchs. Individuenzahl / 100 m²	22.22	22.85	22.20	24.07	24.92	27.26	27.19
Species Richness [S] (Labridae)	30	29	33	34	20	28	31
Margalef-Index D	3.82	3.64	4.22	4.23	2.53	3.47	3.90

D. Diskussion

1. Verhaltensbeobachtungen

Die Entwicklungsstadien der beobachteten Labridae *C. cuvieri*, *C. aygula* und *Halichoeres sp.* unterscheiden sich nicht nur äußerlich, sondern auch in wesentlichen ökologischen und verhaltensbiologischen Faktoren. Mit dem Eintritt in die Transitionalphase und der damit verbundenen Umfärbung wird ein Übergang zum adult-typischen Verhalten beobachtet. Dieses zeichnet sich durch eine offenere Lebensweise aus, da adulte Labridae durch ihre Körpergröße einem geringeren Prädationsrisiko ausgesetzt sind. Neben dem Feinddruck ist auch der Aktionsradius und die Territoriumsgröße der Lippfische abhängig von ihrer Körpergröße.

Die Transition zum Adultstadium beginnt bei *C. cuvieri* ab einer kritischen Körpergröße von circa zwölf Zentimetern, was der maximalen Größe ihrer Anemonenfisch-Vorbilder entspricht. Wenn die Tiere "aus ihrem Modell heraus gewachsen" sind zeigen sie eine arttypische Färbung, die sich stark vom Juvenilkleid unterscheidet.

Tiere der *Amphiprion*-nachahmenden Art *C. cuvieri* leben in allen Entwicklungsstadien solitär, während Vertreter anderer Labridae in losen Gruppen vorkommen. Korallenfische stehen unter enormen Raum-, Nahrungs- und Prädationsdruck, weshalb sie ihre begrenzten Ressourcen unter großem Energieaufwand verteidigen. Durch die einzelgängerische Lebensweise profitiert *C. cuvieri* von einer geringeren Nahrungskonkurrenz.

Die untersuchten Arten wiesen zum Teil beträchtliche Unterschiede in der Dauer der gezeigten Verhaltensweisen auf. "Fressen", gefolgt von "Schwimmen", waren mit einer Ausnahme bei allen Arten und Entwicklungsstadien die am häufigsten gezeigten Verhaltensweisen. Fische wenden den Großteil ihrer aktiven Zeit für Futtersuche und Nahrungsaufnahme bei gleichzeitiger Feindvermeidung auf (BONE et al. 1996). *C. cuvieri* zeigte durchschnittlich die höchste Fressrate bei gleichzeitig geringster Schwimmaktivität.

Der prozentuale Anteil der Verhaltensweisen hat direkten Einfluss auf den Energieumsatz der Tiere und führt somit zu unterschiedlichen Wachstumsraten. Da optimale Energieausnutzer das Adultstadium früher erreichen führt ein effektiverer Nettogewinn pro Zeiteinheit schlussendlich zu Unterschieden im "livetime reproductive success" (ALCOCK 2009, DARWIN 1859).

Unter der Annahme, dass Fitness in direkter Abhängigkeit von Energiegewinn pro Zeiteinheit steht, sind Tiere mit optimalem Fresserfolg selektionsbegünstigt. Durch maximalen Energiegewinn wird in der Folge ein höherer Reproduktionserfolg erzielt. Dieser direkte Zusammenhang von Fressen und Überleben wird in der "optimal foraging theory" (LEMON & BARTH 1992) zusammengefasst. Natürlich "opfern" Tiere die optimale Kalorienaufnahme im Austausch mit einer maximalen Überlebensrate. Beim Fressen setzen sich Korallenfische erhöhtem Feinddruck aus (ALCOCK 2009). Lippfische sind rasche Schwimmer und sehr aufmerksam in der Feindvermeidung.

In der gesamten Beobachtungszeit wurde *C. cuvieri* niemals von einem Fressfeind erbeutet. Die Anzahl an Interaktionen mit Prädatoren war sehr gering. Diese Beobachtung lässt auf ein geringes Interesse seitens der Räuber schließen. *C. cuvieri* kann durch seine *Amphiprion*-typische Färbung offener leben und in der Folge mehr Zeit zur Nahrungsaufnahme aufwenden.

Berücksichtigt man ausschließlich die Fressrate und setzt man den Anteil der Verhaltensweise "Schwimmen" mit Energieverbrauch gleich, so verhalten sich Individuen der Art *C. cuvieri* tatsächlich in optimaler Weise. Die Tiere profitieren von einem maximalen Nettogewinn durch gesteigerte Kalorienaufnahme bei gleichzeitiger Risikominimierung, da Prädotoren geringes bis kein Interesse an den Nachahmern zeigen.

Verschiedene Umweltfaktoren wie Jahreszeit, Tiefe und Beobachtungsstandort haben neben individuellen Unterschieden Einfluss auf das Verhalten der Nachahmer, Wassertemperatur und Photoperiode haben Auswirkungen auf das Nahrungsangebot und das Fortpflanzungsverhalten vieler Korallenfische (BONE et al. 1996, SCHUHMACHER 1988). Dies spiegelt sich in jahreszeitlichen Schwankungen bezüglich der zum Fressen aufgewandten Zeit wieder. Alle untersuchten Arten sind tagaktiv und zeigen nur gerinfüge tageszeitlich bedingte Unterschiede der Verhaltensweisen.

Die beobachteten Arten scheinen keine bestimmten Riff-Typen, jedoch bestimmte Habitate zu bevorzugen. Durch den großen Spezialisierungs-Grad der Korallenfische können viele Arten auf begrenztem Lebensraum nebeneinander vorkommen (SCHUHMACHER 1988). *C. cuvieri* bevorzugt tierere Riffabschnitte mit einem hohen Grad an Hart- und Weichkorallenbedeckung. Wie viele Labridae ist *C. cuvieri* auf das Vorhandensein von Schutt- und Sandflächen angewiesen. Die Art sucht darin nach Nahrung und vergräbt sich nachts zum Schutz.

C. cuvieri besetzt Größen-abhängige Territorien und lebt sehr standorttreu. Die Art ist mit Anemonen und ihren darin lebenden Modellen assoziiert, während das Vorkommen anderer Labridae nicht vom Vorhandensein der Wirtsanemonen abhängt.

1.1. Unterschiede und Gemeinsamkeiten der Schwester-Arten

Zwischen den beiden nahe verwandten Arten *C. cuvieri* und *C. gaimard* wurden einige Gemeinsamkeiten und Unterschiede festgestellt. Im Roten Meer leben die Nachahmer solitär und in durchschnittlich größerer Tiefe, während *C. gaimard* im Indo-Pazifik bevorzugt in Gruppen im Flachbereich und der Brandungszone vorkommt. Das Vorkommen der Arten spiegelt hierbei die bevorzugte Wassertiefe der Wirtsanemonen wieder. Durch Trübungen und eine größere Niederschlagsrate herrschen im Indo-Pazifik schlechtere Lichtverhältnisse vor, welche die Verbreitung von Anemonen in größerer Tiefe beschränken. Der durchschnittliche gemessene Abstand zu den Anemonenfisch-Modellen war bei beiden Arten annähernd gleich.

Im Golf von Aquaba kommt ausschließlich die Rotmeer-Anemonenfisch Art *A. bicinctus* vor, während es im Indo-Pazifik mehrere, teilweise nebeneinander vorkommende Arten (*Amphiprion akallopisos, A. akindynos, A. chrysopterus, A. clarkii, A. leucokranos, A. melanopus, A. ocellaris, A. perideraion, A. polymnus, A. sandarcinos, A. sebae, Premnas biaculeatus*) gibt. Die meisten dieser Arten zeichnen sich durch eine orange-gelbe bis bräunliche Grundfarbe mit weißen Streifen aus (ALLEN 1978, FAUTIN & ALLEN 1994, KUITER 2002, KUITER & DEBELIUS 2007). *C. cuvieri* sowie *C. gaimard* zeigen eine große äußerliche Ähnlichkeit mit den Anemonenfischen, die durch Verhaltensanpassungen verstärkt wird.

C. cuvieri ist im nördlichen Roten Meer relativ selten, während *C. gaimard* lokal häufig war. Alle untersuchten Arten sind tagaktiv und zeichnen sich durch große Ortstreue aus. Beide Nachahmer-Arten wandten durchschnittlich am meisten Zeit zur Nahrungsaufnahme auf, gefolgt von Schwimmaktivität. Die Individuen zeigten die häufigsten Interaktionen mit Vertretern von Pomacentridae und Labridae. Die beiden Familien stellen Nahrungs- und Raumkonkurrenten der Lippfische dar und sind gleichzeitig die im Untersuchungsgebiet individuenreichsten Familien.

Die beiden Arten *C. cuvieri* und *C. gaimard* weisen verhaltensbiologisch geringe Unterschiede auf, zeigen jedoch unterschiedliche Anpassungen an ihre Lebensräume und die darin vorkommenden Modelle.

2. Umfärbungen

Bei vielen Korallenfischen werden tageszeitliche, sowie situations- und umgebungsbedingte Farbwechsel beobachtet. Diese stehen häufig im Dienste von Tarnung und Täuschung. Viele Tiere zeigen jedoch auch motivationsbedingte Umfärbungen, die der inter- bzw. intraspezifischen Kommunikation dienen. Aus den gezeigten Farbmustern kann auf den aktuellen Motivationszustand der Tiere geschlossen werden (COLGAN 1993, EIBL-EIBESFELDT 1999, FRICKE 1976, IMMELMANN et al. 1996, McFARLAND 1999, TINBERGEN 1966).

Adulte Tiere der Art *C. cuvieri* zeigen im arttypischen Farbkleid einen hell bis weiß gefärbten Bereich über dem Maul. Im Zuge der Verhaltensanalysen von *C. cuvieri* wurde ein wiederholtes, teilweise mehrere Sekunden andauerndes Umfärben des Stirnbereiches festgestellt. Adulte Afrika-Junker verändern in Sekundenschnelle die Färbung über rosa-rötlich bis zu dunkelgrün. Im Anschluss zeigen die Tiere wieder die arttypische, helle Färbung.

Rund 53 % aller beobachteten Afrika-Junker zeigten Farbwechsel des Stirnbereiches. Die Umfärbungen wurden ausschließlich bei Individuen mit einer Körpergröße von mehr als 18 cm dokumentiert. Es scheint einen Zusammenhang zwischen den Farbwechseln und dem Entwicklungsstadium, dem sozialem Rang und der Dominanz der adulten Tiere zu geben. Da die Umfärbungen ausschließlich bei adulten Individuen beobachtet wurden, könnte ein Zusammenhang mit dem Fortpflanzungverhalten der Tiere bestehen. In den analysierten Intervallen wurden jedoch keinerlei innerartliche Interaktionen beobachtet.

Adulte Afrika-Junker fressen oft gemeinsam mit größeren Schulen anderer Arten. Besonders häufig findet man *C. cuvieri* zwischen Meerbarben der Gattung *Parupeneus* und Doktorfischen der Art *Acanthurus*. Rund 30 % aller Interaktionen adulter Afrika-Junker fallen auf die beiden Arten *P. forsskali* und *A. nigrofuscus*. Die Umfärbungen wurden meist während aggressiver Interaktionen mit den beiden Arten beobachtet. Da dies für gewöhnlich in kurzen Unterbrechungen der Nahrungsaufnahme geschah, ist eine Trennung der beiden Verhaltensweisen nicht eindeutig. Viele Labridae profitieren von einem höheren Fresserfolg durch den Zusammenschluss zu interspezifischen Fressgemeinschaften (ARONSON et al. 1987, BARID 1993, FOSTER 1985, LUKOSCHECK 2000, MORSE 1977, SAKAI et al. 1995).

Die Ergebnisse der Umfärbungen bedürfen weiterer Untersuchungen. Da der Großteil der Zeit während der Farbwechsel zum Fressen bzw. während aggressiver Interaktionen beim Fressen aufgewandt wurde, scheint es einen Zusammenhang mit der Fressappetenz adulter Tiere zu geben.

3. Attrappenversuche

Zur experimentellen Bestätigung und Interpretation der Verhaltensbeobachtungen wurden Attrappenversuche durchgeführt. Einerseits wurden Attrappen juveniler Lippfische verwendet, um unterschiedliche Reaktionen von Prädatoren zu untersuchen, andererseits wurden juvenilen Tieren der Art *C. cuvieri* Attrappen verschiedener Fressfeinde dargeboten.

3.1. Attrappen juveniler Labridae

Bei der Herstellung der Attrappen wurden im Untersuchungsgebiet häufige Arten verwendet und riffbiologisch interessante Aspekte berücksichtigt. Die Auslösbarkeit vier verschiedener Verhaltensweisen wurde geprüft. Bei den getesteten Prädatoren handelte es sich um Vertreter der Familien Serranidae und Scorpaenidae, welche die im Untersuchungsgebiet häufigsten Räuber darstellen. Die untersuchten Arten sind allesamt Lauer- und Ansitzjäger, die reglos und meist gut getarnt auf vorbeischwimmende Beute warten. Serranidae schwimmen ihre Beute aktiv an, während Skorpionsfische kryptisch leben und für gewöhnlich auf dem Substrat ruhen. Beutefische werden, wenn sie nahe genug kommen, durch rasches Aufreißen des Mauls eingesaugt. Scorpaenidae sind wahre Tarnungskünstler, die oft über einen großen Zeitraum regungslos auf Beute warten. Sie schlagen nur zu, wenn die Erfolgsaussichten das Aufgeben ihrer nahezu perfekten Tarnung rechtfertigen (DEBELIUS 1998, KUITER & DEBELIUS 2007). Die Lebensweise der Prädatoren spiegelt sich in der Auslösbarkeit der Verhaltensweisen wieder.

In rund 99 % der Versuche zeigten Prädatoren Interesse an den präsentierten Attrappen juveniler Lippfische. Bei beinahe allen Versuchen wurde eine Augenbewegung und das Ausrichten des Körpers in Richtung Beuteobjekt beobachtet. Die meisten Räuber im Korallenriff orientieren sich optisch und stehen unter großer Nahrungskonkurrenz. Kleine Korallenfische haben auf Grund der großen Prädatorendichte im Riff außerhalb ihrer Verstecke und Territorien nur geringe Überlebenschancen (FRICKE 1966).

Eine natürliche Fortbewegung der Attrappen war für das Auslösen der Verhaltensweisen entscheidend. Konnten die Attrappen auf Grund von Strömungsverhältnissen und Riffstruktur nicht "typisch-labriform" (mit einer wippenden Schwimmbewegung) eingesetzt werden, zeigten sich die untersuchten Fische irritiert und es wurde häufig Fluchtverhalten ausgelöst.

Prädatoren zeigten signifikant weniger häufig die beiden Verhaltensweisen "Anschwimmen" und "Berühren". Beide verbrauchen Energie und werden nur nach

Abwägung der Kosten und Nutzen, d.h. wenn die Chancen auf Fresserfolg gut stehen, eingesetzt. Vertreter der Serranidae und Scorpaenidae geben beim Zuschnappen nach Beute ihre Tarnung auf. Nach einem missglückten Fressversuch meiden potentielle Beutefische für einen längeren Zeitraum die unmittelbare Nähe der Prädatoren.

Die Attrappe von *L. dimidiatus* löste bei allen Versuchen die schwächste bzw. eine deutlich andere Reaktion aus. Der Putzerlippfisch bewirkte bei den getäuschten Kunden Putzaufforderungen wie beispielsweise Flossen- und Kiemendeckelabspreizen. Die Attrappe von *L. dimidiatus* wurde von Prädatoren signifikant weniger häufig berührt, als andere Versuchsobjekte. Einige getäuschte Fische wurden während der Versuche mit der Attrappe aktiv berührt. Sie zeigten dabei typische Putzauffoderungen und beendeten der Kontakt erst nach einigen Sekunden.

L. dimidiatus ist durch seine besondere ökologische Rolle im Korallenriff weitgehend vor Prädation geschützt (CHLUPATY 1980, EIBL-EIBESFELDT 1959, KUWAMURA 1981, THRESHER 1984).

Es handelt sich jedoch keinesfalls um einen absoluten Schutz. Wurde die Attrappe unnatürlich bewegt, so attackierten Prädatoren die vermeintlich geschützten Putzer. Die charakteristische Schwimmweise von *L. dimidiatus* scheint für die Arterkennung und somit für das Ausbilden des Prädationsschutzes entscheidend zu sein.

Die Attrappe von *C. cuvieri* löste deutlich weniger Reaktionen von Prädatoren aus, als Nachbildungen juveniler Lippfische mit vergleichbarer Lebensweise. Die Nachbildung des juvenilen Afrika-Junkers wurde signifikant weniger häufig angeschwommen und berührt.

Attrappen heimlich lebender Labridae wie beispielsweise *P. evanidus* und *P. hexataenia* wurden in allen Versuchen angeschwommen. Die Arten leben normalerweise gut versteckt zwischen Korallenästen und haben, wenn sie unverborgen sind bzw. sich zu weit von ihrem Versteck entfernen, geringe Überlebenschancen.

Die sehr deutlichen Ergebnisse lassen Rückschlüsse auf die Lebensweise der verschiedenen Labridae zu. *C. cuvieri* ist durch seine Anemonenfisch-typische Färbung großteils vor Prädation geschützt. Fressfeinde erkennen und unterscheiden die unterschiedlichen Farbmuster potentieller Beutefische und passen ihr Jagdverhalten daran an. Wenn ein Fresserfolg unwahrscheinlich ist, investieren Räuber keine Engerie und zeigen nur geringes Interesse. *C. cuvieri* wird signifikant weniger häufig angegriffen, als Lippfische vergleichbarer Körpergröße. Die Art kann sich dadurch freier bewegen und mehr Zeit in Nahrungsaufnhame investieren.

3.2. Attrappen von Prädatoren

Attrappen verschiedener Prädatoren wurden eingesetzt um durch Fressfeinde ausgelöste Verhaltensweisen von *C. cuvieri* im Juvenilstadium zu beobachten. Mit Attrappen von *Variola louti, Epinephelus fasciatus* und *Pterois miles* wurden im Untersuchungsgebiet häufige Fressfeinde repräsentiert. Durch die arttypische Größe der eingesetzten Attrappen war eine natürliche Bewegung unter Wasser nur schwer zu imitieren. Bei Strömung waren die Attrappen schwer zu kontrollieren. Die teilweise unnatürliche Fortbewegungsweise der Attrappen löste in allen Versuchen eine Fluchtreaktion bei *C. cuvieri* aus. In etwas mehr als der Hälfte der Attrappenversuche zeigte *C. cuvieri Amphiprion*-typische Verhaltensweisen. Diese äußerten sich meist in einer veränderten Schwimmweise und einer Kontaktaufnahme mit dem Substrat. Die verschiedenen Attrappen lösten hierbei unterschiedliche Reaktionen hervor. Die Prädatoren haben unterschiedliche Präferenzen bezüglich bevorzugter Nahrung und Aktivitätszeit. Afrika-Junker scheinen diese Faktoren bei ihrem gezeigten Verhalten und ihrer Fluchtdistanz zu berücksichtigen. Es scheint einen Zusammenhang mit der individuellen Größe und den ausgelösten Verhaltensweisen zu geben. Durchschnittlich kleinere Individuen zeigten während der Versuche häufiger *Amphiprion*-typische Verhaltensweisen. Ab einer kritischen Körpergröße von zirka neun Zentimetern, wenn *C. cuvieri* die maximale Größe der Anemonenfische erreicht, zeigen die Tiere eine eine typisch labriforme Schwimmweise.

4. Diversitätsstudie

Hinsichtlich der Artenvielfalt sind Labridae und Pomacentridae die vorherrschenden Fischfamilien in Korallenriffen des Roten Meeres (ALTER 2010, BSHARY 2003). Es wurde eine Gesamt-Lippfisch-Diversität von 48 Arten für das Untersuchungsgebiet festgestellt. Einige auf ein bestimmtes Habitat spezialisierte Arten (Höhlen, Sandgrund, Seegraswiesen, etc.) wurden in den Transekten der vorliegenden Studie nicht dokumentiert. Bei der Auswahl der Beobachtungsplätze wurde darauf geachtet, dass die Transekte homogen strukturiert waren. Die Abschnitte sollten für die Gegend und das gesamte Riff repräsentativ, sowie unter einander vergleichbar sein. Insgesamt wurden 38 verschiedene Labridae-Arten aus 19 Gattungen in den 61 600 m² aller ausgezählten Transekte beobachtet. Die festgestellte Artenzahl liegt deutlich über Werten anderer Studien in der Untersuchungsregion (ALWANY 2003, KOCHZIUS 2007, SCHRAUT 1995).

Zwischen den Arten gab es signifikante Unterschiede in ihrer Erscheinungshäufigkeit. Die mit Abstand häufigste Art war der Rotmeer-Junker *T. rueppellii*, gefolgt von *G. caeruleus*, *P. hexataenia* und den beiden Putzerlippfischen *L. quadrilineatus* und *L. dimidiatus*. *T. rueppellii* machte rund ein Viertel der gesamten Lippfisch-Population aus. Das Vorhandensein von Putzerlippfischen hat direkten Einfluss auf den Gesundheitszustand der Korallenfische und wirkt sich daher positiv auf die Artenzusammensetzung aus (BSHARY 2003).

Während *L. dimidiatus* sich in allen Entwicklungsstadien als Putzer betätigt, zeigen einige Labridae nur im Juvenilstadium diese spezialisierte Ernährungsweise. Die hohe Abundanz putzender Lippfische spiegelt sich in der Gesamt-Artenvielfalt der Riffabschnitte wieder (ALTER 2010 unveröffentlichte Daten, ALWANY 2003, KOCHZIUS 2007, SCHRAUT 1995).

Die untersuchten Riffabschnitte zeigten eine relativ hohe Lippfisch-Diversität, die von der touristischen Nutzung als Tauchplatz beeinflusst wurde. In ungenutzten Bereichen wurde die durchschnittlich höchste Individuenzahl festgestellt. Das Verhalten vieler Lippfische wird durch die Anwesenheit von Tauchern verändert. Einige Arten zeigen ausgeprägtes Fluchtverhalten, während andere Tauchern folgen um an durch aufgewirbelten Sand freigelegte Beute zu gelangen. Eine ganzjährige Belastung durch Tauchtourismus hat negative Auswirkungen auf die Artenvielfalt in Korallenriffen (BARKER & ROBERTS 2004, ElGAMILY et al. 2001, HAWKINS & ROBERTS 1992). Diese Feststellung bestätigte sich in Unterschieden bezüglich der Artenvielfalt und Individuenzahl der Labridae in touristisch genutzten bzw. unberührten Riffabschnitten.

4.1. Einfluss verschiedener Faktoren auf die Artenzusammensetzung

Umwelteinflüsse haben große Auswirkungen auf die Artenzusammensetzung und Abundanz von Korallenfischen. Saisonale und tageszeitliche Unterschiede, sowie Tiefe und Standort wurden bezüglich ihres Einflusses auf die Lippfisch-Population im Golf von Aquaba untersucht.

Die Individuenzahl ist jahreszeitlichen Schwankungen unterlegen. Temperatur und Photoperiode zeigen am Roten Meer große, saisonal bedingte Unterschiede. Beide Faktoren wirken sich auf das Fortpflanzungsverhalten der Lippfische aus und haben somit Einfluss auf die Häufigkeit der Arten. Die Reproduktionszyklen können anhand der schwankenden Abundanz juveniler Labridae festgestellt werden. Die durchschnittliche Häufigkeit Adulter ist hingegen im Jahresverlauf nur geringfügigen Abweichungen unterworfen.

Die Reproduktion vieler Labridae scheint im nördlichen Roten Meer in direktem Zusammenhang mit der Wassertemperatur und Photoperiode zu stehen. Da bei einigen Arten die Entwicklungsstadien basierend auf ihren äußeren Merkmalen nicht unterscheidbar sind, müssen die Ergebnisse als jahreszeitliche Trends und nicht als absolute Daten aufgefasst werden.

Anhand der beobachteten Arten lässt sich eine hohe Lebensraum-Spezialisierung mit bevorzugten Tiefenstufen feststellen, welche sich teilweise auf ein Entwicklungsstadium beschränken. Juvenile kommen häufig in einem sehr begrenzten Lebensraum vor, während Adulte größere Riffbereiche besiedeln. Bei den meisten Arten gab es zwischen den beobachteten Tiefen signifikante Unterschiede. Im Flachbereich wurden deutlich mehr Jungfische gezählt, als in tieferen Transekten. Juvenile bilden im Riffdach und Brandungsbereich große Gruppen, die oft mehrere Arten umfassen. Im Juvenilstadium sind die Tiere besonders durch Prädation bedroht. Die Arten konkurrieren untereinander stark um Versteck- und Nahrungsreviere. Die individuenreichsten Arten zeigten im Flachbereich die durchschnittlich höchste Abundanz (*T. rueppellii, G. caeruleus*). Einige wenige, Schulen bildende Arten (wie *P. octotaenia*) mischen sich als Juvenile unter adulte Artgenossen und kommen daher vermehrt in größerer Tiefe vor. Die Arten *L. dimidiatus* und *L. quadrilineatus* zeigten die geringsten Unterschiede zwischen den Tiefenstufen. Putzerlippfische haben eine besondere Stellung im Ökosystem Korallenriff, welche sich in ihrer regelmäßigen Verbreitung wiederspiegelt. Der große Konkurrenzdruck zwingt andere Labridae in bestimmte Habitate und schränkt so ihre Verbreitung ein. *L. dimidiatus* etabliert in allen Bereichen des Riffs feste Putzerstationen, die sich gleichmäßig über das gesamte Riff verteilen.

Es gab zum Teil beträchtliche Unterschiede der Artenzusammensetzung zwischen den Untersuchungsbereichen. Die Artenvielfalt variierte von 28 bis 37 Arten in den vier Tiefenstufen. Mit zunehmender Tiefe wurde eine größere Diversität festgestellt. Der Shannon-Wiener Index zeigte Werte zwischen 0.83 und 1.19. In den 2.5-Meter-Transekten wurde insgesamt die größte Anzahl an Lippfischen bei geringster Artenvielfalt gezählt. Den Großteil der Gesamtzahl (65.4 %) machten die beiden Arten *T. rueppellii* und *G. caeruleus* aus. 12.9 % der Gesamtpopulation fielen auf die beiden Putzerlippfische *L. dimidiatus* und *L. quadrilineatus*. Der Margalef-Index variierte von 3.25 für die Tiefe 2.5 m bis 4.36 für die 15-Meter-Transekte. Der Shannon-Wiener Index reichte von 0.83 bis 1.19. Die Maxima lagen bei den 10 m und 15 m Transekten. Demnach deuten Artenreichtum und Diversitätsindex auf eine Struktur von höherer Diversität in tieferen Bereichen hin. Der Äquitätsindex ergab zwischen den Tiefenstufen Werte von 0.57 bis 0.78. Die hohen Werte für 10 m und 15 m deuten auf ausgeglichene Arthäufigkeiten hin. Im Flachbereich dominieren wenige Arten, während in größerer Tiefe komplexe Arten-Zusammensetzungen bestehen.

Da alle Labridae tagaktiv sind, wichen die Untersuchungsergebnisse im Tagesverlauf nur geringfügig voneinander ab. Vor Sonnenaufgang und nach Sonnenuntergang konnten nur vereinzelt Labridae beobachtet werden. Lippfische ruhen nachts in Verstecken bzw. graben sich in Sand ein und entziehen sich so jeglicher Beobachtung.

Es wurden insgesamt 7 verschiedene Regionen über 24 Monate hindurch untersucht. Bei der Auswahl der Beobachtungsgebiete wurde darauf geachtet vergleichbare und für die Gegend repräsentative Riffabschnitte zu wählen. Dennoch zeigten die Gebiete signifikante Unterschiede bezüglich der Lippfisch-Häufigkeit.

Die Gegenden zeigten neben unterschiedlichen Häufigkeiten der Arten auch Unterschiede in der Zusammensetzung. Die Artenvielfalt variierte zwischen den Gebieten von 20 bis 34 Labridae-Arten. *A. bicinctus* war in allen untersuchten Regionen häufig. Innerhalb der Untersuchungsgebiete bewegte sich der Artenreichtum zwischen 20 und 34 Arten und die gesamte Abundanz zwischen 22.22 bis 27.26 Individuen pro Transekt. Der Shannon-Wiener Index zeigte Werte zwischen 0.83 und 1.19.

Geographisch nahe zusammen gelegene Regionen zeigten eine ähnliche Artenvielfalt. Die ganzjährige touristische Nutzung einiger Untersuchungsgebiete hat negativen Einfluss auf die Artenzusammensetzung und Individuenzahl der Labridae (BARKER & ROBERTS 2004, EIGAMILY et al. 2001, HAWKINS & ROBERTS 1992).

4.2. Modell-Nachahmer-Verhältnis

Die Modell-Art *A. bicinctus* war im Untersuchungsgebiet relativ häufig, während nachahmende Afrika-Junker selten waren. Anemonenfische kamen in 33.9 % der Transekte vor, während *C. cuvieri* in 3.9 % der Transekte angetroffen wurde. Die maximale Häufigkeit der Arten lag zwischen 7 und 2 Individuen pro 100 m². Durchschnittlich wurden 1.6 Individuen der Art *A. bicinctus* pro Anemone gezählt. 82 % der Wirtsanemonen fielen auf die Art *E. quadricolor,* die restlichen 8 % auf *H. crispa.*

A. bicinctus war im Golf von Aquaba die einzige vorkommende Anemonenfisch-Art. Im Indo-Pazifik hingegen kommen mehrere Arten gleichzeitig und teils nebeneinander vor (Amphiprion akallopisos, A. chrysopterus, A. clarkii, A. leucokranos, A. melanopus, A. ocellaris, A. perideraion, A. polymnus, A. sandarcinos, Premnas biaculeatus).

Für den Beweis einer möglichen Coris-Amphiprion Mimikry Beziehung ist die Ratio der vermeintlichen Nachahmer zu ihren Modellen ausschlaggebend. Wie bei allen echten Mimikry-Beziehungen war die Häufigkeit der Nachahmer deutlich geringer, als die der Modelle. Die Modell-Nachahmer-Häufigkeit liegt im Roten Meer bei 5.45 %, was mit den Mittelwerten anderer Mimikry-Studien übereinstimmt (BUNKLEY-WILLIAMS & WILLIAMS 2000, EAGLE & JONES 2004, HUHEEY 1988, KUWAMURA 1983, LOSEY 1972, 1974, MOLAND et al. 2005, MOYER 1977, SEIGEL & ADAMSON 1983, SPRINGER & SMITH-VANIZ 1972, THRESHER 1978).

C. cuvieri wurde in insgesamt 5 der 7 Untersuchungsgebiete angetroffen. Modell- und Nachahmer-Arten kamen in denselben Gebieten und Transekten vor. Das Vorkommen von C. cuvieri hängt vom Vorhandensein von Schutt- und Sandflächen ab. Die Art sucht darin nach benthischen Invertebraten und vergräbt sich nachts zum Schutz vor Fressfeinden. Nachahmer bevorzugten durschschnittlich tiefere Bereiche. Beide Modell- und Nachahmer-Arten zeigten in 10 Meter Tiefe die höchste Abundanz.

Eine direkte Korrelation zwischen der Amphiprion-Häufigkeit und dem Vorkommen von C. cuvieri lag nicht vor. C. cuvieri kommt im selben Habitat und geographischen Verbreitungsgebiet wie die Anemonenfische vor, das Vorkommen ist jedoch nicht an die unmittelbare räumliche Nähe von Amphiprion gebunden. Modelle und Nachahmer sind nur lose assoziiert.

Eine räumliche Assoziation wird zwar in den meisten Mimikry-Fällen beobachtet, es scheint sich hierbei jedoch um ein weniger strenges Kriterium zu handeln, als früher angenommen (CALEY & SCHLUTER 2003, HUHEEY 1988, MOLAND et al. 2005).

5. Eine Coris-Amphiprion Mimikry-Beziehung?

5.1. Die Problematik "schlechter Täuscher"

Für das menschliche Auge sind viele vermeintliche Nachahmer schlechte Täuscher, die leicht von den Originalen unterschieden werden können. Daher kommt die Frage auf, ob die Nachahmer wirklich von ihrer äußeren Ähnlichkeit profitieren. Handelt es sich in diesen Fällen wirklich um echte Mimikry oder sind die Fische nur zufällig ähnlich gefärbt? Diese Problematik ergibt sich bei der Betrachtung vieler Mimikry-Beziehungen und führte zur Klassifikation verschiedener Ähnlichkeits-Typen. WALDBAUER (1988) nannte nahezu perfekte, spezifische Nachahmer "high fidelity mimics", während DITTRICH et al. (1993) schlechte Nachahmer als "imperfect mimics" bezeichnete. POUGH (1988) unterschied zwischen "concrete" und "abstract homotypy". Aber wie können diese unterschiedlichen Ähnlichkeits-Grade erklärt werden? Wieso ist der Selektionsdruck auf die schlechteren Täuscher durch Prädatoren nicht stark genug um größere Ähnlichkeiten hervorzubringen?

Einige Autoren zweifeln an der Existenz verschiedener Mimikry-Typen. Nicht bei jeder Ähnlichkeit zweier nicht-verwandter Arten handelt es sich um einen Fall von Mimikry (COTT 1957, v. FRISCH 1979, GUILFORD & DAWKINS 1993, LONGLEY 1917). Es gibt verschiedene Hypothesen, die das Auftreten von oberflächlichen Nachahmern erklären:

a. Manche Modelle sind ungenießbarer, als andere. Nachahmer sind in der Regel weniger wirklichkeitsgetreu, je giftiger ihre Modelle, erreichen aber dennoch denselben Schutzgrad wie "high fidelity mimics". Versuche beweisen (DUNCAN & SHEPPARD 1965), dass Prädatoren "imperfect mimics" stärker meiden, je ungenießbarer das Modell ist.

b. Auch wenn die Schutztracht für das menschliche Auge leicht zu durchschauen ist, können Prädatoren effektiv getäuscht werden. Diese reagieren auf unterschiedliche Reize und selbst ein geringer Ähnlichkeitsgrad kann als Schutz ausreichen (DITTRICH et al. 1993). Um zu entscheiden, ob mimetische Anpassungen vorliegen, müssen Sinnesleistungen und Wahrnehmungsapparat der Signalempfänger genauestens untersucht werden (KLOPFER 1968).

c. Durch die physikalische Natur von Licht und seine vielfältigen Beeinflussungen unter Wasser ergibt sich eine andere Wahrnehmung. Viele Fische besitzen physiologische und morphologische Anpassungen an ihren Lebensraum. Die Wahrnehmung wird durch Filter-Mechanismen zusätzlich verändert (GUTHRIE & MUNTZ 1993).

d. Signalempfänger filtern die Umgebungsreize und reagieren nur auf bestimmte Auslöser. Die Tiere lernen übergeordnete Warnfärbungen und Muster wiederzuerkennen und ihr Verhalten daran anzupassen (VANE-WRIGHT 1980). Ein vermeintlich ungenaues Anemonenfisch-Muster von einer orangen Grundfarbe mit weissen Streifen könnte einen übergeordneten Auslöser darstellen.

e. HOWSE & ALLEN (1994) stellten die Theorie der "satyric mimicry" auf. Schlechte Nachahmer senden widersprüchliche Signale aus: ungenießbar und fressbar. Dieser Umstand verursacht Verwirrung, was die Fluchtchancen der Signalträger vergrößert.

f. Einige Nachahmer sind nicht aposematisch, entkommen ihren Prädatoren jedoch durch ihre Wendigkeit und Schnelligkeit. Prädatoren lernen sie nicht zu jagen, da sie keinerlei Aussicht auf Erfolg haben (EDMUNDS 1974, GIBSON 1974). Bei oberflächlichen Nachahmern kann ein geringer Ähnlichkeits-Grad in Kombination mit einer raschen Fortbewegungsweise ebenso effektiv sein (EDMUNDS 2000). *Coris*-Arten sind wie die meisten Labridae schnelle Schwimmer und sehr aufmerksam in der Feindvermeidung.

g. Schlechte Nachahmer könnten ein evolutives Zwischenstadium darstellen (CHARLESWORTH 1994, EDMUNDS 2000).

h. EDMUNDS (2000) stellt die "Multi-model-Hypothese" auf. Ein nahezu perfekter Nachahmer erhält durch seine Färbung großen Schutz. Doch nur, wenn er sich unmittelbar im selben Lebensraum wie das Modell aufhält. Die Größe der Population hängt daher von derjenigen der Modelle ab. Ein schlechterer Nachahmer ist weniger geschützt, kann jedoch eine größere Anzahl von Modellen gleichzeitig nachahmen und dadurch ein größeres Gebiet besiedeln. Bei mehreren Modellen wird die "mimetische Last" (HUHEEY 1988) auf verschiedene Arten verteilt.

Zusammenfassend kann festgestellt werden, dass eine äußerliche Übereinstimmung bei echter Mimkry nicht perfekt sein muss. Es ist ausreichend, wenn die Ähnlichkeit die Fitness erhöht und somit letztendlich zu einem erhöhtem "livetime reproductive success" führt (ALCOCK 2009, DARWIN 1859). *C. cuvieri* und *C. gaimard* stellen ungenaue mimetische Nachahmer von Anemonenfischen dar. Quantitative Analysen bestätigen einen Vorteil für die Täuscher, der in ein einem Fressvorteil bei gleichzeitiger Feindvermeidung besteht.

Prädatoren lernen rasch, die nesselnden Wirtsanemonen zu meiden und mit der auffallenden Färbung der Anemonenfische zu assoziieren (FRICKE 1974, 1976). Der negative Reiz (Nesselung) wird hierbei sofort geboten und verstärkt dadurch die Lernprozesse seitens der Prädatoren. Eine orange Grundfarbe mit weissen Streifen hat selbst in der farbenprächtigen Umgebung des Korallenriffs Signalwirkung. Lippfische sind schnelle Schwimmer und stellen daher keine idelen Beutetiere dar. Die auffallende Färbung erleichtert das Wiedererkennen und führt so zu einer dauerhaften Vermeidung durch Prädatoren. Die Nachahmer kommen im gesamten Verbreitungsgebiet der Anemonenfische vor und folgen so der "Multi-Model Hypothese" (EDMUNDS 2000). Durch das oberflächliche Nachahmen mehrerer Modelle, vergrößert sich letztendlich die Population der Signaltäuscher.

Im Verbreitungsgebiet von von *C. gaimard* kommen mehrere Anemonenfisch-Modelle vor, die eine größere äußerliche Ähnlichkeit mit den Lippfischen besitzen, als

C. cuvieri zu A. bincinctus. Es ist möglich, dass die im Roten Meer nachahmende Art ein evolutives Zwischenstadium darstellt (CHARLESWORTH 1994, EDMUNDS 2000).

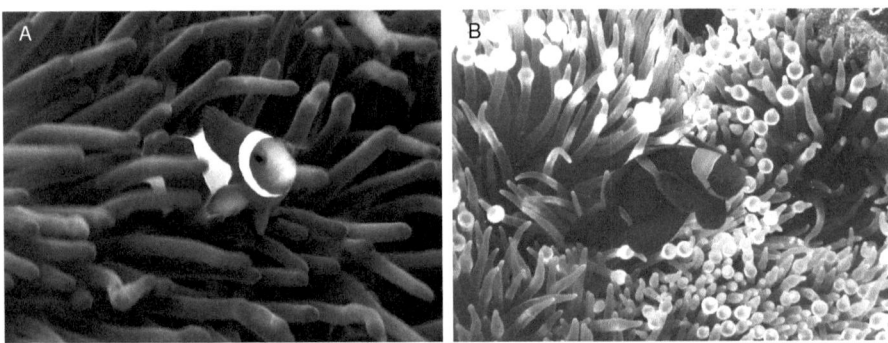

Abbildung 45: *Coris*-Arten ahmen mehrere Anemonenfisch-Modelle nach und vergrößern so ihre gesamt-Population: A – *Amphiprion ocellaris*; Lombok, Indo-Pazifik; B – *Premnas biaculeatus*; West-Papua, Indo-Pazifik.

5.2. *Coris cuvieri* ein mimetischer Nachahmer?

In der vorliegenden Arbeit sollen verschiedene Hypothesen zum Beweis einer Mimikry-Beziehung zwischen *C. cuvieri* und *A. bicinctus* untersucht und getestet werden. Bei *C. cuvieri* und *A. bicinctus* handelt es sich um zwei nicht-verwandte Arten, die dennoch eine große äußerliche Ähnlichkeit in Färbung, Muster und Körperform zeigen. *C. cuvieri* erhöht seine Überlebenschancen durch eine Anemonenfisch-typische Färbung im Juvenilstadium. Wenn die Maximalgröße ihrer Modelle erreicht wird, nimmt *C. cuvieri* eine arttypische Färbung an. Das Mimikry-Stadium beschränkt sich somit auf einen für die Art wichtigen Lebensabschnitt.

Die beteiligten Arten sind auffällig gefärbt und von Prädatoren leicht zu erkennen. Prädatoren lernen oder assoziieren, dass Modelle sowie Nachahmer keine idealen Beutetiere darstellen. *C. cuvieri* fällt weniger oft Fressfeinden zum Opfer bzw. zeigen Prädatoren weniger Interesse, als an anderen juvenilen Lippfischen, da sie von diesen als "energetisch ungünstig" eingestuft werden.

Durch das geringere Interesse von Prädatoren und territorialen Riffbarschen profitiert *C. cuvieri* von einem erhöhten Fresserfolg bei gleichzeitig geringeren Prädationsrisiko. Der so optimierte Energiegewinn führt zu einer höheren Wachstumsrate.

C. cuvieri kommt im selben Verbreitungsgebiet und Lebensraum vor, wie sein Modell, die Anzahl der Lippfische ist jedoch deutlich geringer als die der Anemonenfische. Juvenile Nachahmer sind räumlich mit ihren Modellen assoziiert. Sie halten sich durchschnittlich näher bei Anemonenfischen auf, als andere Lippfische. Die räumliche Nähe der Arten nimmt ab, wenn die Signalfälscher das Adult-Stadium erreichen und die arttypische Färbung annehmen.

Das Streifenmuster und charakteristische Schlängelschwimmen dient nicht der Konturauflösung, sondern hat abschreckende bzw. warnende Funktion. Um die äußerliche Ähnlichkeit zu verstärken, imitiert *C. cuvieri* im Juvenilstadium charakteristische Verhaltensweisen seines Modells. Mit zunehmender Größe wird die Nachahmung der Anemonenfisch-typischen Schwimmweise aufgegeben und die typisch labriforme Schwimmweise verwendet. Um die Körperform von Anemonenfischen zu imitieren spreizen juvenile *C. cuvieri* ihre Dorsalflosse ab. Dadurch verbreitert sich die Körperseite der sonst zigarrenförmigen Lippfische und die optische Ähnlichkeit zu Anemonenfischen wird verstärkt.

C. cuvieri erhöht seine Überlebenschancen durch ein *Amphiprion*-typisches Verhalten bei drohender Gefahr durch Fressfeinde. Dabei wird eine nicht familientypische, veränderte Schwimmweise angewandt, die das vertikale Schlängelschwimmen der Anemonenfische nachahmt.

5.3. Abschließender Beweis

Diese Arbeit unterstützt die Hypothese, dass es sich bei der äußerlichen Ähnlichkeit von *C. cuvieri* und *C. gaimard* zu Anemonenfischen um echte Mimikry handelt. Wie bei allen Mimikry-Beziehungen sind Modelle und Nachahmer auffallend gefärbt und daher von Signalempfängern leicht zu erkennen (JACOBI 1913). Feldbeobachtungen prüften die allgemein gültigen Mimikry-Voraussetzungen und ihre ökologischen Grundlagen.

Juvenile Nachahmer kommen im selben Verbreitungsgebiet und Habitat vor wie ihre Modelle und zeigen eine deutlich geringere Abundanz. Die Häufigkeit der Nachahmer hängt hierbei vom Vorkommen der Anemonenfische ab. Im Transitional- und Adultstadium wurde diese Beziehung gelockert. Dennoch kamen die beobachteten Tiere im Vergleich zu anderen Labridae-Arten durchschnittlich näher bei Anemonenfischen vor. Die Häufigkeit der relativ seltenen Arten scheint direkt von der Populationsdichte ihrer Vorbilder abzuhängen. Ist diese Abhängigkeit typisch für alle Mimikry-Beziehungen, so könnten Nachahmungs-Phänomene eine entscheidende Rolle bezüglich des Artenreichtums bei Korallenfischen spielen (EAGLE & JONES 2004, GILBERT 1983, MOLAND et al. 2005).

Nachahmer zeigten ausschließlich im Juvenilstadium eine mimetische Färbung. Wenn die Tiere die Maximalgröße der Anemonenfische erreichten, wurde eine arttypische Färbung angenommen.

Anemonenfische sind im Untersuchungsgebiet häufig, jedoch bei Weitem nicht die am zahlreichsten vorkommenden Korallenfische. Nachahmer würden stärker davon profitieren, Fische mit der durchschnittlich höchsten Abundanz zu imitieren. Die auffallende Ähnlichkeit mit Anemonenfischen lässt darauf schließen, dass *Coris* von der Feindvermeidung durch Prädatoren profitiert. Fressfeinde stufen Anemonenfische als energetisch ungünstig ein, da sie sich bei drohender Gefahr in die nesselnden Tentakel zurückziehen und daher nur schwer zu erreichende Beute darstellen.

Juvenile *C. cuvieri* zeigen *Amphiprion*-typische Verhaltensweisen und eine veränderte Schwimmweise. Durch die Anemonenfisch-Mimikry können die Junker mehr Zeit zum Fressen aufwenden, bei gleichzeitig geringerem Prädationsdruck. Die Nachahmer profitieren somit von einem doppelten Selektionsvorteil.

Die vorliegende Arbeit stellt eine der wenigen quantitativen Beschreibungen einer Modell-Nachahmer-Beziehung im Korallenriff dar. Die *Coris-Amphiprion* Mimikry-Beziehung bedarf weiterer Untersuchungen. Experimentelles Entfernen von Modellen, Prädatoren und Konkurrenten soll die Mimikry-Vorteile der Nachahmer prüfen. *Coris* würde nach einer experimentellen Entfernung seiner Modelle voraussichtlich im

Untersuchungsgebiet verbleiben, jedoch durch den Verlust des Fressvorteils eine geringere Wachstumsrate zeigen. Die Tiere würden dadurch später das Adultstadium erreichen, wodurch sich wiederum der "livetime reproductive success" (ALCOCK 2009, DARWIN 1859) verringern würde. Mageninhalts- und Fütterungsversuche von Prädatoren könnten den Grad des mimetischen Schutzschildes experimentell beweisen.

E. Zusammenfassung

In der vorliegenden Arbeit sollen die ökologischen und verhaltensbiologischen Grundlagen einer vermeintlichen *Coris cuvieri* – *Amphiprion bicinctus* Mimikry Beziehung im Roten Meer auf ihre biologische Zweckmäßigkeit untersucht und somit ein Beweis für eine echte Modell-Nachahmer-Beziehung erbracht werden. Ziel war es die Mimikry Beziehung quantitativ und qualitativ zu beschreiben, sowie experimentell zu bestätigen. Um die Beobachtungen vergleichbar zu machen, wurden mehrere Labridae (Lippfische) aus teilweise unterschiedlichen Gattungen untersucht. Eine Vergleichsstudie zu einer nahe verwandten Art, *C. gaimard,* im Indo-Pazifik diente der Bestätigung und Interpretation der Ergebnisse. Zudem wurde eine Labridae-Diversitätsstudie im Golf von Aquaba durchgeführt.

Die beiden Arten *C. cuvieri* und *C. gaimard* weisen verhaltensbiologisch geringe Unterschiede auf, zeigen jedoch unterschiedliche Anpassungen an ihre Lebensräume und die darin vorkommenden Modelle.

Die hohe Prädatoren- und Konkurrentendichte im Korallenriff zwingt Tiere immer neue Überlebensstrategien zu entwickeln. Mimikry, sowie andere Schutztrachten, sind bei Lippfischen häufig vorkommende Strategien. Neben Augenflecken, sind auch Färbung, Gestalt und das Verhalten vieler Lippfische an ein Modell angepasst (KUITER 2002, McFARLAND 1999, THALER 1997) Einige Labridae zeigen mimetische Nachahmungen von Pflanzenteilen, während bei echter Mimikry frei bewegliche Tiere als Vorbild dienen (BREDER 1946).

Labridae bilden mit über 450 beschriebenen Arten eine der größten Fischfamilien. Mit mehr als 68 Gattungen sind sie nach den Gobiidae (Grundeln) die zweitgrößte Familie mariner Fische und die drittgrößte der Perciformes (Barschartige). Hinsichtlich der Artenvielfalt sind Labridae und Pomacentridae (Riffbarsche) die vorherrschenden Fischfamilien des Roten Meeres. Wenigstens 82 Arten sind von den Gewässern des Roten Meeres bekannt, rund 60 davon kommen im Golf von Aquaba vor (KUITER & DEBELIUS 2007, LIESKE & MYERS 2004, PARENTI & RANDALL 2000). Eine allgemeine Charakterisierung der Morphologie und Lebensweise der Labridae, sowie untersuchte Gattungen und Arten werden vorgestellt.

Viele der bisher 60 beschriebenen Fälle von Mimikry bei marinen Fischen sind nur oberflächlich erforscht und verstanden (RANDALL 2005a, RANDALL & RANDALL 1960, RUSSELL et al. 1988). Die meisten Beschreibungen sind anekdotisch und schließen eine zufällige Ähnlichkeit beteiligter Arten nicht aus (COTT 1957, DITTRICH et al. 1993, FIELD 1997, HUHEEY 1988, McCOSKER 1977, MOYER 1977, ORMOND 1980, SPRINGER & SMITH-VANIZ 1972, WALDBAUER 1988, WICKLER 1965). Mimikry unterliegt klar definierten Kriterien, die bei echten Modell-Nachahmer-Beziehungen erfüllt sind und quantitativ geprüft werden können. Die vermeintliche *Coris-Amphiprion* Mimikry-Beziehung wurde basierend auf diesen Grundvoraussetzungen untersucht: Die beteiligten Arten sind für gewöhnlich nicht miteinander verwandt, zeigen jedoch eine große äußere Ähnlichkeit in Färbung, Muster und Körperform. Häufig beschränkt sich Mimikry auf das Juvenilstadium der Nachahmer und somit auf einen für die Erhaltung der Art wichtigen Lebensabschnitt (BREDER 1946, COTT 1957, EIBL-EIBESFELDT 1999, MOLAND & JONES 2004, RANDALL & RANDALL 1960). Mimikry wird besonders häufig bei kleineren Arten beobachtet. Bei größeren Arten sind Nachahmungs-Strategien oft auf das Juvenilstadium beschränkt. Diese verlieren ihre mimetische Färbung, wenn die maximale Körpergröße ihrer Modelle erreicht wird (SAZIMA 2002, EAGLE & JONES 2004, MOLAND & JONES 2004). Kleinere Tiere haben ein größeres Prädationsrisiko und da sie in der Folge dessen oft versteckt leben, stehen sie in ihrem begrenzten Lebensraum unter größerem Konkurrenzdruck (MUNDAY & JONES 1998, JONES & McCORMICK 2002).

Da bei Mimikry leicht erkennbare Muster und zum Teil leuchtende Signalfarben zum Einsatz kommen, sind die beteiligten Arten von Prädatoren leicht zu erkennen. Um Lernerfolge auf Seiten der Signalempfänger zu limitieren, muss die nachahmende Art im Vergleich zum Modell weniger häufig sein (BATES 1862). Für eine stabile Mimikry Beziehung, darf hierbei ein bestimmtes Modell-Nachahmer-Zahlenverhältnis nicht überschritten werden (ALCOCK 2009, CHARLESWORTH 1999, HUHEEY 1988). Für eine dauerhafte Täuschung der Signalempfänger müssen Nachahmer im selben Habitat und Verbreitungsgebiet wie ihre Modelle vorkommen (THRESHER 1978). In einigen Mimikry-Fällen gibt es gleich mehrere Modelle, welche regionale Farbvarianten oder Unterschiede im Verbreitungsgebiet bzw. Habitat abdecken (ENDLER 1988, THRESHER 1978, GILBERT, 1983). Zudem gibt es obligate und fakultative Nachahmer, die ihre Färbung situationsbezogen anpassen.

Die räumliche Nähe zwischen Modellen und Nachahmern hängt von der Art der Mimikry-Beziehung, dem Grad der Habitat-Spezialisierung und der geographischen Verbreitung beteiligter Arten ab. Eine räumliche Assoziation wird in den meisten Fällen beobachtet, sie scheint jedoch weniger streng zu sein, als früher angenommen (CALEY & SCHLUTER 2003, HUHEEY 1988, MOLAND et al. 2005).

Um die äußerlichen Ähnlichkeiten zu verstärken, imitieren Nachahmer charakteristische Verhaltensweisen ihrer Modelle. Das Mimikry-Verhalten weicht zum Teil stark von den familientypischen Merkmalen ab (MALLET & JORON 1999, RANDALL 2005a).

Nachahmungs-Phänomene werden grundsätzlich in vier klassische Kategorien eingeteilt. Eine scharfe Abgrenzung ist vielfach auf Grund von komplexen Beziehungsgefügen beteiligter Arten nicht sinnvoll oder möglich (MOLAND et al. 2005, RANDALL 2005a, TURNER & SPEED 1996).

"Bates'sche Mimikry" bezeichnet die Nachahmung wehrhafter oder ungenießbarer durch harmlose Tiere (BATES 1862), während bei der "Müller'schen Mimikry" die Nachahmer selbst auch ungenießbar oder giftig sind (MÜLLER 1879). Beim Typ der "Aggressiven oder Peckham'schen Mimikry" gleicht eine räuberische Art einer harmlosen oder gar nützlichen (PECKHAM 1889). "Soziale Mimikry" besteht, wenn sich Nachahmer zwischen Individuen einer anderen, ähnlich gefärbten Art verstecken, um Fressfeinden zu entgehen oder um einen größeren Fresserfolg zu erzielen (CODY 1969). Für die jeweiligen Kategorien werden (sofern vorhanden) Beispiele aus der Familie der Lippfische genannt und diskutiert.

Mimikry ist ein wichtiges ökologisches Phänomen, das die Abundanz seltener Arten gewährleistet und dadurch zum Artenreichtum beiträgt (GILBERT 1983). Koevolution und natürliche Selektion sind die treibenden Kräfte hinter der Ausbildung vom Mimikry-Beziehungen, welche somit zur Entstehung neuer Arten beitragen (BATES 1862, DARWIN 1859). Die Arten entwickeln sich spezifisch und reziprok als Antwort auf einander. Einige Autoren sprechen von einem "evolutiven Wettrüsten" der beteiligten Arten (EIBL-EIBESFELT 1999, FUTUYMA 1990, KREBS & DAVIES 1993, MALCOM 1990). Mimikry-Systeme eignen sich daher besonders für einen Einblick in die Dymamik evolutiver Prozesse (DARWIN 1859, LUNAU 2002, VANE-WRIGHT 1980).

Die Datenaufnahme für die vorliegende Arbeit wurde über einen Zeitraum von zwei Jahren in der Gegend von Dahab (28° 30'N, 34° 30'O), im ägyptischen Roten Meer, durchgeführt. Eine ergänzende Studie wurde in der Gegend der Harlem Islands (3° 5'S, 135° 33'O), West-Papua, umgesetzt. Es wurden insgesamt 315 Schnorchel- bzw. Tauchgänge mit einer Gesamtzeit von rund 335 Stunden unter Wasser durchgeführt.

Die Modell-Art des vermeintlichen Nachahmers *Coris cuvieri* ist *Amphiprion bicinctus*, welche im Golf von Aquaba gleichzeitig die einzige vorkommende Anemonenfisch-Art ist. Im Beobachtungsgebiet vor der Küste West-Papuas gibt es mehrere, nebeneinander vorkommende Anemonenfisch-Arten (*Amphiprion akallopisos, A. chrysopterus, A. clarkii, A. leucokranos, A. melanopus, A. ocellaris, A. perideraion, A. polymnus, A. sandarcinos, Premnas biaculeatus*).

Um die Beobachtungen der beiden vermeintlichen Nachahmer vergleichbar zu machen, wurde das Verhalten verschiedener anderer Labridae (*Coris aygula, Halichoeres hortulanus* und *Halichoeres marginatus*) im Golf von Aquaba untersucht. Bei der Auswahl dieser Vergleichsarten wurde darauf geachtet, dass die Tiere demselben ökologischen Druck ausgesetzt sind.

Für die Datenaufnahme wurde ein sogenanntes "Continuous recording" umgesetzt (MARTIN & BATESON 1993). Hierbei werden in einer festgelegten Zeitspanne die

Frequenzen aller relevanten Verhaltensweisen durchgehend gezählt, sowie deren Dauer gemessen. Verschiedene Umweltfaktoren, sowie individuelle Unterschiede üben Einfluss auf das Verhalten der Lippfische. Für die Ermittlung der Effizienz der Nahrungsaufnahme der beobachteten Arten wurde die durchschnittliche Fressrate bestimmt.

Die Entwicklungsstadien der beobachteten Lippfische unterscheiden sich nicht nur äußerlich, sondern auch in wesentlichen ökologischen und verhaltensbiologischen Faktoren. Mit dem Eintritt in die Transitionalphase und der damit verbundenen Umfärbung wird ein Übergang zum adult-typischen Verhalten beobachtet. Dieses zeichnet sich durch eine offenere Lebensweise aus, da Adulte durch ihre Körpergröße einem geringeren Prädationsrisiko ausgesetzt sind. Tiere der *Amphiprion*-nachahmenden Art *C. cuvieri* leben in allen Entwicklungsstadien solitär, während Vertreter anderer Labridae in losen Gruppen vorkommen. Korallenfische stehen unter enormen Raum-, Nahrungs- und Prädationsdruck, weshalb sie ihre begrenzten Ressourcen unter großem Energieaufwand verteidigen. Durch die einzelgängerische Lebensweise profitiert *C. cuvieri* von einer geringeren Nahrungskonkurrenz.

Die Arten wiesen zum Teil beträchtliche Unterschiede in der Dauer der gezeigten Verhaltensweisen auf. Die Kategorie "Fressen", gefolgt von "Schwimmen", war mit einer Ausnahme bei allen beobachteten Arten und Entwicklungsstadien die am häufigste gezeigte Verhaltensweise. Dieses Ergebnis stimmt überein mit der allgemeinen Feststellung, dass Fische den Großteil ihrer aktiven Zeit mit Futtersuche und Nahrungsaufnahme verbringen (BONE et al. 1996). *C. cuvieri* zeigte durchschnittlich die höchste Fressrate bei gleichzeitig geringster Schwimmaktivität.

Der prozentuale Anteil der Verhaltensweisen hat direkten Einfluss auf den Energieumsatz der Tiere und führt somit zu unterschiedlichen Wachstumsraten. Da optimale Energieausnutzer das Adultstadium früher erreichen führt ein effektiver Nettogewinn pro Zeiteinheit schlussendlich zu Unterschieden im "livetime reproductive success" (ALCOCK 2009, DARWIN 1859).

In der gesamten Beobachtungszeit wurde *C. cuvieri* niemals von einem Fressfeind erbeutet und die Anzahl an Interaktionen mit Prädatoren war sehr gering. Diese Beobachtung lässt auf ein geringes Interesse seitens der Räuber schließen. *C. cuvieri* kann durch seine *Amphiprion*-typische Färbung offener leben und in der Folge mehr Zeit zur Nahrungsaufnahme aufwenden.

Verschiedene Umweltfaktoren wie Jahreszeit, Tiefe und Beobachtungsstandort üben neben individuellen Unterschieden Einfluss auf das Verhalten der Lippfische. *C. cuvieri* besetzt Territorien und lebt wie viele Korallenfische sehr standorttreu. Die Art ist mit Anemonenfischen lose assoziiert, während das Vorkommen anderer Labridae nicht vom Vorhandensein der Wirtsanemonen abhängt.

Zur experimentellen Bestätigung der Verhaltensbeobachtungen und der Interpretation der Beziehung zwischen juvenilen Lippfischen und ihren Prädatoren wurden Attrappenversuche durchgeführt. Ziel war es einerseits die Reaktionen von Prädatoren auf juvenile Labridae verschiedener Arten zu dokumentieren und andererseits durch Fressfeinde ausgelöste Verhaltensweisen von *C. cuvieri* mit anderen juvenilen Lippfischen zu vergleichen. Die deutlichen Ergebnisse lassen Rückschlüsse auf die Lebensweise der verschiedenen Labridae zu. *C. cuvieri* ist durch seine Anemonenfisch-typische Färbung großteils vor Prädation geschützt. Fressfeinde erkennen und unterscheiden die unterschiedlichen Farbmuster potentieller Beutefische und passen ihr Jagdverhalten an. *C. cuvieri* wird signifikant weniger häufig angegriffen, als Lippfische vergleichbarer Körpergröße. Die Art kann sich dadurch freier bewegen und mehr Zeit in Nahrungsaufnhame investieren. *C. cuvieri* erhöht seine Überlebenschancen durch ein Anemonenfisch-typisches Verhalten bei drohender Gefahr. Dabei wird Kontakt mit dem Substrat aufgenommen und eine nicht familientypische, veränderte Schwimmweise angewandt, die das vertikale Schlängelschwimmen der Anemonenfische imitiert. Ab einer kritischen Körpergröße von zirka neun Zentimetern, wenn *C. cuvieri* die maximale Größe der Modelle erreicht, zeigen die Tiere eine eine typisch labriforme Schwimmweise.

Im Laufe der Verhaltensbeobachtungen von *C. cuvieri* wurde ein wiederholtes, wenige Sekunden andauerndes, Umfärben des Stirnbereiches bei adulten Tieren beobachtet. Im Anschluss zeigten die Tiere wieder die arttypische, helle Färbung. Viele Tiere zeigen Umfärbungen, die der inter- bzw. intraspezifischen Kommunikation dienen. Aus den gezeigten Farbmustern kann bei genauer Beobachtung auf den aktuellen Motivationszustand der Tiere geschlossen werden (EIBL-EIBESFELDT 1999, FRICKE 1976, IMMELMANN et al. 1996, McFARLAND 1999, TINBERGEN 1979). Es wurden Videosequenzen der Verhaltensbeobachtungen analysiert, die Dauer der einzelnen Verhaltensweisen während der Umfärbungen gestoppt und ihr prozentualer Anteil an der Gesamtzeit berechnet.

Fische verändern ihre Färbung mit Hilfe von speziellen Pigmentzellen, sogenannten Chromatophoren. Verschiedene Typen ermöglichen einen physiologischen Farbwechsel, der nervös oder hormonell gesteuert sein kann. Dem gegenüber steht ein erheblich langsamerer, morphologischer Farbwechsel, der auf einer Zu- bzw. Abnahme von Pigmentzellen beruht. Dieser Typ findet sich beispielsweise bei Hochzeitskleidern dominanter Sekundärmännchen oder bei Umfärbungen vom Juvenil- zum Adultstadium (BRITZ 2010, HELDMAIER & NEUWEILER 2003, STORCH & WELSCH 1989).

Die Umfärbungen wurden ausschließlich bei größeren, adulten Individuen dokumentiert. Es scheint einen Zusammenhang zwischen den Farbwechseln und dem Entwicklungsstadium, dem sozialem Rang und der Dominanz der Tiere zu geben. Da die Umfärbungen ausschließlich bei adulten Individuen beobachtet wurden, könnte ein Zusammenhang mit dem Fortpflanzungsverhalten der Tiere bestehen. In den analysierten Intervallen wurden jedoch keinerlei innerartliche Interaktionen beobachtet. Die Umfärbungen wurden häufig bei der Nahrungsaufnahme beobachtet, daher besteht möglicherweise ein Zusammenhang mit der Fressappetenz der Tiere.

Für die Datenerhebung der Diversitätsstudie wurden für die Gegend repräsentative und untereinander vergleichbare Riffabschnitte ausgewählt. Die Lippfische wurden nach einer veränderten Reef Check Methode gezählt (HODGSON et al 2006). Die

Methode stellt eine zeit- und raumbegrenzte Zählung dar. Ein "visual fish census survey" wie in ENGLISH et al. (1994) beschrieben, war die Grundlage dieser Untersuchung. Um repräsentative Daten von der Wasseroberfläche bis in größere Tiefen zu erhalten, wurden alle Labridae in einem sogenannten Tunneltransekt in vier unterschiedlichen Tiefenstufen gezählt. Alle tagaktiven Arten wurden identifiziert und aufgezeichnet. Zudem wurde versucht zwischen Adult- und Juvenilstadien zu unterscheiden. Bei einigen Arten ist es durch große farbliche Unterschiede der Entwicklungsstadien leicht, diese zu unterscheiden, während bei anderen Arten eine Differenzierung basierend auf äußeren Merkmalen nicht möglich ist. Diese Methode liefert ein umfassendes Bild zur Abundanz und Diversität der Labridae und ist somit auch ein ökologischer Indikator für den Gesundheitszustand der Korallenriffe.

Für die Lippfisch-Diversitätsstudie der vorliegenden Arbeit wurden je 154 Transekte (mit einer Gesamtfläche von 61 600 m²) auf vier Tiefenstufen ausgelegt. Insgesamt wurden 38 verschiedene Labridae-Arten aus 19 Gattungen in den Transekten dokumentiert. Äquitäts- und Diversitätsindices, Erscheinungshäufigkeit, absolute sowie relative Abundanzen der verschiedenen Arten wurden berechnet. Insgesamt wurden 10 weitere Labridae-Arten außerhalb der Transekte beobachtet. Dies ergibt eine Gesamt-Lippfisch-Diversität von 48 Arten für das Untersuchungsgebiet.

Umwelteinflüsse haben große Auswirkungen auf die Artenzusammensetzung in Korallenriffen. Einige Variablen wurden bezüglich ihres Einflusses auf die Lippfisch-Diversität im Golf von Aquaba untersucht. Im Untersuchungsgebiet wurden von Temperatur und Photoperiode abhängige Fortpflanzungszyklen festgestellt. Die Reproduktionszyklen können anhand der schwankenden Abundanz juveniler Labridae festgestellt werden. Die durchschnittliche Häufigkeit Adulter hingegen ist im Jahresverlauf nur geringfügigen Abweichungen unterlegen.

Die untersuchten Riffabschnitte zeigten eine relativ hohe Lippfisch-Diversität, die von der touristischen Nutzung als Tauchplatz beeinflusst wurde. In ungenutzten Bereichen wurde die durchschnittlich höchste Individuenzahl festgestellt. Das Verhalten vieler Lippfische wird durch die Anwesenheit von Tauchern verändert. Einige Arten zeigen ausgeprägtes Fluchtverhalten, während andere Tauchern folgen um an durch aufgewirbelten Sand freigelegte Beute zu gelangen. Eine ganzjährige Belastung durch Tauchtourismus hat negative Auswirkungen auf die Artenvielfalt in Korallenriffen (BARKER & ROBERTS 2004, ElGAMILY et al. 2001, HAWKINS & ROBERTS 1992).

Für den Beweis einer *Coris-Amphiprion* Mimikry Beziehung ist das relative Verhältnis der vermeintlichen Nachahmer zu ihren Modellen ausschlaggebend. Die Modell-Nachahmer-Häufigkeit liegt im Roten Meer bei 5.45 %, was mit den Mittelwerten anderer Mimikry-Studien übereinstimmt (BUNKLEY-WILLIAMS & WILLIAMS 2000, EAGLE & JONES 2004, HUHEEY 1988, KUWAMURA 1983, LOSEY 1972, 1974, MOLAND et al. 2005, MOYER 1977, SEIGEL & ADAMSON 1983, SPRINGER & SMITH-VANIZ 1972, THRESHER 1978). Nachahmer kommen im selben Habitat wie Anemonenfische vor, ihr Vorkommen ist jedoch nicht an die unmittelbare räumliche Nähe von *Amphiprion* gebunden.

Manche Autoren bezweifeln eine *Coris*-Anemonenfisch Mimikry, da es sich um eine zufällige, äußere Ähnlichkeit handeln könnte. Korallenriffe zeichnen sich durch eine enorme Diversität an Formen und Farben aus. Farbliche Ähnlichkeiten können auch als Anpassung an die farbenprächtige Umwelt unabhängig voneinander entstehen (ENDLER 1988, FIELD 1997). Das Streifenmuster auf oranger Grundfarbe könnte eine übergeordnete Warntracht darstellen (JACOBI 1913). Auffallend gefärbte Tiere besitzen oft abstoßende Eigenschaften, Lippfische besitzen jedoch keinen bekannten Abwehrmechanismus dieser Art. Es ist möglich, dass ein "übertriebenes" Farbmuster eines Nachahmers, da es einen größeren Wiedererkennungswert hat, stärker abwehrende Funktion besitzt, als das Original (ARAK & ENQUIST 1993, ENQUIST & ARAK 1993, MALLET & JORON 1999). Supernormale Stimuli verstärken Lernprozesse der Signalempfänger und grelle Färbungen haben auf Grund von Neophobie vieler naiver Räuber abschreckende Wirkung (HEIKERTINGER 1954, HUHEEY 1988, KLOPFER 1968, MacDOUGALL & DAWKINS 1988, TURNER & SPEED 1966). Farbenprächtige Muster stehen häufig im Dienste der Fortpflanzung (ARAK &

ENQUIST 1993). Da Vertreter der Gattung *Coris* nur im Juvenilstadium das auffallende Muster tragen, ist diese Funktion unwahrscheinlich. Streifenmuster dienen zudem häufig der Gestaltsauflösung (COTT 1957, ENDLER 1988). Auffallende Färbungen führen, da sie ein größeres Interesse von Prädatoren hervorrufen, schlussendlich ohne echte oder mimetische Schutzanpassung zu einer höheren Mortalitätsrate (EDMUNDS 1974, ENDLER 1988, MacDOUGALL & DAWKINS 1998, MALLET & JORON 1999, SILLEN-TULLBERG & BRYANT 1983, STEININGER 1938).

Auch wenn die Anemonenfisch-Schutztracht von *Coris* für das menschliche Auge leicht zu durchschauen ist, können Prädatoren effektiv getäuscht werden. Diese reagieren auf unterschiedliche Reize und selbst ein geringer Ähnlichkeitsgrad kann als Schutz ausreichen (DITTRICH et al. 1993). Um zu entscheiden, ob mimetische Anpassungen vorliegen, müssen Sinnesleistungen und Wahrnehmungsapparat der Signalempfänger untersucht (KLOPFER 1968) und echte biologische Vorteile für die Nachahmer bewiesen werden. HOWSE & ALLEN (1994) stellen die Theorie der "satyric mimicry" auf, nach welcher schlechte Nachahmer widersprüchliche Signale aussenden: ungenießbar und fressbar. Dieser Umstand verursacht Verwirrung, was die Fluchtchancen der Signalträger vergrößert. Einige Nachahmer sind nicht aposematisch, entkommen ihren Prädatoren jedoch durch ihre Wendigkeit und Schnelligkeit. Prädatoren lernen sie nicht zu jagen, da sie keinerlei Aussicht auf Erfolg haben (EDMUNDS 1974, 2000, GIBSON 1974). Schlechte Nachahmer könnten ein evolutives Zwischenstadium darstellen (CHARLESWORTH 1994, EDMUNDS 2000). EDMUNDS (2000) stellt die "Multi-model-Hypothese" auf. Ein nahezu perfekter Nachahmer erhält durch seine Färbung großen Schutz, jedoch nur, wenn er sich unmittelbar im selben Lebensraum wie das Modell aufhält. Die Größe der Population hängt direkt von derjenigen der Modelle ab. Ein schlechterer Nachahmer ist weniger geschützt, kann jedoch eine größer Anzahl von Modellen gleichzeitig nachahmen und dadurch ein größeres Gebiet besiedeln. Bei mehreren Modellen wird die "mimetische Last" (HUHEEY 1988) auf verschiedene Arten verteilt.

Diese Arbeit unterstützt die Hypothese, dass es sich bei der äußerlichen Ähnlichkeit von *C. cuvieri* und *C. gaimard* zu Anemonenfischen um echte Mimikry handelt. Wie bei allen Mimikry-Beziehungen sind Modelle und Nachahmer auffallend gefärbt und daher von Signalempfängern leicht zu erkennen (JACOBI 1913). Juvenile Nachahmer kommen im selben Verbreitungsgebiet und Habitat vor wie ihre Modelle vor und zeigen eine deutlich geringere Abundanz. Die Häufigkeit der Nachahmer hängt hierbei vom Vorkommen der Anemonenfische ab. Im Transitional- und Adultstadium wurde diese Beziehung gelockert. Dennoch kamen die beobachteten Tiere im Vergleich zu anderen Labridae-Arten durchschnittlich näher bei Anemonenfischen vor. Die Häufigkeit der relativ seltenen Arten scheint direkt von der Populationsdichte ihrer Vorbilder abzuhängen. Ist diese Abhängigkeit typisch für alle Mimikry-Beziehungen, so könnten Nachahmungs-Phänomene eine entscheidende Rolle bezüglich des Artenreichtums bei Korallenfischen spielen (EAGLE & JONES 2004, GILBERT 1983, MOLAND et al. 2005). Die Nachahmer passen ihr Verhalten an das ihrer Modelle an. Wenn die maximale Größe der Anemonenfische erreicht wird, nehmen die Tiere eine Lippfisch-typische Verhaltensweise an.

Die *Coris-Amphiprion* Mimikry-Beziehung bedarf weiterer Untersuchungen. Experimentelles Entfernen von Modellen, Prädatoren und Konkurrenten soll die Mimikry-Vorteile der Nachahmer prüfen. *Coris* würde nach einer experimentellen Entfernung seiner Modelle voraussichtlich im Untersuchungsgebiet verbleiben, jedoch durch den Verlust des Fressvorteils eine geringere Wachstumsrate zeigen. Die Tiere würden dadurch später das Adultstadium erreichen, wodurch sich wiederum der "livetime reproductive success" (ALCOCK 2009, DARWIN 1859) verringern würde. Mageninhalts- und Fütterungsversuche von Prädatoren könnten den Grad des mimetischen Schutzschildes experimentell beweisen.

1. Abstract

In the present study, the ecological and behavioural principles of a presumed wrasse - Anemone fish mimicry in the Red Sea were tested for their biological relevance to provide evidence for a real mimic-model relationship. Mimicry is a widely documented phenomenon in coral reef fishes, but the underlying principles are often only poorly understood. The aim was to describe the Red Sea mimicry pair quantitatively and qualitatively, and to confirm it experimentally.

Juveniles of the wrasse genus *Coris* mimic the colouration of different Anemone fish (of the genus *Premnas* and *Amphiprion*) at different locations throughout the geographic range of the wrasses. As adults they adopt a common species-specific colouration. This study examines for the first time the ecological and behavioural relationship between *Coris cuvieri* and one of its models, *Amphiprion bicinctus,* in the northern Red Sea. The wrasse undergoes a transition from the juvenile (mimetic) colouration to the adult (non-mimetic) colouration when they reach the maximum size of the Anemone fish. As typical of mimic-model relationships, mimic wrasses were always less abundant than their model. Predators learn to associate the colourful Anemone fish pattern with undesirability as models retreat into the stinging tentacles of their host when threatened. We hypothesize that mimics deceive their predators in order to profit from less predatory risk and to gain a foraging advantage.

To compare the behavioural observations of mimics, several wrasses from different genera were studied. A comparative study of a closely related species, *C. gaimard*, in the central Indo-Pacific was realised to confirm and interpret the results. In addition a wrasse diversity study in several reefs of the Gulf of Aquaba was carried out.

The two closely related species *C. cuvieri* and *C. gaimard* show only slight differences in behaviour, but exhibit different adaptations to their habitats and models.

Due to high density of predators and competitors in reefs, coral fishes are forced to develop new survival strategies. Mimicry as well as other protective colourations is a common strategy in wrasses. False eye spots, colouration, shape and behaviour of many species are adapted to a model (KUITER 2002, McFARLAND 1999, THALER 1997). Some labrids show mimetic imitation of plants while in true mimicry active and free moving animals are imitated (BREDER 1946).

Labridae (Wrasses) form with more than 450 described species one of the largest fish families. With more than 68 genera they represent the second largest family in marine fish after the Gobiidae (Gobies) and the third largest in the Perciformes (Perch-like fishes). Regarding the biodiversity of the Red Sea, Labridae and Pomacentridae (Damselfishes) are the dominant fish families. At least 82 species are known from the waters of the Red Sea, about 60 of which occur in the Gulf of Aqaba (KUITER & DEBELIUS 2007, LIESKE & MYERS 2004, PARENTI & RANDALL 2000). A general caracterisation of the morphology and behaviour of wrasses, as well as all studied genera and species are presented.

Many of the 60 described cases of mimicry in marine fishes are only superficially researched and understood (RANDALL 2005a, RANDALL & RANDALL 1960, RUSSELL et al. 1988). Most descriptions are anecdotal and based on observer intuition. As colour similarities of involved species could be random or the simple result of convergence any presumed mimicry relationship has to be examined based on general criteria (COTT 1957, DITTRICH et al. 1993, FIELD 1997, HUHEEY 1988, McCOSKER 1977, MOYER 1977, ORMOND 1980, SPRINGER & SMITH, VANIZ 1972, WALDBAUER 1988, WINDER 1965). Mimicry is subject to clearly defined characteristics which are fulfilled only in real mimic-model relationships and can be tested quantitatively.

The proposed *Coris-Amphiprion* mimicry relationship was examined based on the following basic requirements: The species involved are usually not related to each other, but show a great similarity in outer appearance, pattern and body shape. Mimicry is in many cases limited to the juvenile stage which is mostly critical for the survival of the species (BREDER 1946, COTT 1957, EIBL-EIBESFELDT 1999, MOLAND & JONES 2004, RANDALL & RANDALL 1960). Mimicry is more often observed in smaller species, while in larger species imitation strategies are mostly limited to juvenile stages. Mimics loose their mimetic colouration, when the maximum body size of their models is reached, in other words when they outgrow their model (SAZIMA 2002, EAGLE & JONES 2004, MOLAND & JONES 2004). As smaller animals live under greater predatory risk they often live secretive. Small fishes are often limited in their habitat and live under greater competitive pressure than bigger species or adults (MUNDAY & JONES 1998, JONES & McCORMICK 2002). Predators see, learn and memorise certain colours, therefore we find in mimicry mostly easily recognisable patterns and signaling colours. Mimic species must be rare compared to their models so that signal receivers do not encounter too many mimics and learn from these positive experiences (Bates 1862). In stable mimic-model relationships a certain ratio is not exceeded (ALCOCK 2009, CHARLESWORTH 1999, HUHEEY 1988). To deceive signal receivers permanently, mimics and models must co-occur in the same habitat and geographic range (THRESHER 1978). In some cases of mimicry mimics have several models that cover regional colour variation and differences in range and habitat (ENDLER 1988, THRESHER 1978, GILBERT 1983). In addition, there are obligate and facultative mimics that show variable colourations that are adapted to the situation and environment.

The spatial association between models and mimics depends on the type of mimicry, the degree of habitat specialisation and the geographical distribution of participating species. Spatial association is observed in most cases, though this criterion appears to be less strict than previously thought (CALEY & SCHLUTER 2003, HUHEEY 1988 MOLAND et al. 2005). To enhance their resemblance to models, mimetic species alter their behaviour. Mimics show characteristic behaviour of their models which often differ from their own taxonomic group (Mallet & JORON 1999, RANDALL 2005a).

Mimicry phenomena are classified into four classic categories. Sharp distinctions are often not applicable or possible in nature because of the complex structure and the wide range of possible mimic-model relationships (MOLAND et al. 2005, RANDALL 2005a, TURNER & SPEED 1996).

In "Batesian mimicry" a harmless species imitates the signal properties of a harmful (inedible or poisonous) species (Bates 1862) while in "Müllerian mimicry" two or more harmful species resemble each other and share similar warning colours. The Müllerian type is result of a mutually beneficial convergence (MÜLLER 1879). In aggressive or "Peckhamian mimicry" mimics share similarities with harmless or beneficial models and therefore increase their feeding advantage (Peckham 1889). "Social mimicry" refers to mimics that hide in schools of similar coloured fish to escape predators and gain greater feeding success (Cody 1969). Examples for the classical types of mimicry in wrasses are presented (if existing) and discussed.

Mimicry represents an important ecological phenomenon that guarantees the abundance of rare species and therefore contributes to local species richness (GILBERT 1983). Co-evolution and natural selection are the driving forces behind the evolution of mimicry relationships which therefore contribute to the formation of new species (BATES 1862, DARWIN 1859). Involved species develop reciprocally and specifically in response to each other. Some authors therefore speak of an "evolutionary arms race" between the species (EIBL-EIBESFELT 1999, FUTUYMA 1990, KREBS & DAVIES 1993, MALCOLM 1990). Mimicry systems therefore allow insights in the dynamics of evolutionary processes (DARWIN 1859, LUNAU 2002, VANE-WRIGHT 1980).

Data collection for the present study was carried out over a period of two years in the area of Dahab (28° 30' N, 34° 30' O) in the Gulf of Aquaba (Egyptian Red Sea). An additional behavioural study was conducted in the area of the Harlem Islands (3° 5' S, 135° 33' O) off the coast of West Papua (Indo-Pacific). 315 snorkel and scuba dives with a total time of approximately 335 hours under water were realised.

The model species of the presumed mimic *Coris cuvieri* is *Amphiprion bicinctus*, which is in the Gulf of Aqaba the only Anemone fish species found. In other field research areas off the coast of West Papua several species co-occur in the geographic range of the mimicking wrasse *Coris gaimard* (*Amphiprion akallopisos, A. chrysopterus,*

A. clarkii, A. leucokranos, A. melanopus, A. ocellaris, A. perideraion, A. polymnus, A. sandarcinos, Premnas biaculeatus). To compare the results of the behavioural observations of the two mimics, several other wrasses (*Coris aygula, Halichoeres marginatus, Halichoeres hortulanus*) were studied in the Gulf of Aquaba. Selected species should be exposed to similar ecologic pressures. For data collection a so-called "continuous recording" was conducted (MARTIN & BATESON 1993). Hereby the frequencies of all relevant behaviours during a specified period of time are measured and counted. Environmental factors and individual differences exert influence on the behaviour of wrasses. To determine the efficiency of food intake, the average feeding rate was calculated for each observed species.

The development stages of the observed wrasses differ not only greatly in outer appearance but also in behaviour and ecological factors. When entering the transitional phase a transition to adult-typical behaviour, joined by a drastic colour change is observed. Adult behaviour is generally characterized by more open movements as animals benefit from less predatory risk when reaching a critical size. Individuals of the *Amphiprion*-mimicking species *C. cuvieri* live solitary in all stages of development while wrasses of other species occur in loose groups. Coral reef fish live next to enormous food and space competition under high predatory risk. This is why most species defend their limited resources vigorously and with high costs of energy. Due to its solitary way of life *C. cuvieri* benefits from less food competition.

Observed species showed significant differences in the duration of the analysed behaviour. The two defined categories "feeding" and "swimming" were with one exception in all species and stages the most common. This result is consistent with the general assumption that fish spend most of their active time foraging and feeding (BONE et al. 1996). *C. cuvieri* showed on average the highest feeding rate and at the same time the lowest swimming activity.

The percentage of the displayed behaviours has direct influence on energy costs and thus leads to different growth rates. As optimal foragers reach the adult stage more quickly, an effective net profit per unit time leads ultimately to differences in "lifetime reproductive success" (ALCOCK 2009, DARWIN 1859). During the entire observation period *C. cuvieri* was never captured and the general number of interactions with predators was very low. This may be due a lack of interest on part of the predators. *C. cuvieri* lives compared to other wrasses less secretive because of its *Amphiprion*-colour pattern and spends more time on foraging. Several environmental factors such as season, depth and observation site have next to individual differences influence on the behaviour of the wrasse. *C. cuvieri* occupies, like many other coral reef fish, stable territories. The species is loosely associated with anemone fish, while the presence of other wrasse does not depend on the presence of anemones.

For an experimental confirmation of the behavioural observations and the interpretation of the relationship between juvenile wrasses and their predators dummy experiments were conducted. The aim was to test different reactions of predators on different juvenile wrasses and to compare the behaviour of *C. cuvieri* under predatory risk with other species. The significant results provide useful data on the different ways of life of various wrasses. Juvenile *C. cuvieri* benefit through its Anemone fish typical colour from less predatory risk. Predators recognize and distinguish different colour patterns of potential prey and adjust their hunting behaviour. *C. cuvieri* is attacked significantly less often than other wrasses of comparable size. Therefore the species can move freely and invest more time in foraging. *C. cuvieri* increases its chance of survival due to an anemone fish typical behaviour in imminent danger. This is mostly expressed in contact with the substrate and a non-labriform, altered way of swimming that mimics the vertical swimming movements of Anemone fish. When reaching a critical size of about nine centimeters (the maximum size of their models), wrasses show typical labriform movements.

During the behavioural observations of *C. cuvieri* an intermittent colour change of the frontal region in adult animals was recorded. Afterwards the animals showed again their bright species-specific colouration. Many reef fish show colour adaptations that serve inter and intra-specific communication. On close observation of the displayed colours and patterns the current motivation and inner state of animals can be interpreted (EIBL-EIBESFELDT 1999, FRICKE 1976, IMMELMANN et al. 1996, McFARLAND 1999, TINBERGEN 1979). We analysed video sequences of behavioural observations. The duration of determined behaviours during the colour changes was stopped and their percentage of the total time calculated.

Fishes change their colour using special pigment-containing cells called chromatophores. Different types allow a rapid physiological colour change based on pigment translocation which may be under nervous or hormonal control. We find a much slower morphological colour change based on an increase or decrease of pigment cells in colourful mating displays of dominant males or in colour transitions between the stages (BRITZ 2010, HELDMAIER & NEUWEILER 2003, STORCH & WELSCH 1989). All colour changes were observed in larger, adult individuals. There seems to be a connection between the colour changes and the development stage, the social status and the dominance of the animals. Since the colour changes were observed exclusively in adult individuals, there could be a connection with reproductive behaviour but in all analysed intervals no intra-specific interactions were recorded. As the colour changes were often observed during feeding activity, the explanation could lie in a feed appetence of adult fishes.

For data collection of the diversity study representative and comparable fringing reefs were chosen. Wrasses were counted using a modified Reef Check method (HODGSON et al. 2006) which is based on a time and space limited census. A "visual fish census survey" described in ENGLISH et al. 1994 served as a basis for this study. To obtain representative data from the surface to greater depths all wrasses were counted in a so-called tunnel transect at four different depth levels. All diurnal species were identified and recorded. We tried to distinguish juveniles from adult stages, which in some species is possible based on outer appearance whilst in others it is not. This method provides a general overview of the abundance and diversity of wrasses and thus serves as environmental indicator of the health status of coral reefs. During the wrasse diversity study a total number of 154 transects at four different levels of depth (with a total of 61 600 m²) were sampled. A total of 38 different species from 19 genera of wrasses were recorded within the transects. Evenness and diversity indices, frequency, absolute and relative abundances of different species were calculated. A total of 10 other species of labrids were observed outside the sampled transects resulting in a total diversity of 48 wrasse species for the region. Environmental influences have a major impact on the species composition in coral reefs. Some factors were evaluated for their importance on the wrasse diversity in the Gulf of Aqaba. Temperature and photoperiod-dependent reproductive cycles have been identified for most species. The abundance of juveniles was fluctuating greatly during the seasons while the average number of adults was only subject to minor deviations. The studied reefs showed high wrasse diversity which was influenced by touristic activities in the area. Untouched areas showed the highest number of individuals. The behaviour of many wrasses is altered by the presence of divers. Some species flee whilst others follow divers in order to capture exposed prey. A year-long exposure to diving tourism has negative impact on biodiversity in coral reefs (BARKER & ROBERTS 2004, ElGAMILY et al. 2001, HAWKINS & ROBERTS 1992).

To confirm the *Coris-Amphiprion* mimicry relationship the relative ratio of mimics to models is crucial. The ratio in the Red Sea lies at 5.45 % which coincides with results of other mimicry studies (BUNKLEY-WILLIAMS & WILLIAMS 2000, EAGLE & JONES 2004, HUHEEY 1988, KUWAMURA 1983, LOSEY 1972, 1974, MOLAND et al. 2005, MOYER 1977, SEIGEL & ADAMSON 1983, SPRINGER & SMITH-VANIZ 1972, THRESHER 1978). Mimics live in the same habitat as Anemone fish but their occurrence is not bound to the immediate proximity of *Amphiprion*.

Some authors doubt the *Coris*-Anemone fish mimicry as superficial similarities could be accidental or the result of simple convergence. Corals reefs are characterised by a great diversity of shapes, patterns and colours. Therefore colour similarities could be a simple adaptation to this colourful environment and arise independently of each other (ENDLER 1988, FIELD 1997). The stripe pattern on orange ground colour could represent a warning colouration (JACOBI 1913). Conspicuously coloured animals often have inedible characteristics. However wrasses have no known defense mechanism of this kind. It is possible that "exaggerated" colour patterns of mimics have a stronger recognition factor than the original and therefore provide better deterrence measures (ARAK & ENQUIST 1993, ENQUIST & ARAK 1993, MALLET & JORON 1999). Supernormal stimuli reinforce learning processes of signal receivers and bright colourations frighten naïve predators due to neophobia (HEIKERTINGER 1954, HUHEEY 1988, KLOPFER 1968, MACDOUGALL & DAWKINS 1988, TURNER & SPEED 1966). Colourful patterns are frequently in the function of reproduction (ARAK & ENQUIST 1993). As members of the genus *Coris* only show as juveniles the conspicuous stripe-pattern reproduction is unlikely to be the reason. Stripe patterns often serve as disruptive colouration and break the body outline (COTT 1957, ENDLER 1988). As colourful patterns evoke ultimately greater interest in predators they lead without real or mimetic protective adaptations to a higher mortality rate (EDMUNDS 1974, ENDLER 1988, MacDOUGALL & DAWKINS 1998, MALLET & JORON 1999, SILLEN-TULLBERG & BRYANT 1983, STEININGER 1938).

Even if the Anemone fish colouration of *Coris* is easy to see through for human eyes, predators can be effectively deceived. Fish react to different stimuli and even a small degree of similarity may be sufficient for protection (DITTRICH et al. 1993). To decide whether or not adaptations are mimetic, senses and perception systems of signal receivers have to be analysed (KLOPFER 1968). HOWSE & ALLEN (1994) introduce the theory of "satiric mimicry". Superficial mimics send mixed signals: inedible and edible. This causes confusion for the predator which on the other hand increases the escape chances for the mimic. Some imitators do not possess aposematic characteristics but escape their predators through maneuverability and speed. Predators learn not to invest energy in a pursuit as the chances of success are little (EDMUNDS 1974, 2000, GIBSON 1974). Poor mimics could represent an intermediate evolutionary stage (CHARLESWORTH 1994, EDMUNDS 2000). EDMUNDS (2000) introduces the "multi-model hypothesis". Perfect mimics profit from an increased degree of protection but only if they co-occur in exactly the same habitat as the model species. The size of the mimic population therefore depends on that of the models. Superficial imitation offers less protection but mimics imitate a larger number of models simultanesously and therefore, geographically, occupy a larger range. With several models the "mimetic load" (HUHEEY 1988) is spread over more species.

This study supports the hypothesis that outer resemblances between *C. cuvieri* and *C. gaimard* with Anemone fish is a real case of mimicry. As in all real mimicry relationships mimics and models are conspicuously coloured and therefore easily recognised by signal receivers (JACOBI 1913). Juvenile imitators share the same geographic range and habitat with their models, but show a significant lower abundance. The number of mimics is dependent on the occurrence of anemone fish. When entering the transitional stage the relationship between mimics and models becomes less strict. However observed individuals live compared to other wrasses closer associated to anemones. The abundance of relatively rare species appears to depend directly on the population density of their models. If this dependence is typical for all mimicry relationships, mimicry plays a key role in species richness of coral reef ecosystems (EAGLE & JONES 2004, GILBERT 1983, MOLAND et al. 2005). Mimics adapt their behaviour to that of their models. When they reach the maximum size of anemone fish, a wrasse-typical behaviour is displayed.

The *Coris-Amphiprion* mimicry relationship needs further investigation. Experimental removal of models, predators and competitors could test the benefits for mimics. We predict that *Coris* would remain in the area after experimental removal of its models, but loose its feeding advantage and therefore show a lower growth rate. As animals would reach the adult stage later, the overall "lifetime reproductive success" (ALCOCK 2009, DARWIN 1859) would be reduced. Analysis of stomach contents of predators and feeding experiments could prove the effectiveness of the protective shield.

F. Literaturverzeichnis

ALCOCK, J. (2009): *Animal Behavior : An Evolutionary Approach.* 9. Auflage. Sinauer Associates, Sunderland.

ALLEN, G.R. (1978): *Die Anemonenfische. Arten der Welt. Haltung, Pflege, Zucht.* Mergus-Verlag, Melle.

ALLEN, G.R. & RUSSELL, B.C. & CARLSON, B.A. & STARCK, W.A. (1975): *Mimicry in marine fishes.* Tropical Fish Hobbyist **24**: 47-56.

ALLEN, G.R. & STEENE, R. & ALLEN, M. (2003): *Reef fish identification tropical Pacific.* New World Publications, Jacksonville.

ALTER, C. (2006): *Dahab Reef Monitoring – an extended Reef Check protocol.* Manual, Version 1, unpublished.

ALTER, C. (2010): *Dahab Reef Monitoring 2006-2010,* unveröffentlichte Daten.

ALWANY, M. (2003): *Ecological aspects of some coral reef fishes in the Egyptian coast of the Red Sea.* Diplomarbeit, Universität Innsbruck.

ARAK, A. & ENQUIST, M. (1993): *Hidden preferences and the evolution of signals.* Proceedings of the Royal Society of London Series B **340**: 207-214.

ARIGONI, S. & FRANCOUR, P. & HARMELIN-VIVIEN, M.L. & ZANINETTI, L. (2002): *Adaptive colouration of Mediterranean labrid fishes to the new habitat provided by the introduced tropical alga Caulerpa taxifolia.* Journal of Fish Biology **60**: 1486-1497.

ARNAL, C. & VERNEAU, O. & DESDEVISES, Y. (2006): *Phylogenetic relationships and evolution of cleaning behaviour in the family Labridae : importance of body color pattern.* Journal of Evolutionary Biology **19**: 755-763.

ARONSON, R.B. & SANDERSON, S.L. (1987): *Benefits of heterospecific foraging by the Carribean wrasse, Halichoeres garnoti (Pisces: Labridae).* Environmental Biology of Fishes **18**: 303-308.

BARID, T.A. (1993): *A new heterospecific foraging association between the puddingwife wrasse, Halichoeres radiatus, and the barjack, Caranx ruber: evaluation of the foraging consequences.* Environmental Biology of Fishes **38**: 393-397.

BARKER, N.H. & ROBERTS, C.M. (2004): *Scuba diver behaviour and the management of diving impacts on coral reefs.* Biological Conservation **120**: 481-489.

BATES, H. W. (1862): *Contributions to an insect fauna of the Amazon valley. Lepidoptera: Heliconidae.* Transactions of the Linnean Society of London **23**: 495-566.

BONE, Q. & MARSHALL, N.B. & BLAXTER, J.H.S. (1995): *Biology of Fishes.* 2. Auflage. Chapman & Hall, London.

BREDER, C.M. (1946): *An analysis of the deceptive resemblances of fishes to plant parts, with critical remarks on protective coloration, mimicry and adaption.* Bulletin of the Bingham Oceanographic Collection **10**: 1-49.

BRITZ, R. (2010): *Teleostei.* In WESTHEIDE, W. & RIEGER, R. [Hrsg.]: *Spezielle Zoologie. Teil 2: Wirbel- oder Schädeltiere.* 2. Auflage, Spektrum Verlag, München.

BROCK, R.E. (1982): *A critique of the visual census method for assessing coral reef fish populations.* Bulletin of Marine Science **32**: 269-276.

BSHARY, R. (2003): *The cleaner wrasse Labroides dimidiatus is a key organism for reef fish diversity at Ras Mohammed National Park, Egypt.* Journal of Animal Ecology **71**: 169-176.

BUNKLEY-WILLIAMS, L. & WILLIAMS, E. H. (2000): *Juvenile black snapper, Apsilus dentatus (Lutjanidae), mimic blue chromis, Chromis cyanea (Pomacentridae).* Copeia **2000**: 579-581.

CALEY, M. J. & SCHLUTER, D. (2003): *Predators favor mimicry in a tropical reef fish.* Proceedings of the Royal Society of London Series B **270**: 667-672.

CHARLESWORTH, B. (1994): *The genetics of adaptation: lessons from mimicry.* American Naturalist **144**: 839-47.

CHENEY, K. (2010): *Multiple selective pressures apply to a coral reef fish mimic: a case of Batesian – aggressive mimicry.* Proceedings of the Royal Society of London Series B **277**: 1859-1855.

CHENEY, K. & COTE, I. (2007): *Aggressive mimics profit from a model-signal receiver mutualism.* Proceedings of the Royal Society of London Series B **247**: 2087-2091.

CHENEY, K. & GRUTTER, A. & MARSHALL, J. (2010): *Facultative mimicry: cues for colour change and colour accuracy in a coral reef fish.* Proceedings of the Royal Society of London Series B **275**: 117-122.

CHENEY, K. & MARSHALL, J. (2009): *Mimicry in coral reef fish: how accurate is this deception in terms of color and luminance?* Behavioral Ecology **20** (3): 459-486.

CHLUPATY, P. (1980): *Meine Erfahrungen mit Korallenfischen im Aquarium.* Landbuch Verlag, Hannover.

CHOAT, H. & BELLWOOD, D. (1998): *Wrasses & Parrotfishes.* in ENSCHMEYER, J.R. et al. [Hrsg.]: Encyclopedia of fishes, 2. Auflage, Academic Press, San Diego.

CLARK, E. & GOHAR, H.A. (1953): *The fishes of the Red Sea: Order Plectognathi.* Publications of the Marine Biological Statation at Al Ghardaqa, Egypt **8**: 1-80.

CODY, M. (1969): *Convergent characteristics in sympatric species: a possible relation to interspecific competition and aggression.* Condor **71**: 222-239.

COLGAN, P. (1993): *The motivational basis of fish behaviour.* In PITCHER, T.J. [Hrsg.]: *Behaviour of Teleost Fishes.* 2. Auflage. Chapman & Hall, London.

COTE, I.M. & CHENEY, K.L. (2004): *Distance-dependent costs and benefits of aggressive mimicry in a cleaning symbiosis.* Proceedings of the Royal Society of London Series B **271**: 2627-2630.

COTT, H.B. (1957): *Adaptive Coloration in Animals.* Methuen & Co, London.

CROOK, A.C. (1999): *Quantitative evidence for assortative schooling in coral reef fish.* Marine Ecology Progress Series **176**: 17-23.

DAFINI, J. & DIAMANT, A. (1984): *School-orientated mimicry, a new type of mimicry in fishes.* Marine Ecology Progress Series **20**: 45-50.

DARWIN, C. (1859): *On the Origin of Species.* Murray, London.

DEBELIUS, H. (1998): *Riff-Führer Rotes Meer.* Jahr Verlag, Hamburg.

DITTRICH, W. & GILBERT F. et al. (1993): *Imperfect mimicry: a pigeon's perspective.* Proceedings of the Royal Society of London Series B **251**: 195-200.

DUNCAN, C. & SHEPPARD P. (1965): *Sensory discrimination and its role in the evolution of Batesian mimicry.* Behaviour **24**: 269-282.

EAGLE, J. & JONES, G. (2004): *Mimicry in coral reef fishes: ecological and behavioral responses of a mimic to its model.* Journal of the Zoological Society in London **264**: 33-43.

EDMUNDS, M. (1974): *Defence in animals: a survey of anti-predator defences.* Longman, Harlow.

EDMUNDS, M. (2000): *Why are there good and poor mimics?* Biological Journal of the Linnean Society **70**: 459-466.

EDMUNDS, M. & GOLDING, Y.C. (1999): *Diversity in mimicry.* Trends of Ecology and Evolution **14**: 150.

EIBL-EIBESFELDT, I. (1959): *Der Fisch Aspidontus taeniatus als Nachahmer des Putzers Labroides dimidiatus.* Zeitschrift für Tierpsychologie **16**: 19-25.

EIBL-EIBESFELDT, I. (1999): *Grundriss der vergleichenden Verhaltensforschung.* 8. Auflage. Piper, München.

ElGAMILY, H.I. & NASR, S. & El-RAEY, M. (2001): *An assessment of natural and human-induced changes along Hurghada and Ras Abu Soma costal area, Red Sea, Egypt.* International Journal of Remote Sensing **22**: 2999-3014.

ENDLER, J.A. (1988): *Frequency-dependent predation, crypsis, and aposematic coloration.* Philosophical transactions of the Royal Society of London Series B **319**: 459-72.

ENGLISH, S. & WILKINSON, C. & BAKER, V. (1994): *Survey Manual for Tropical Marine Resources.* Australian Institute of Marine Science, Townsville.

ENQUIST, M. & ARAK, A. (1993): *Selection of exaggerated male traits by female aesthetic senses.* Nature **361**: 446-448.

FAUTIN, D. & ALLEN, G. (1994): *Anemonenfische und ihre Wirte.* Tetra, Melle.

FIELD, R. (1997): *Mimicry in Red Sea reef fishes.* Journal of the Saudi Arabian Natural History Society **3**: 32-35.

FISHELSON, L. (1977): *Sociobiology of feeding behaviour of coral fish along the coral reef of the Gulf of Elat (= Gulf of Aquaba), Red Sea.* Israel Journal of Zoology **26**: 114-134.

FISHER, R.A. (1930): *The genetical theory of natural selection.* Clarendon Press, Oxford.

FOSTER, S.A. (1985): *Group foraging by a coral reef fish: a mechanism for gaining access to defended resources.* Animal Behavior **33**: 782-792.

FRICKE, H.W. (1966): *Attrappenversuche mit einigen plakatfarbigen Korallenfischen im Roten Meer.* Zeitschrift für Tierpsychologie **23**: 66.

FRICKE, H.W. (1974): *Öko-Ethologie des monogamen Anemonenfisches Amphiprion bicinctus (Freiwasseruntersuchung aus dem Roten Meer).* Zeitschrift für Tierpsychologie **36**: 74.

FRICKE, H.W. (1976): *Bericht aus dem Riff. Ein Verhaltensforscher experimentiert im Meer.* Piper & Co Verlag, München.

FRISCH, v. K. (1954): *Symbolik im Reich der Tiere.* Akademische Buchdruckerei, München.

FRISCH, v. O. (1979): *1000 Tricks der Tarnung.* Ravensburger, Esslingen.

FUTUYMA, D. (1990): *Evolutionsbiologie.* Birkhäuser Verlag, Basel.

GHISELIN, M.T. (1969): *The evolution of hermaphrodism among animals.* Quaterly Review of Biology **44**: 180-208.

GIBSON, D. (1974): *Batesian mimicry without distastefulness.* Nature **250**: 77-79.

GILBERT, L.E. (1983): *Coevolution and mimicry.* In FUTUYAMA, D.J. & SLATKIN, M. [Hrsg.]: *Coevolution.* Sunderland, Massachusetts.

GOMON, M.R. (1997): *Relationships of Fishes of the labrid tribe Hypsigenyini.* Bulletin of Marine Science **60**: 789-871.

GONCALVES, E. & ALMADA, V. et al. (1996): *Female mimicry as a mating tactic of males of the blennid fish Salaria pavo.* Journal of the Marine Biological Association of the U.K. **76**: 529-538.

GORDON, I.J. & SMITH, D.A. (1999): *Diversity in mimicry.* Trends in Ecology and Evolution **14**: 150-151.

GÖTHEL, H. (1992): *Schlafgewohnheiten tropischer Meeresfische.* Datz **3**: 92.

GREENE, H.W. & McDIARMID, R.W. (1981): *Coral snake mimicry: does it exist?* Science **213**: 1207-1212.

GUILFORD, T. & DAWKINS (1993): *Receiver psychology and the design of animal signals.* Trends in Neurosciences **16**: 430-36.

GUTHRIE, D.M. (1981): *The properties of the visual pathway of a common freshwater fish (Perca fluviatilis L.) in relation to its visual behaviour.* In: LAMING, P.R. (1981): *Brain mechanisms of behaviour in lower vertebrates.* Cambridge University Press, Cambridge: 79-112.

GUTHRIE, D.M. & MUNTZ, W. (1993): *Role of vision in fish behaviour.* In PITCHER, T.J. [Hrsg.]: *Behaviour of Teleost Fishes.* 2. Auflage. Chapman & Hall, London.

HAASE, E. (1892): *Untersuchungen über die Mimikry.* Fischer Verlag, Cassel.

HANEL, R. & WESTNEAT, M.W. & STURMBAUER, C. (2002): *Phylogenetic relationships, evolution and broodcare behavior, and geographic speciation in the Wrasse tribe Labrini.* Journal of Molecular Evolution **55**: 776-789.

HART, P. (1993): *Teleost foraging: facts and theories.* In PITCHER, T.J. [Hrsg.]: *Behaviour of Teleost Fishes.* 2. Auflage. Chapman & Hall, London.

HAWKINS, J.P. & ROBERTS, C.M. (1992): *Effects of recreational SCUBA diving on fore reef slope communities of coral reefs.* Biological Conservation **62**: 171-178.

HEIKERTINGER, F. (1954): *Das Rätsel der Mimikry und seine Lösung.* Gustav Fischer Verlag, Jena.

HELDMAIER, G. & NEUWEILER, G. (2003): *Vergleichende Tierphysiologie. Band 1: Neuro- und Sinnesphysiologie.* Springer, Berlin.

HELFMAN, G. (1993): *Fish behaviour by day night and twighlight.* In PITCHER, T.J. [Hrsg.]: *Behaviour of Teleost Fishes.* 2. Auflage. Chapman & Hall, London.

HELFMAN, G. et al. (1997): *The Diversity of Fishes.* Blackwell, Malden.

HOBSON, E.S. (1969): *Possible advantages to the blenny Runula azeala in aggregating with the wrasse Thalassoma lucasanum in the tropical eastern Pacific.* Copeia **1969**: 191-193.

HODGSON, G. & MAUN, C. & SHUMAN, C. (2006): *Reef Check Survey Manual, Reef Check.* Institute of the Environment, University of California, Los Angeles.

HOWSE P. & Allen, J. (1994): *Satyric mimicry: the evolution of apparent imperfection.* Proceedings of the Royal Society of London Series B **257**: 111-114.

HUHEEY, J.E. (1988): *Mathematical models of mimicry.* The American Naturalist **313** (supplement): 22-41.

IMMELMANN, K. & Pröve, E. & Sossinka, R. (1996): *Einführung in die Verhaltensforschung.* 4. Auflage. Blackwell Wissenschafts-Verlag, Berlin.

IUCN 2010: IUCN Red List of Threatened Species. Version 2010.1. <www.iucnredlist.org>. Downloaded on 15 April 2010.

JACOBI, A. (1913): *Mimicry und verwandte Erscheinungen.* F. Vieweg, Braunschweig.

JOHNSTONE, R. & BSHARY, R. (2002): *From parasitism to mutualism: partner control in asymmetric interactions.* Ecology Letters Volume 5, Cambridge.

JONES, G.P. & McCORMICK, M.I. (2002): *Numerical and energetic processes in the ecology of coral reef fishes.* In SALE, P.F. [Hrsg.]: *Coral Reef Fishes: Dynamics and Diversity in a Complex Ecosystem.* Academic Press, San Diego.

JONNA, R. (2003): "Labridae" (On-line), Animal Diversity Web. Accessed on March 2011 at http://animaldiversity.ummz.umich.edu/site/accounts/information/Labridae.html.

JORON, M. & MALLET, J. (1996): *Diversity in mimicry: paradox or paradigm?* Trends in Ecology and Evolution **12**: 461-466.

KAPPELER, P. (2006): *Verhaltensbiologie.* Springer Verlag, Berlin.

KLOPFER, P.H. (1968): *Ökologie und Verhalten.* Gustav Fischer Verlag, Stuttgart.

KNOP, Daniel (2001): *Lippfische.* Koralle **10**: 20-27.

KOCHZIUS, M. (2007): *Community structure of coral reef fishes in El Quadim Bay (El Quesir, Egyptian Red sea coast).* Zoology in the Middle East **42**: 89-98.

KREBS, J.R. & DAVIES, N.B. (1993): *An introduction to Behavioural Ecology.* Blackwell, Malden.

KUITER, R. (1991): *Nature's copies.* Sportdiving **23**: 115-116.

KUITER, R. (1996): Guide to Sea Fishes of Australia. New Holland, Sydney.

KUITER, R. (2002): *Lippfische. Labridae.* Ulmer Verlag, Stuttgart.

KUITER, R. & DEBELIUS, H. (1994): South-East Asia: Tropical Fish Guide. IKAN Unterwasserarchiv, Frankfurt.

KUITER, R. & DEBELIUS, H. (2007): *World Atlas of Marine Fishes.* IKAN Unterwasserarchiv, 2. Auflage, Frankfurt.

KUWAMURA, T. (1981): *Mimicry of the cleaner wrasse Labroides dimidiatus by the blennies Aspidontus taeniatus and Plagiotremus rhinorhynchos.* Nanki Seibutu **23**: 61-70.

KUWAMURA, T. (1983): *Reexamination on the aggressive mimicry of the cleaner wrasse Labroides dimidiatus by the blenny Aspidontus taeniatus (Pisces: Perciformes).* Journal of Ethology **1**: 22-33.

LABROSSE, P. & KULBICKI, M. & FERRARIS, J. (2002): *Visual fish census surveys. Proper use and implementation.* Secretariat of the Pacific Community, Noumea.

LAMING, P.R. (1981): *Brain mechanisms of behavior in lower vertebrates.* Cambridge University Press, Cambridge.

LEMON, W.C. & BARTH, R.H. (1992): *The effects of feeding rate on reproductive success in the zebra finch, Taeniopyga guttata.* Animal Behaviour **44**: 851-857.

LIESKE, E. & MYERS, R. (2004): *Coral Reef Guide Red Sea.* D & N Publishing, Berkshire.

LINDSTROM, L. & ALATALO, R.V. & MAPPES, J. (1997): *Imperfect Batesian mimicry – the effects of the frequency and the distastefulness of the model.* Proceedings of the Royal Society of London Series B **264**: 149-153.

LONGLEY, W.H. (1917): *Studies upon the biological significance of animal coloration II. A revised working hypothesis of mimicry.* American Naturalist **51**: 257-285.

LONGLEY, W.H. & HILDEBRAND, S.F. (1940): *New genera and species of fishes from Tortugas, Florida.* Papers of the Tortugas Laboratory of the Carnegie Institution of Washington **32**: 225-285.

LORENZ, K. (1962): *The function of color in coral reef fish*. Proceedings of the Royal Institute of Great Britain **39**: 282-296.

LOSEY, G.S. (1972): *Predation protection in the poison-fang blenny, Meiacanthus atrodorsalis, and its mimics Ecsenius bicolor and Runula laudandus (Bleniidae)*. Pacific Science **26**: 129-139.

LOSEY, G.S. (1974): *Cleaning Symbiosis in Puerto Rico with Comparison to the Tropical Pacific.* Copeia **4**: 960-970.

LOZÁN, J. L. & KAUSCH, H. (2007): *Angewandte Statistik für Naturwissenschaftler.* 4. Überarbeitete Auflage, Parey, Berlin.

LUKOSCHECK, V. & McCORMICK, M.I. (2000): *A review of multi-species foraging associations in fishes and their ecological significance.* 9th international Coral Reef Symposium, Bali, Indonesia.

LUNAU, K. (2002): *Warnen, Tarnen, Täuschen. Mimikry und andere Überlebensstrategien in der Natur.* Wissenschaftliche Buachgesellschaft, Darmstadt.

MABUCHI, K. & MASAKI, M. & YOICHIRO, A. & MUTSUMI, N. (2007): *Independent evolution of the specialized pharyngeal jaw apparatus in chichlid and labrid fishes.* BMC Evolutionary Biology **7**: 10.

MacDOUGALL, A. & DAWKINS, M.S. (1998): *Predator discrimination error and the benefits of Mullerian mimicry.* Animal Behavior **55**: 1281-1288.

MALCOM, J. (1993): *Bioenergetics: feed intake and energy partitioning.* In RANKIN, J.C. & JENSEN, F.B. [Hrsg.]: *Fish Ecophysiology.* Chapman & Hall, Glasgow.

MALCOM, S.B. (1990): *Mimicry: a status a classical evolutionary paradigm.* Trends in Ecology and Evolution **5**: 57-62.

MALLET, J.L. (1999): *Mimicry references.* (On-line). Accessed on April 2011 at: http://abacus.gene.ucl.ac.uk/jjm/Mim/mimicry.htm.

MALLET, J.L. & JORON, M. (1999): *Evolution of diversity in warning colour and mimcry: polymorphism, shifting balance and speciation.* Annual Review of Ecology and Systematics **30**: 201-233.

MARSHALL, N.J. (2000): *The visual ecology of reef fish colours.* In EPSMARK, Y. et al. [Hrsg.]: *Animal Signals: Signalling and Signal Design in Animal Communication.* Tapir Academic Press, Trondheim.

MARTIN, P. & BATESON, P. (1993): *Measuring Behaviour.* Cambridge Universtity Press, Cambridge.

McCOSKER, J.E. (1977): *Fright posture in the plesiopid fish Calloplesiops altivelis: an example of Batesian mimicry.* Science **197**: 400-401.

McCOSKER, J.E. & ROSENBLATT, R.H. (1993): *A revision of the snake eel genus Myrichthys (Anguilliformes: Ophichthidae) with the description of a new eastern pacific species.* Proceedings of the Californian Academy of Science **48**: 153-169.

McFARLAND, D. (1999): *Biologie des Verhaltens: Evolution, Physiologie, Psychologie.* 2. Auflage, Spektrum Akademischer Verlag, Berlin.

MILINSKI, M. (1993): *Predation risk and feeding behaviour.* In PITCHER, T.J. [Hrsg.]: *Behaviour of Teleost Fishes.* 2. Auflage. Chapman & Hall, London.

MOLAND, E. & EAGLE, J.V. & JONES, G.P. (2005): *Ecology and evolution of mimicry in coral reef fishes.* Oceanography and Marine Biology, Annual Review **43**: 457-484.

MOLAND, E. & JONES, G.P. (2004): *Experimental confirmation of aggressive mimicry by a coral reef fish.* Oecologia **140**: 676-683.

MORSE, D.H. (1977): *Feeding behaviour and predator avoidance in heterospecific groups.* Bioscience **27**: 332-339.

MOYER, J. (1977): *Aggressive mimicry between juveniles of the snapper Lutjanus bohar and species of the damselfish genus Chromis from Japan.* Japanese Journal of Ichthyology **24**: 218-228.

MOYLE, P. & CECH, J. (2000): *Fishes: An Introduction to Ichthyology.* 4. Auflage, Prentice-Hall, Upper Saddle River.

MULLER, K. (2006): *The Biodiversity in New Guinea.* Manokwari Universitas Negeri Papua, Manokwari.

MUNDAY, P.L. & EYRE, P.J. & JONES, G.P. (2003): *Ecological mechanisms for colour polymorphism in a coral-reef fish: an experimental evaluation.* Oecologia **137**: 519-526.

MUNDAY, P.L. & JONES, G.P. (1998): *The ecological implications of small body size among coral-reef fishes.* Oceanography and Marine Biology: An Annual Review **36**: 373-411.

MUUS, B.J. et al. (1999): *Die Meeresfische Europas. In Nordsee, Ostsee und Atlantik.* Franckh-Kosmos Verlag, Stuttgart.

MÜLLER, F. (1879): *Ituna and Thyridia; a remarkable case of mimicry in butterflies.* Proceedings of the Entomological Society of London **1870**: 20-29.

NELSON, R.J. (1994): *Fishes of the World.* 3. Auflage, John Wiley and Sons, New York.

NELSON, R.J. (1995): *An introduction to Behavioral Endocrinology.* Sinauer Associates, Sunderland.

NEUDECKER, S. (1989): *Eye camouflage and false eyespots: chaetodontid responses to predators.* Environmental Biology of Fishes **25**: 143-157.

NORMAN, M. & FINN, J. & TREGENZA, T. (2001): *Dynamic mimicry in an Indo-Malayan octopus.* Proceedings of the Royal Society of London Series B **268**: 1755-1758.

ORMOND, R.F. (1980): *Aggressive mimicry and other interspecific feeding associations among Red Sea coral reef predators.* Journal of Zoology **191**: 247-262.

OTT, J. (1988): *Meereskunde: Einführung ind die Geographie und Biologie der Ozeane.* Ulmer: Stuttgart.

PARENTI, P. & RANDALL, J.E. (2000): *An annotated checklist of the species of the labroid fish families Labridae and Scaridae.* Ichthyological Bulletin **68**: 1-97.

PECKHAM, E.G. (1889): *Protective resemblances in spiders.* Occasional Papers of the Natural History Society of Wisconsin **1** (2): 61-113.

PITCHER, T.J. [Hrsg.] (1993): *Behaviour of Teleost Fishes.* 2. Auflage. Chapman & Hall, London.

PITCHER, T.J. & PARRISH, J. (1993): *Functions of shoaling behavior in teleosts.* In PITCHER, T.J. [Hrsg.]: *Behaviour of Teleost Fishes.* 2. Auflage. Chapman & Hall, London.

POUGH, F. H. (1988): *Mimicry of vertebrates: are the rules different?.* The American Naturalists **131**: 67-102.

POULTON, W.B. (1898): *Natural selection the cause of mimetic resemblance and common warning colors.* Journal of the Linnean Society **26**: 558-612.

RAINEY, M.M. (2009): *Evidence of a geographically variable competitive mimicry relationship in coral reef fishes.* Journal of Zoology **279**: 78-85.

RANDALL, J.E. (1986): *Labridae.* In SMITH, M.M. & HEEMSTRA, P.C. [Hrsg.]: *Smiths' Sea Fishes.* Springer Verlag, Berlin.

RANDALL, J.E. (1999): *Revidion of the Indo-Pacific labrid fishes of the genus Coris, with descriptions of five new species.* Indo-Pacific Fishes **29**: 1-74.

RANDALL, J.E. (2005a): *A review of mimicry in marine fishes.* Zoological Studies **44** (3): 299-328.

RANDALL, J.E. (2005b): *Reef and shore fishes of the South Pacific.* University of Hawai'i Press, Honolulu.

RANDALL, J.E. & ALLEN, G. & STEENE, R. (1990): *Fishes of the Great Barrier Reef and Coral Sea.* University of Hawai'i Press, Honolulu.

RANDALL, J. & EARLE, J.L. (2004): *Noavculoides, a new genus for the Indo-Pacific labrid fish Novaculichthys macrolepidotus.* Aqua, Journal of Ichtyology and Aquatic Biology **8**: 37-43.

RANDALL, J.E. & KUITER, R.H. (1989): *The juvenile Indo-Pacific grouper Anyperodon leucogrammicus, a mimic of the wrasse Halichoeres purpurascens and allied species, with a review of the recent literature on mimicry in fishes.* Revue Francaise d'Aquariologie **16**: 51-56.

RANDALL, J.E. & McCOSKER, J.E. (1993): *Social mimicry in fishes.* Revue Francaise d'Aquariologie **20**: 5-8.

RANDALL, J. & RANDALL, H. (1960): *Examples of mimicry and protective resemblance in tropical marine fishes.* Bulletin of marine Science **10**: 444-480.

RANDALL, J. & SPREINAT, A. (2004): *The subadult of the labrid fish Novaculoides macrolepidotus, a mimic of waspfishes of the genus Ablabys.* Aqua **8**: 45-48.

ROBERTS, T.R. (1990): *Mimicry of prey by fin-eating fishes of the African charocoid genus Eugnathichthys (pisces: Distichodidae).* Ichthyological exploration of freshwaters.

ROWLAND, H.M. & IHALAINEN, E. & LINDSTROM, L. et al. (2007): *Co-mimics hava a mutualistic relationshiop despite unequal defences.* Nautre **448**: 64-68.

RUSSELL, B.C. (1988): *Revision of the fish genus Pseudolabrus and allied genera.* Records of the Australian Musum (Supply) **9**: 1-72.

RUSSELL, B.C. & ALLEN, G.R. & LUBBOCK, H.R. (1976): *New cases of mimicry in marine fishes.* Journal of Zoology **180**: 407-423.

SACHS, J. (2006): *Cooperation within and among species.* Journal Compilation, European Society for Evolutionary Biology Volume 19, Tremough.

SAKAI, Y. & KOHDA, M. (1995): *Foraging by mixed-species groups involving a small angelfish, Centropyge ferrugatus (Pomacentridae)*. Japanese Journal of Ichthyology **41**: 429-435.

SAZIMA, I. (2002) : *Juvenile snooks (Centropomidae) as mimics of mojarras (Gerreidae) with a review of aggressive mimicry in fishes.* Environmental Biology of Fishes **65** : 37-45.

SAZIMA, I & NOBRE CARVALHO, C. & et al. (2006): *Fallen leaves on the water-bed: diurnal camouflage of three night active fish in the Amazonian streamlet.* Neotropical Ichthyology **4** (1): 119-122.

SCHRAUT, G. (1995) : *Dokumentation, Zonierung und ökologische Untersuchungen der Ichthyofauna eines Riffabschnittes im nördlichen Roten Meer bei Sharm el Sheikh, südlicher Sinai, Ägypten.* Diplomarbeit, Universität Marburg.

SCHUHMACHER, H. (1988): *Korallenriffe: Verbreitung, Tierwelt und Ökologie.* 3. Auflage, BLV, München.

SEIGEL, J. & ADAMSON, T. (1983): *Batesian mimicry between a cardinalfish (Apogonidae) and a venomous scorpionfish (Scorpaenidae) from the Philippine islands.* Pacific Science **37**: 75-79.

SIH, A. & CROWLEY, P. et al. (1985): *Predation, Competition, and Prey Communities: a review of field experiments.* Annual Review of Ecology and Systematics Volume 16, Stanford.

SILLEN-TULLBERG, B. & BRYANT, E.H. (1983): *The evolution of aposematic coloration in distasteful prey: an individual selection model.* Evolution **37**: 993-1000.

SILOTTI, A. (2005): *Sinai Diving Guide.* Geodia, Verona.

SMITH, S. M (1975): *Innate recognition of coral snake pattern by a possible avian predator.* Science **187**: 759-760.

SMITH-VANIZ, W.F. et al. (2001): *Meiacanthus urostigma, a new fangblenny from the Northeastern Indian Ocean, with discussion and examples of mimicry in species of Meiacanthus (Teleostei: Blenniidae: Nemophini).* Journal of Ichthyology and Aquatic Biology **5**: 25-43.

SNYDER, D. (1999): *Mimicry of initial-phase bluehead wrasse, Thalassoma bifasciatum (Labridae) by juvenile tiger grouper, Mycteroperca tigris (Serranidae).* Revue Francaise d'Aquariologie **26**: 17-20.

SNYDER, D. & RANDALL, J. & MICHAEL, S. (2001): *Aggressive mimicry by the juvenile of the redmouth grouper, Aethaloperca rogaa (Serranidae).* Cybium **25**: 227-232.

SPRINGER, V. & SMITH-VANIZ, W. (1972): *Mimetic relationships involving fishes of the family Blenniidae.* Smithosonian Contributions to Zoology **112**: 1-36.

STEININGER, F. (1938): *Warnen und Tarnen im Tierreich.* Bernmühler, Berlin.

STORCH, V. & WELSCH, U. (1989): *Kurzes Lehrbuch der Zoologie.* 6. Auflage. Gustav Fischer Verlag, Stuttgart.

THALER, E. (1995): *Fische beobachten: Verhaltensstudien an Meeresfischen und Wirbellosen im Aquarium und Freiwasser.* Ulmer Verlag, Stuttgart.

THALER, E. (1997): *Schau mir in die Augen, Kleines!* Biologie in unserer Zeit **1**: 17-23.

THRESHER, R. (1978): *Polymorphism, mimicry, and the evolution of the hamlets (Hypoplectrus, Serranidae).* Bulletin of marine Science **28**: 345-353.

THRESHER, R. (1984): *Reproduction in Reef Fishes.* T.F.H. Publications, Neptune City.

TINBERGEN, N. (1979): *Instinktlehre. Vergleichende Erforschung angeborenen Verhaltens.* 6. Auflage, Parey, Berlin.

TURNER, G. (1993): *Teleost mating behaviour.* In PITCHER, T.J. [Hrsg.]: *Behaviour of Teleost Fishes.* 2. Auflage. Chapman & Hall, London.

TURNER, J.R. & SPEED, M.P. (1996): *Learning in memory and mimicry. Simualtions of laboratory experiments.* Philosophical Transactions of the Royal Society of London Series B **351**: 1157-1170.

TYLER, J. (1966): *Mimicry between the plectognath fishes Canthigaster valentini (Canthergasteridae) and Paraluteres prionurus (Aluteridae).* Notulae Naturae **386**: 1-13.

UGLEM, I. & ROSENQUIST, G. & WSSLAVIK, H.S. (2000): *Phenotypic variation between dimorphic males in corkwing wrasse.* Journal of Fish Biology **57**: 1-14.

VAL, A.L. & de ALMEIDA-VAL, M.V. & RANDALL, D.J. [Hrsg.] (2006): *The Physiology of Tropical Fishes.* Academic Press, Elsevier.

VANE-WRIGHT, R.I. (1980): *On the definition of mimicry.* Zoological Journal of the Linnean Society **13**: 1-6.

WALDBAUER, G. (1988): *Asynchrony between Batesian mimics and their models.* American Naturalist **131** (suppl.): 103-121.

WAINWRIGHT, P. & BELLWOOD, D. (2002): *Ecomorphology of Feeding in Coral Reef Fishes.* in Coral Reef Fishes: Dynamics and Diversity in a Complex Ecosystem, Adademic Press, San Diego.

WALLACE, A.R. (1865): *On the Phenomena of Variation and geographical Distribution as illustrated by the Papilionidae of the Malayan Region.* Transactions of the Linnean Society of London **25**: 1-71.

WEINBERG, S. (1996): *Rotes Meer, Indischer Ozean.* Delius Klasing, Stuttgart.

WESTNEAT, M. & ALFARO, M. (2005): *Phylogenetic relationships and evolutionary history of the reef fish family Labridae.* Molecular Phylogenetics and Evolution **36**: 370-390.

WICKLER, W. (1965): *Mimicry and the evolution of animal communication.* Nature **208**: 519-521.

WICKLER, W. (1968): *Mimikry. Nachahmung und Täuschung in der Natur.* Kindler Verlag, München.

YACHI, S. & HIGASHI, M. (1998): *How can warning signals evolve in the first place?* Nature **394**: 882-84.

G. Anhang

1. Ergänzende Daten und Ergebnisse

Tabelle 34: Auflistung aller Arten mit ihrer Gesamtzahl, der durchschnittlichen Abundanz pro 100 m² (± s) und der relativen Abundanz bezogen auf den Anteil an der Gesamt-Lippfisch-Population; Max. pro 100 m² = die maximale Individuenzahl pro Transekt; FA = Erscheinungshäufigkeit (gibt an in wie vielen der 616 Transekte die Art beobachtet wurde).

	Total	pro 100 m²	± s	RA [%]	Max. pro 100 m²	FA
Thalassoma rueppellii	3698	6.003	5.538	25.569	43	565
Gomphosus caeruleus	1858	3.016	2.948	12.847	16	492
Pseudocheilinus hexataenia	1506	2.445	2.355	10.413	12	466
Larabicus quadrilineatus	1259	2.044	2.366	8.705	14	403
Labroides dimidiatus	1152	1.870	1.573	7.965	8	477
Paracheilinus octotaenia	1018	1.653	6.364	7.039	55	65
Anampses twistii	816	1.325	1.535	5.642	10	369
Pseudocheilinus evanidus	553	0.898	1.622	3.824	13	223
Amphiprion bicinctus	**515**	**0.836**	**1.293**	**3.561**	**7**	**229**
Oxycheilinus diagramma	410	0.666	0.873	2.835	4	276
Anampses meleagrides	340	0.552	1.125	2.351	8	176
Bodianus anthioides	298	0.484	0.902	2.060	5	180
Stethojulis albovittata	210	0.341	0.884	1.452	7	119
Oxycheilinus mentalis	195	0.317	0.624	1.348	3	150
Halichoeres hortulanus	162	0.263	0.613	1.120	6	123
Coris aygula	155	0.252	0.565	1.072	4	121
Cheilinus lunulatus	153	0.248	0.690	1.058	10	108
Cheilinus abudjubbe	93	0.151	0.418	0.643	3	82
Hologymnosus annulatus	85	0.138	0.425	0.588	4	70
Cheilio inermis	72	0.117	0.652	0.498	11	40
Bodianus axillaris	61	0.099	0.335	0.422	2	54
Thalassoma lunare	54	0.088	0.326	0.373	3	47
Pseudodax moluccanus	53	0.086	0.318	0.366	2	46
Anampses caeruleopunctatus	48	0.078	0.423	0.332	6	29
Halichoeres marginatus	31	0.050	0.259	0.214	3	26
Coris caudimacula	30	0.049	0.257	0.207	2	24
Coris cuvieri	**28**	**0.045**	**0.248**	**0.194**	**2**	**24**
Macropharyngodon bipartitus	26	0.042	0.288	0.180	3	16
Anampses lineatus	25	0.041	0.269	0.173	2	21
Hemigymnus sexfasciatus	17	0.028	0.174	0.118	2	16
Bodianus diana	15	0.024	0.165	0.104	2	14

Fortsetzung Tabelle 34

Epibulus insidiator	12	0.019	0.188	0.083	3	8
Cheilinus quinquecinctus	11	0.018	0.144	0.076	2	10
Hemigymnus fasciatus	9	0.015	0.133	0.062	2	8
Cheilinus undulates	2	0.003	0.057	0.014	1	2
Coris variegata	2	0.003	0.040	0.014	1	1
Stethojulis interrupta	2	0.003	0.057	0.014	1	2
Xyrichtys pavo	1	0.002	0.040	0.007	1	1

Tabelle 35: Durchschnittliche Häufigkeit (pro 100 m²) ± s in verschiedenen Tiefen; alphabetische Auflistung aller im Untersuchungsgebiet vorkommender Labridae und A. bicinctus.

	2.5 m	± s	5 m	± s	10 m	± s	15 m	± s	Total	± s
A. caeruleopunctatus	0.12	0.90	0.09	1.83	0.04	0.58	0.06	0.84	0.08	0.97
A. lineatus	0.04	0.45	0.06	0.33	0.05	0.41	0.01	0.00	0.04	0.45
A. meleagrides	0.29	0.88	0.25	0.54	0.66	1.73	1.01	1.34	0.55	2.28
A. twistii	0.60	0.85	1.27	1.44	1.78	1.65	1.65	1.28	1.32	3.08
B. anthioides	0.02	0.00	0.19	0.95	0.58	0.99	1.14	0.84	0.48	1.66
B. axillaris	0.04	0.00	0.10	0.44	0.13	0.32	0.12	0.33	0.10	0.80
B. diana	0.00	0.00	0.01	0.00	0.05	0.38	0.04	0.00	0.02	0.32
C. abudjubbe	0.03	0.00	0.02	0.00	0.18	0.27	0.37	0.49	0.15	0.84
C. lunulatus	0.49	1.45	0.22	0.50	0.17	0.62	0.12	0.34	0.25	1.56
C. quinquecinctus	0.00	0.00	0.03	0.58	0.03	0.00	0.02	0.00	0.02	0.30
C. undulates	0.00	0.00	0.00	0.00	0.00	0.00	0.01	0.00	0.00	0.11
C. inermis	0.07	0.44	0.10	0.67	0.23	3.09	0.06	0.53	0.12	1.44
C. aygula	0.28	0.51	0.19	0.41	0.31	0.73	0.22	0.45	0.25	1.18
C. caudimacula	0.00	0.00	0.00	0.00	0.02	0.00	0.18	0.46	0.05	0.49
C. cuvieri	0.01	0.00	0.01	0.00	0.10	0.44	0.06	0.33	0.05	0.50
C. variegata	0.00	0.00	0.00	0.00	0.00	0.00	0.01	0.00	0.00	0.16
E. insidiator	0.00	0.00	0.00	0.00	0.05	0.89	0.03	0.58	0.02	0.42
G. caeruleus	5.56	3.35	3.61	2.41	1.75	1.51	1.18	1.20	3.02	5.72
H. hortulanus	0.15	0.42	0.31	0.67	0.31	0.48	0.25	0.62	0.25	1.18
H. marginatus	0.12	0.56	0.06	0.35	0.01	0.00	0.01	0.00	0.05	0.50
H. fasciatus	0.01	0.00	0.02	0.00	0.00	0.00	0.03	0.58	0.01	0.26
H. sexfasciatus	0.02	0.00	0.02	0.00	0.05	0.38	0.02	0.00	0.03	0.35
H. annulatus	0.03	0.58	0.03	0.00	0.19	0.32	0.30	0.68	0.14	0.87
L. dimidiatus	1.70	1.26	1.82	1.33	2.21	1.41	1.74	1.47	1.87	3.04
L. quadrilineatus	1.73	1.71	2.37	2.41	2.55	2.75	1.53	1.86	2.04	6.33
M. bipartitus	0.00	0.00	0.00	0.00	0.03	0.58	0.14	0.87	0.04	0.62
O. diagramma	0.51	0.72	0.75	0.65	0.82	0.72	0.58	0.70	0.67	1.96
O. mentalis	0.12	0.40	0.24	0.43	0.41	0.70	0.49	0.55	0.32	1.37

Fortsetzung Tabelle 35

P. octotaenia	0.00	0.00	0.14	10.61	0.99	7.03	5.48	14.00	1.65	12.33
P. evanidus	0.07	1.71	0.10	0.71	1.46	1.90	1.95	1.84	0.90	2.84
P. hexataenia	1.21	1.44	2.49	1.87	3.89	2.67	2.18	1.80	2.44	5.66
P. moluccanus	0.03	0.00	0.01	0.00	0.14	0.44	0.17	0.34	0.09	0.71
S. albovittata	0.67	1.47	0.26	0.69	0.23	1.52	0.20	0.62	0.34	2.10
S. interrupta	0.01	0.00	0.01	0.00	0.00	0.00	0.00	0.00	0.00	0.11
T. lunare	0.06	0.00	0.06	0.76	0.09	0.28	0.13	0.45	0.09	0.65
T. rueppellii	11.78	6.67	5.77	3.27	3.92	3.10	2.59	2.36	6.01	10.55
X. pavo	0.00	0.00	0.00	0.00	0.00	0.00	0.01	0.00	0.00	0.08
A. bicinctus	0.77	1.47	0.71	0.95	1.01	0.87	0.84	1.28	0.83	2.75

Tabelle 36: Durchschnittliche Abundanz ($\bar{x}$) adulter und juveniler Labridae ± s in den vier Tiefenstufen (Auflistung nach ihrer Häufigkeit).

	2.5 m				5 m				10 m				15 m			
	Adulte		Juvenile		Adulte		Juvenile		Adulte		Juvenile		Adulte		Juvenile	
Art	$\bar{x}$	± s	$\bar{x}$	± s	$\bar{x}$	± s	$\bar{x}$	± s	$\bar{x}$	± s	$\bar{x}$	± s	$\bar{x}$	± s	$\bar{x}$	± s
T. rueppellii	8.3	4.6	3.6	4.8	4.3	2.4	1.5	1.8	3.1	2.2	0.7	1.4	2.2	1.8	0.4	1.6
G. caeruleus	3.4	2.1	2.1	2.3	2.1	1.7	1.5	1.5	1.4	1.4	0.3	0.8	1.1	1.1	0.1	0.3
P. hexataenia	1.2	1.4	0.0	0.7	2.3	1.8	0.2	0.9	3.7	2.5	0.2	1.2	2.1	1.8	0.1	0.7
L. quadrilineatus	1.3	1.3	0.4	1.0	1.3	1.5	1.1	2.0	1.4	1.3	1.1	2.4	1.0	1.0	0.6	1.3
L. dimidiatus	1.4	1.0	0.3	1.2	1.3	1.1	0.5	1.0	1.4	1.0	0.8	0.9	1.4	1.1	0.4	0.9
P. octotaenia	-	-	-	-	0.1	11.3	0.0	0.0	0.8	7.6	0.2	3.6	4.3	13.8	1.2	8.8
A. twistii	0.5	0.7	0.1	0.6	1.1	1.2	0.2	0.7	1.6	1.6	0.2	1.0	1.5	1.2	0.1	0.5
P. evanidus	0.1	1.3	0.0	1.4	0.1	0.7	-	-	1.4	1.9	0.0	0.0	1.9	1.8	0.0	0.0
A. bicinctus	0.7	1.3	0.1	0.6	0.6	0.6	0.2	0.7	1.0	0.8	0.0	0.0	0.8	1.2	0.0	0.0
O. diagramma	0.5	0.7	-	-	0.8	0.7	-	-	0.8	0.7	0.0	0.0	0.6	0.7	0.0	-
A. meleagrides	0.2	0.7	0.1	1.8	0.2	0.5	0.0	0.6	0.7	1.7	0.0	0.0	1.0	1.3	0.0	1.4
B. anthioides	0.0	0.7	0.0	0.6	0.1	0.6	0.1	0.4	0.4	0.0	0.0	0.8	0.9	0.8	0.3	0.5
S. albovittata	0.7	1.5	-	-	0.2	0.6	0.0	0.0	0.2	1.5	0.0	0.0	0.2	0.6	-	-
O. mentalis	0.1	0.4	0.0	1.4	0.2	0.4	0.0	0.0	0.4	0.6	0.0	0.4	0.5	0.5	0.0	0.0
H. hortulanus	0.2	1.3	0.0	0.8	0.2	0.4	0.1	0.3	0.3	0.4	0.1	0.5	0.2	0.6	0.0	0.0
C. aygula	0.2	0.4	0.1	0.8	0.1	0.4	0.0	0.0	0.2	0.8	0.1	0.5	0.2	0.4	0.1	0.0
C. lunulatus	0.5	1.5	-	-	0.2	0.5	-	-	0.2	0.6	-	-	0.1	0.3	-	-
C. abudjubbe	0.0	0.5	0.0	0.7	0.0	0.0	-	-	0.2	0.3	-	-	0.4	0.5	-	-
H. annulatus	0.0	0.7	0.0	1.0	0.0	0.0	0.0	0.0	0.1	0.4	0.1	0.3	0.2	0.3	0.1	0.7
C. inermis	0.1	0.6	-	-	0.1	0.7	-	-	0.2	3.1	-	-	0.1	0.5	-	-
B. axillaris	0.0	0.4	-	-	0.1	0.4	-	-	0.1	0.3	-	-	0.1	0.3	-	-
T. lunare	0.1	0.3	0.0	0.6	0.1	0.4	-	-	0.1	0.3	-	-	0.1	0.4	-	-
P. moluccanus	0.0	0.5	0.0	0.7	0.0	0.0	-	-	0.1	0.4	0.0	0.6	0.2	0.3	0.0	-

Fortsetzung Tabelle 36

A. caeruleopunctatus	0.1	0.9	0.0	1.5	0.1	1.8	-	-	0.0	0.5	-	-	0.0	1.0	0.0	0.0
H. marginatus	0.1	0.4	0.0	1.0	0.0	0.0	0.0	0.0	0.0	0.0	-	-	0.0	0.0	-	-
C. caudimacula	-	-	-	-	-	-	-	-	0.0	0.0	0.0	0.0	0.2	0.5	-	-
C. cuvieri	0.0	0.7	-	-	0.0	0.0	-	-	0.1	0.4	0.0	0.0	0.0	0.4	0.0	0.0
M. bipartitus	-	-	-	-	-	-	-	-	0.0	0.6	-	-	0.1	0.8	0.0	0.0
A. lineatus	0.0	0.6	0.0	0.8	0.0	0.4	0.0	0.0	0.0	0.7	0.0	0.0	0.0	0.0	-	-
H. sexfasciatus	0.0	0.5	-	-	0.0	0.0	-	-	0.1	0.4	-	-	0.0	0.0	-	-
B. diana	-	-	-	-	0.0	0.0	-	-	0.1	0.4	-	-	0.0	0.0	-	-
E. insidiator	-	-	-	-	-	-	-	-	0.1	0.9	-	-	0.0	0.6	-	-
C. quinquecinctus	-	-	-	-	0.0	0.6	-	-	0.0	0.0	-	-	0.0	0.0	-	-
H. fasciatus	0.0	0.6	-	-	0.0	0.0	0.0	0.0	-	-	-	-	0.0	0.6	-	-
C. arenatus	-	-	-	-	-	-	-	-	-	-	-	-	0.0	0.0	-	-
C. undulates	-	-	-	-	-	-	-	-	-	-	-	-	0.0	0.0	-	-
C. variegata	-	-	-	-	-	-	-	-	-	-	-	-	0.0	0.0	-	-
S. interrupta	0.0	0.7	-	-	0.0	0.0	-	-	-	-	-	-	-	-	-	-
X. pavo	-	-	-	-	-	-	-	-	-	-	-	-	-	-	0.0	0.0

2. Übersicht Trivialnamen

Tabelle 37: Alphabetische Übersicht zu wissenschaftlichen und deutschen Trivialnamen (nach DEBELIUS 1998, KUITER 2002, LIESKE & MYERS 2004, www.fishbase.org). Die Liste erhebt keinen Anspruch auf Vollständigkeit.

Ablabys taenianotus	(Kakadu) Schaukel-Stirnflosser
Acanthurus nigrofuscus	Brauner Doktorfisch
Acanthurus pyroferus	Schokoladen-Doktor
Acanthurus sohal	Arabischer Doktorfisch
Acantholaburs sp.	Schuppenflossen-Lippfisch
Amphiprion akallopisos	Weißrücken-Anemonenfisch
Amphiprion chrysopterus	Orangeflossen-Anemonenfisch
Amphiprion clarkii	Clarks Anemonenfisch
Amphiprion bicinctus	Rotmeer-Anemonenfisch
Amphiprion leucokranos	Weißkappen-Anemonenfisch
Amphiprion melanopus	Schwarzflossen-Anemonenfisch
Amphiprion ocellaris	Orangeringel-Anemonenfisch
Amphiprion omanensis	Oman Anemonenfisch
Amphiprion percula	Clown Anemonenfisch

Fortsetzung Tabelle 37

Amphiprion perideraion	Halsband-Anemonenfisch
Amphiprion polymnus	Sattelfleck-Anemonenfisch
Amphiprion sandarcinos	Weißrücken-Anemonenfisch
Anampses caeruleopunctatus	Blaupunkt-Perljunker
Anampses lineatus	Linien-Perljunker
Anampses meleagrides	Gelbschwanz-Perljunker
Anampses twistii	Gelbbrust-Junker
Antennarius pictus	(Gemalter) Rundflecken Anglerfisch
Anyperodon leucogrammicus	Spitzkopf-Zackenbarsch
Aspidontus taeniatus	Falscher Putzer, Säbelzahn-Schleimfisch
Balistapus undulatus	Gelbschwanz-Drückerfisch
Bodianus anthioides	Zweifarben-Schweinslippfisch
Bodianus axillaris	Achselfleck-Schweinslippfisch
Bodianus diana	Diana-Schweinslippfisch
Bodianus opercularis	Zuckerstangen-Schweinslippfisch
Bodianus rufus	Spanischer Schweinslippfisch
Centropyge vroliki	Perlschuppen Zwergkaiserfisch
Cephalopholis argus	Pfauen-Zackenbarsch
Cephalopholis hemistiktos	Rotmeer-Zackenbarsch
Cephalopholis miniata	Juwelen-Zackenbarsch
Chaetodon austriacus	Rotmeer-Rippelstreifen-Falterfisch
Chaetodon larvatus	Rotkopf-Falterfisch
Chaetodon striatus	Gestreifter Falterfisch
Cheilinus abudjubbe	Abudjubbes Prachtlippfisch
Cheilinus lunulatus	Besenschwanz-Prachtlippfisch
Cheilinus quinquecinctus	Fünfgürtel-Prachtlippfisch
Cheilinus undulatus	Napoleon Lippfisch
Cheilio inermis	Zigarren-Lippfisch
Chlorurus sp.	Papagei-Fisch
Chromis dimidiata	Zweifarben-Schwalbenschwanz
Chromis flavomaculata	Gelbpunkt-Riffbarsch
Cirrhilabrus blatteus	Keilschwanz-Zwerglippfisch

Fortsetzung Tabelle 37

Cirrhilabrus rubiventralis	Sozialer Zwerglippfisch
Cirripectes filamentosus	Filament-Schleimfisch
Coris aygula	Spiegelfleck-Junker
Coris caudimacula	Schwanzfleck-Junker
Coris cuvieri	Afrika-Junker
Coris gaimard	Pazifischer Clown-Junker
Coris hewetti	Hewetts Junker
Coris variegata	Rotmeer-Fleckenjunker
Coris formosa	Indischer Clown-Junker
Cryptodendrum adhaesivum	Noppenrand-Anemone
Ctenolabras sp.	Klippenbarsch
Ctenolabrus sp.	Klippenbarsch
Dascyllus trimaculatus	Dreifleck-Preussenfisch
Ecsenius bicolor	Zweifarbiger Schleimfisch
Ecsenius gravieri	Rotmeer-Mimikry-Schleimfisch
Entacmea quadricolor	Knubbel-Anemone
Epibulus insidiator	Stülpmaul-Lippfisch
Epinephelus fasciatus	Baskenmützen-Zackenbarsch
Fowleria sp.	Kardinalbarsch
Gomphosus caeruleus	Vogel-Lippfisch
Grammistes sexlineatus	Sechsstreifen-Seifenbarsch
Halichoeres biocellatus	Zweifleck-Lippfisch
Halichoeres hortulanus	Schachbrett-Junker
Halichoeres leucurus	Blaukopf-Junker
Halichoeres maculipinna	Clown-Junker
Halichoeres marginatus	Streifen-Junker
Halichoeres melanurus	Regenbogen-Lippfisch
Halichoeres nebulosus	Nebel-Junker
Halichoeres penrosei	Starks Junker
Halichoeres poeyi	Schwarzpunkt Junker
Halichoeres purpurascens	Purpur-Lippfisch
Halichoeres scapularis	Zick-Zack Junker

Fortsetzung Tabelle 37

Halichoeres timorensis	Timor-Junker
Hemiemblemaria simulus	Mimikry-Hechtschleimfisch
Hemigymnus fasciatus	Masken-Zebralippfisch
Hemigymnus melapterus	Zweifarben-Bannerlippfisch
Hemigymnus sexfasciatus	Rotmeer-Bannerlippfisch
Heteractis aurora	Glasperlen-Anemone
Heteractis crispa	Leder-Anemone
Heteractis magnifica	Prachtanemone
Hologymnosus annulatus	Gestreifter Hechtlippfisch
Hologymnosus doliatus	Weissbauch-Hechtlippfisch
Hypoplectrus sp.	Hamletbarsch
Inimicus filamentosus	Filament Teufelsfisch, Rotmeer-Walkman
Labrus sp.	Gewöhnlicher Lippfisch
Labroides dimidiatus	Gewöhnlicher Putzerlippfisch
Lachnolaimus maximus	Eber-Lippfisch
Lappanella sp.	Gestreifter Lippfisch
Larabicus quadrilineatus	Arabischer Putzerlippfisch
Lutjanus bohar	Doppelfleck-Schnapper
Macropharyngodon bipartitus	Diamant-Lippfisch
Meiacantus sp.	Säbelzahn-Schleimfisch
Meiacanthus atrodorsalis	Augenstreifen Säbelzahn-Schleimfisch
Meiacanthus nigrolineatus	Schwarzstreifen-Säbelzahn-Schleimfisch
Minilabrus striatus	Rotmeer-Schlankjunker
Mycteroperca acutirostris	Königs-Zackenbarsch
Mycteroperca interstitialis	Gelbmaul-Zackenbarsch
Mycteroperca tigris	Tiger-Zackenbarsch
Neoglyphidodon melas	Schwarzer Riffbarsch
Novaculichthys taeniourus	Brauner Bäumchenfisch
Novaculoides macrolepidotus	Grüner Bäumchenfisch
Oxycheilinus celebicus	Sulawesi-Prachtlippfisch
Oxycheilinus diagrammus	Wangenstreifen-Prachtlippfisch
Oxycheilinus mentalis	Schlanker Prachtlippfisch
Papilloculiceps longiceps	Teppich-Krokodilsfisch

Fortsetzung Tabelle 37

Paracheilinus octotaenia	Rotmeer- Fahnenlippfisch
Paracirrhites forsteri	Forsters Büschelbarsch
Parupeneus cyclostomus	Gelbsattel-Meerbarbe
Parupeneus forsskali	Rotmeer-Barbe
Parupeneus macronema	Langbartel-Meerbarbe
Plagiotremus azaleus	Panama Säbelzahn-Schleimfisch
Plagiotremus laudandus	Zweifarben Säbelzahn-Schleimfisch
Plagiotremus rhinorhynchos	Blaustreifen Säbelzahn-Schleimfisch
Plagiotremus tapeinosoma	Piano Säbelzahn-Schleimfisch
Plagiotremus townsendi	Townsends Säbelzahn-Schleimfisch
Plectroglyphidodon lacrymatus	Juwelen-Riffbarsch
Plectroglyphidodon leucogaster	Weißbauch-Riffbarsch
Plectropomus oligacantus	Blaustreifen-Forellenbarsch
Pomacentrus albicaudatus	Nebelschwanz-Demoiselle
Pomacentrus bankanensis	Gefleckte Demoiselle
Pomacentrus leptus	Schwarz-weißer Gregroy
Pomacentrus sulfureus	Schwefel-Demoiselle
Premnas biaculeatus	Samt-Anemonenfisch
Pseudanthias mortoni	Huchts Fahnenbarsch
Pseudanthias squamipinnis	Rotmeer-Fahnenbarsch
Pseudocheilinus evanidus	Weissbart / Verschwindender Zwerglippfisch
Pseudocheilinus hexataenia	Sechslinien-Zwerglippfisch
Pseudodax moluccanus	Meisselzahn-Lippfisch
Pteragogus cryptus	Scheuer Zwerglippfisch
Pteragogus flagellifer	Hahnenkamm Zwerglippfisch
Pteragogus pelycus	Seegras Zwerglippfisch
Pterois miles	Gewöhnlicher Rotfeuerfisch
Siphonognathus sp.	Brandungsbarsch
Scarus niger	Schwarzer Papagei-Fisch
Scarus gibbus	Rotmeer-Buckelkopf
Scorpaenodes guamensis	Guam Skorpionsfisch
Scorpaenopsis barbata	Bärtiger Drachenkopf
Scorpaenopsis diabolus	Buckel-Drachenkopf

Fortsetzung Tabelle 37

Semicossyphus pulcher	Kalifornischer Sheephead Lippfisch
Stegastes lividus	Dreifleck-Gregroy
Stegastes nigricans	Schwarzer Gregory
Stethojulis albovittata	Vierstreifen-Regenbogenjunker
Stethojulis interrupta	Kurzstreifen-Junker
Stichodactyla haddoni	Haddons Anemone
Stichodactyla gigantea	Riesenanemone
Symphodus sp.	(Putzer)lippfisch
Synanceia verrucosa	Echter Steinfisch
Taeniura lymma	Blaupunkt-Rochen
Tautoga sp.	Tautog
Tautogolabrus sp.	Cunner Lippfisch
Thalassoma ascensionis	Grüner Lippfisch
Thalassoma amblycephalum	Zweifarben-Lippfisch
Thalassoma bifasciatum	Blaukopf-Junker
Thalassoma lucasanum	Cortez Regenbogen-Junker
Thalassoma lunare	Mondsichel-Junker
Thalassoma purpureum	Brandungs-Junker
Thalassoma rueppellii	Rotmeer-Junker
Thaumoctopus mimicus	Mimik-Oktopus
Trachinops taeniatus	Mirakelbarsch
Variola louti	Mondsichel-Zackenbarsch
Wetmorella nigropinnata	Zweistreifen Höhlenlippfisch
Xyrichtys pavo	Blauer Schermesserfisch
Xyrichtys pentadactylus	Fünf-Tüpfel-Schermesserfisch
Xyrichtys virens	Schermesserfisch
Zebrasoma veliferum	Pazifischer Segelflossendoktor
Zebrasoma desjardinii	Indischer Segelflossendoktor

H. Abbildungsverzeichnis

Abbildung 1: Mimikry-Beziehungen im Überblick; 8

Abbildung 2: A – *Antennarius pictus* auf Röhrenschwamm; B – *Antennarius sp.*;. ... 10

Abbildung 3: Einteilung von Verteidigungs- und Angriffsstrategien;........................ 11

Abbildung 4: A – *Synanceia verrucosa*; B – *Scorpaenopsis diabolus*;..................... 16

Abbildung 5: Charakterisierung echter Mimikry-Beziehungen;................................. 17

Abbildung 6: A – *Inimicus filamentosus*; B – Warnfarben; 19

Abbildung 7: A – *Novaculichthys taeniourus*; B – *Xyrichtys pavo*;........................... 21

Abbildung 8: A – *Novaculoides macrolepidotus*; B – *Ablabys taenianotus*; 22

Abbildung 9: A – *Labroides dimidiatus;* B – *Aspidontus taeniatus;*......................... 30

Abbildung 10: A – *Epibulus insidiator*; B – *Pomacentrus sulfureus;*....................... 37

Abbildung 11: A – arttypische Färbung von *Oxycheilinus mentalis*; B – mimetische Färbung von *O. mentalis*;. 37

Abbildung 12: A – *Mycteroperca tigris;* B – *Thalassoma bifasciatum*;. 38

Abbildung 13: A – arttypische Färbung von *Cheilio inermis;* B – vermeintlich mimetische Färbung*;* C – vermeintlich mimetische Färbung von *Variola louti*; D – *Pseudocheilinus evanidus*;. 39

Abbildung 14: A – *Chaetodon austriacus*; B – *Papilloculiceps longiceps*; C – Nahaufnahme von *Coris aygula*; D – *Anampses meleagrides*;........................... 42

Abbildung 15: Augenflecken bei A – *Coris aygula*; B – *Anampses twistii*; C – *Xyrichtys pavo*; D – *Epibulus insidiator*;.. 44

Abbildung 16: A – *Labroides dimidiatus*; B – *Aspidontus taeniatus*;. 47

Abbildung 17: A + B – *Anyperodon leucogrammicus*; C – *Halichoeres leucurus*; D – *Halichoeres timorensis*;. 48

Abbildung 18: Kladogramm der Verwandtschaftsverhältnisse (Labridae);. 62

Abbildung 19: A – *Scarus niger*; B – *Cheilinus lunulatus*;. 63

Abbildung 20: Bauplan eines typischen Lippfisches;. 64

Abbildung 21: Anpassungen des Kieferapparates bei Lippfischen;. 65

Abbildung 22: A – *Gomphosus caeruleus;* B – *Epibulus insidiator;* 66

Abbildung 23: Typischer Lippfisch-Kieferapparat; 67

Abbildung 24: Entwicklungsstadien von *Coris cuvieri* mit unterschiedlichen Farbphasen;. 71

Abbildung 25: *C. cuvieri* zeigt unterschiedliche, situations-abhängige Färbungen;. . 73

Abbildung 26: A – *Amphiprion bicinctus*; B – *Coris cuvieri*; C – *Amphiprion clarkii*; D – *Coris gaimard*;. 74

Abbildung 27: Übersichtskarte von Ägypten und dem Roten Meer;........................ 79

Abbildung 28: Übersichtskarte von West-Papua und Umgebung; 83

Abbildung 29: A – *Coris cuvieri* im Juvenilstadium mit beginnender Umfärbung; B – *C. cuvieri* im fortgeschrittenen Transitionalstadium; 86

Abbildung 30: Entwicklungsstadien von *Coris cuvieri*;. 91

Abbildung 31: Entwicklungsstadien von *Coris gaimard*;... 92

Abbildung 32: Entwicklungsstadien von *Coris aygula*;. 93

Abbildung 33: Entwicklungsstadien von *Halichoeres hortulanus*;............................ 94

Abbildung 34: Entwicklungsstadien von *Halichoeres marginatus*;............................ 95

Abbildung 35: A – *Coris cuvieri* mit arttypischer, heller Färbung des Stirnbereiches; B – Nahaufnahme der umgefärbten Stirnpartie;.. 96

Abbildung 36: A – Attrappe von *Pseudocheilinus evanidus*; B – Attrappe von *Pterois miles*;... 99

Abbildung 37: Im Riff ausgebrachte Transektleine;.. 101

Abbildung 38: Übersichtskarte der Untersuchungsgebiete;..................................... 104

Abbildung 39: A – *Thalassoma rueppellii*; B – gelbe Farbphase von *Parupeneus cyclostomus*;.. 121

Abbildung 40: A – *Coris cuvieri* mit *Acanthurus nigrofuscus*; B – *C. cuvieri* mit *Thalassoma rueppellii* und *Parupeneus forsskali*; C – *Taeniura lymma* mit *Bodianus anthioides*, *Halichoeres hortulauns* und weiteren Korallenfischen; D – *T. lymma* mit *Cheilinus lunulatus* und *H. hortulanus*;... 124

Abbildung 41: A – *C. gaimard* mit *Halichoeres leucurus* und *Pomacentrus bankanensis*; B – Kleingruppe von *C. gaimard*;.. 146

Abbildung 42: A – *E. fasciatus* mit rötlich-gestreiftem Farbmuster; B – *E. fasciatus* im namensgebenden "Baskenmützen-Farbkleid";... 151

Abbildung 43: A – *Pterois miles*; B – *Scorpaenopsis barbata*;............................... 152

Abbildung 44: A – *Amphiprion bicinctus* mit *Larabicus quadrilineatus* in *Entacmea quadricolor*; B – *A. bicinctus* mit juvenilen *D. trimaculatus* in *Heteractis crispa*;...... 162

Abbildung 45: A – *Amphiprion ocellaris*; B – *Premnas biaculeatus*;..................... 194

I. Abkürzungsverzeichnis

A	Adultstadium
AA	Absolute Abundanz
Chi^2	Chiquadrat Test
CI	Konfidenzintervall, Vertrauensbereich
D	Margalef Index, Artenreichtums-Index
E	Evenness, Äquität
F	F-Test
FA	Frequency of appearance (Erscheinungshäufigkeit)
FG	Freiheitsgrade
H	Hypothese
H'	Shannon-Wiener-Index, Diversitätsindex
J	Juvenilstadium
M	Modell-Art
N	Gesamtzahl
NA	Nachahmer-Art
r	Korellationskoeffizient
RA	Relative Abundanz
$\pm s$	Standardabweichung
[S]	Species Richness (Artenreichtum)
T	T-Test
$\bar{x}$	Arithmetischer Mittelwert

I want morebooks!

Buy your books fast and straightforward online - at one of world's fastest growing online book stores! Environmentally sound due to Print-on-Demand technologies.

Buy your books online at
www.morebooks.shop

Kaufen Sie Ihre Bücher schnell und unkompliziert online – auf einer der am schnellsten wachsenden Buchhandelsplattformen weltweit! Dank Print-On-Demand umwelt- und ressourcenschonend produziert.

Bücher schneller online kaufen
www.morebooks.shop

KS OmniScriptum Publishing
Brivibas gatve 197
LV-1039 Riga, Latvia
Telefax: +371 686 204 55

info@omniscriptum.com
www.omniscriptum.com

Printed by Books on Demand GmbH, Norderstedt / Germany